TURING 图灵原创

宋浩 主编

概率论与数理统计精选350题

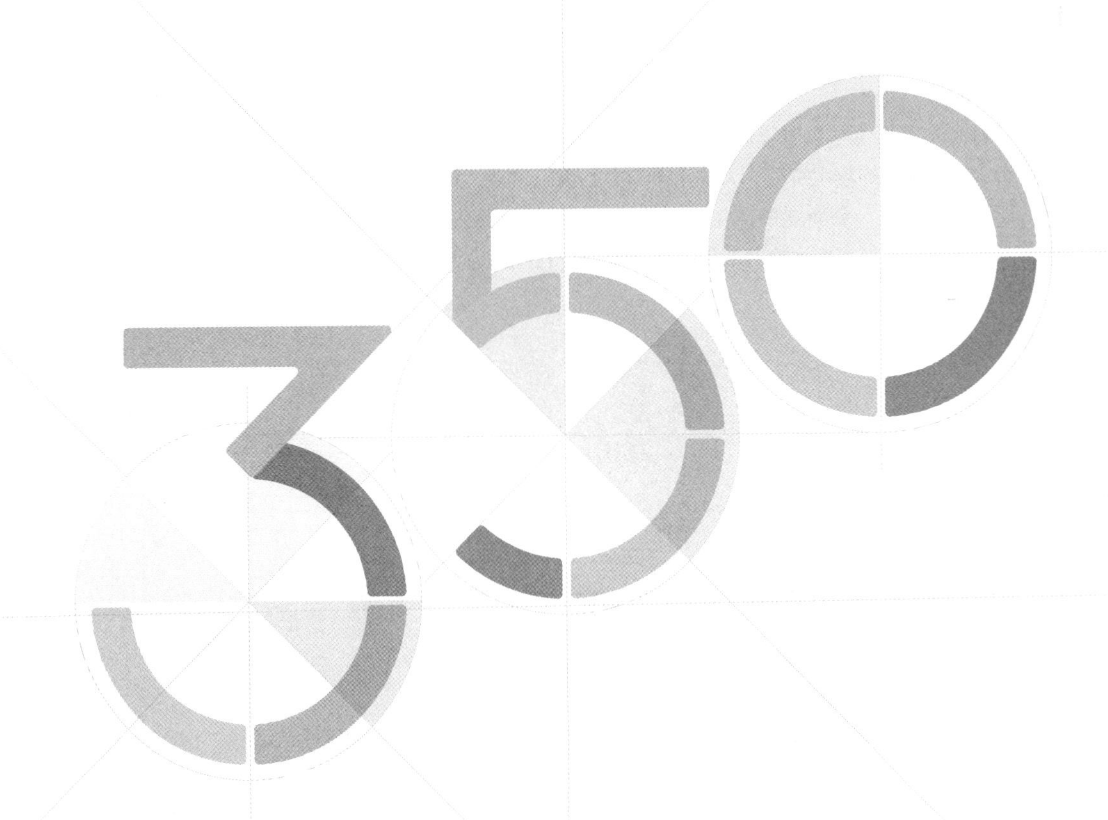

人民邮电出版社
北京

图书在版编目（CIP）数据

概率论与数理统计精选350题 / 宋浩主编. -- 北京 ：人民邮电出版社，2025. -- ISBN 978-7-115-66599-7

Ⅰ. O21-44

中国国家版本馆CIP数据核字第20250BP490号

内 容 提 要

本书针对大学概率论与数理统计的课程内容——随机事件及其概率、随机变量及其分布、多维随机变量及其分布、随机变量的数字特征、大数定律与中心极限定理、样本及抽样分布、参数估计、假设检验——精心设计了350道经典与创新题目，并给出了相应的解题思路。书中题型规划合理，覆盖题型全面，解题思路清晰，非常适合想打牢概率论与数理统计基础的本科生，以及专升本、研究生考试备考考生使用。

◆ 主　　编　宋　浩
责任编辑　赵　轩
责任印制　胡　南

◆ 人民邮电出版社出版发行　　北京市丰台区成寿寺路11号
邮编　100164　　电子邮件　315@ptpress.com.cn
网址　https://www.ptpress.com.cn
三河市中晟雅豪印务有限公司印刷

◆ 开本：787×1092　1/16
印张：16.75　　　　2025年3月第1版
字数：374千字　　　2025年3月河北第1次印刷

定价：59.80元（全2册）

读者服务热线：(010)84084456-6009　印装质量热线：(010)81055316

反盗版热线：(010)81055315

Preface

前言

概率论与数理统计是高等院校数学课程的关键组成部分，它不仅是数学专业学生的必修课，也是理工科学生的基础课程．概率论与数理统计在实际生产中，如在风险评估、数据分析、人工智能、金融建模等多个领域都扮演着重要角色．然而，面对随机变量、概率分布、统计推断等抽象概念，初学者可能会感到困惑，缺乏清晰的解题思路，甚至产生畏惧心理．

为了协助学生扫清这些学习障碍，更好地理解和掌握概率论与数理统计的精髓，作者凭借丰富的教学经验和对学生需求的深入了解，精心编写了这本习题集．本书的目标是通过大量的习题训练，帮助学生巩固理论知识，提升解题技能，增强实际应用能力．

本书具有如下特点．

与课程同步

本书和概率论与数理统计课程教材同步，共分为 8 章，包括：随机事件及其概率、随机变量及其分布、多维随机变量及其分布、随机变量的数字特征、大数定律与中心极限定理、样本及抽样分布、参数估计、假设检验．每一章都覆盖了该领域的基础概念和核心理论，确保学生能够系统地掌握概率论与数理统计的基础知识．

精选习题与详尽解析

知识梳理：本书包含 350 道习题及其解答．每节的习题根据知识点进行分类，帮助学生明确解题思路，有针对性地进行练习．

难度分级：书中的习题根据难度分为三个层次．基础题旨在帮助学生理解和掌握概率论与数理统计的基础知识和计算方法，适合作为同步练习和章节复习题；中等题涉及更复杂的理论问题，适合作为深入学习和期末复习的材料，帮助学生巩固基础，提升解题技巧；综合题的难度有所增加，适合作为期末考试和考研复习的高难度练习题．

习题与答案独立编排

本书分为两部分：第一部分是精选习题，第二部分是答案和详细的解题过程．建议读者先独立完成习题，再查看答案和解析，这样可以更有效地评估自己对知识点的掌握情况，识别并强化薄弱环节．这种结构有助于学生清晰理解概念，掌握理论，熟悉解题方法，并避免常见错误．

强调实际应用

本书在强调理论讲解的同时，更注重实际应用．习题设计紧密结合现实问题，帮助学生理解概率论与数理统计在不同领域的应用，培养他们解决实际问题的能力．

便于自查与补漏

本书的题目解答详细，适合学生自学．无论是作为课堂辅助材料，还是作为自学参考书，本书都能有效地帮助学生理解和掌握概率论与数理统计的知识．

本书适用于：

- 大一学生，作为概率论与数理统计课程的同步辅导和期末考试复习资料；
- 专升本学生，作为备战考试的练习册；
- 考研学生，作为数学科目的首轮复习资料；
- 准备考研数学（396 经济类联考）的学生．

本书由宋浩老师主编，参与编写的有孙培培、周玉珠、姜庆华、王晓杰．全书由宋浩老师负责统稿．

尽管创作团队已经尽力做到最好，但书中难免存在不足之处，欢迎广大读者提出宝贵的意见和建议．

Contents
目录

第 1 章　随机事件及其概率

第 2 章　随机变量及其分布

第 3 章　多维随机变量及其分布

第 4 章 随机变量的数字特征

第 5 章 大数定律与中心极限定理

第 6 章 样本及抽样分布

第 7 章 参数估计

第 8 章 假设检验

第1章

随机事件及其概率

第一节　随机试验与随机事件

一、随机试验

定义： 具有下述三个特征的试验，称为随机试验，简称试验，用E表示．

(1)（**可重复性**）试验可在相同条件下重复进行；

(2)（**多结果性**）每次试验都有多个可能的结果（不唯一），但在试验之前可以明确所有可能的结果；

(3)（**随机性**）每次试验之前不能确定哪一个结果会出现．

二、样本空间

定义： 将试验E的所有可能结果组成的集合称为E的样本空间，用Ω表示．样本空间中的元素（E的每个结果）称为样本点，用ω表示．

三、随机事件

定义： 随机试验的结果称为随机事件，简称事件．

事件A发生$\Leftrightarrow$ A的样本点有且仅有一个出现．

事件
- 基本事件$\Leftrightarrow$一个样本点的集合
- 复合事件$\Leftrightarrow$多个样本点的集合
- 不可能事件$\Leftrightarrow$不含样本点的集合$\Leftrightarrow$空集$\varnothing$
- 必然事件$\Leftrightarrow$全部样本点的集合$\Leftrightarrow$样本空间$\Leftrightarrow$全集Ω

四、事件间的关系与运算

在概率论中，事件的本质是集合，因此事件间的关系与运算即是集合之间的关系与运算．

1. 包含与相等

包含： $A \subset B \Leftrightarrow$ 事件A发生必然导致事件B发生

$\Leftrightarrow$ 属于A的样本点必然属于B．

对任意事件A，有$\varnothing \subset A \subset \Omega$.

相等： $A=B \Leftrightarrow A \subset B$ 且 $B \subset A$

$\Leftrightarrow$ 事件A与事件B同时发生或同时不发生

$\Leftrightarrow$ 事件A与事件B有相同的样本点.

2. 事件的并（和）

$A \cup B$ 或 $A+B \Leftrightarrow$ 事件A发生**或**事件B发生

$\Leftrightarrow$ 事件A与事件B**至少**有一个发生

$\Leftrightarrow$ A中的样本点与B中的样本点的合并.

3. 事件的交（积）

$A \cap B$ 或 $AB \Leftrightarrow$ 事件A发生**且**事件B发生

$\Leftrightarrow$ 事件A与事件B都发生

$\Leftrightarrow$ 由A与B公共的样本点构成.

事件的并、事件的交都可以推广到n个事件及无限可列个事件.

4. 事件的差

$A-B \Leftrightarrow$ 事件A发生而事件B不发生

$\Leftrightarrow$ 样本点属于A但不属于B

$\Leftrightarrow$ 把A中属于B的样本点去掉.

以下几个式子非常重要：

(1) $A-B=A-AB=A\overline{B}$；

(2) $A=AB+A\overline{B}, B=AB+\overline{A}B$；

(3) $(A-B)+B=A+B, (A+B)-B=A-B$.

5. 事件的互不相容（互斥）

A与B互不相容 $\Leftrightarrow$ 事件A与事件B不能同时发生

$\Leftrightarrow$ A与B没有相同的样本点.

推广： 若n个事件中任意两个事件互不相容，则称这n个事件两两互不相容（或两两互斥）.

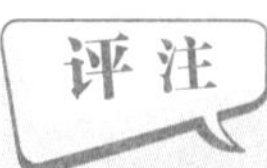

任意两个基本事件是互不相容的.

6. 对立事件（逆事件）

A与B互为对立$\Leftrightarrow AB=\varnothing$且$A+B=\Omega\Leftrightarrow$事件$A$与事件$B$有且仅有一个发生.

事件A的对立事件记为$\overline{A}$，即$\overline{A}=\Omega-A, A\overline{A}=\varnothing$.

评注

(1) 对立事件是一个相互的概念：$\overline{A}$是A的对立事件，A也是$\overline{A}$的对立事件，即$\overline{\overline{A}}=A$.

(2) A与B对立$\Rightarrow A$与B互不相容，反之不然.

(3) 对立事件只限于两个事件，而互不相容适用于多个事件.

(4) A与B互不相容$\nRightarrow \overline{A}$与$\overline{B}$相容或互不相容.

(5) A与B对立$\Leftrightarrow \overline{A}$与$\overline{B}$对立.

(6) 两事件互不相容只表明这两个事件不能同时发生（至多发生其中之一），但可以都不发生；对立则表示有且仅有一个发生（至少有一个发生）.

7. 完备事件组

$$A_1,A_2,\cdots,A_n\text{构成完备事件组}\Leftrightarrow\begin{cases}A_iA_j=\varnothing,\ \forall i\neq j\\ \sum_{i=1}^{n}A_i=\Omega\end{cases}.$$

评注

(1) 显然，A与$\overline{A}$是特殊的完备事件组.

(2) 完备事件组实质上是对立事件（只适用于两个事件）的推广.

五、事件的运算律

1. 交换律： $A\cup B=B\cup A, A\cap B=B\cap A$.

2. 结合律： $(A\cup B)\cup C=A\cup(B\cup C),(A\cap B)\cap C=A\cap(B\cap C)$.

3. 分配律： $(A\cup B)\cap C=AC\cup BC,(A\cap B)\cup C=(A\cup C)\cap(B\cup C)$.

4. 对偶律： $\overline{\bigcup_{i=1}^{n}A_i}=\bigcap_{i=1}^{n}\overline{A_i},\overline{\bigcap_{i=1}^{n}A_i}=\bigcup_{i=1}^{n}\overline{A_i}$.

特别地，$\overline{A+B}=\overline{A}\overline{B},\overline{AB}=\overline{A}+\overline{B}$.

1 基础题 设A表示事件“甲为正品，乙为次品”，则$\overline{A}$为（　　）.

(A) 甲为正品，乙为次品　　(B) 甲和乙均为正品

(C) 甲为次品或乙为正品　　(D) 甲为次品，乙为正品

2 基础题 设 A,B,C 为随机事件，A 发生必导致 B 与 C 至多有一个发生，则（　　）.

(A) $A\subset BC$　　(B) $A\supset BC$　　(C) $\overline{A}\subset BC$　　(D) $\overline{A}\supset BC$

3 中等题 设随机事件 A 和 B 满足 $A\cup B=\overline{A}\cup\overline{B}$，则必有 $AB=$______.

4 中等题 化简下列各式.

(1) $(A\cup B)(A\cup\overline{B})$；　　(2) $(A-\overline{B})(\overline{\overline{A}\cup B})$.

第二节　概率

一、概率的定义

定义： 设 Ω 为试验 E 的样本空间，若对每个事件 A 都有一个实数 $P(A)$ 与之对应，且 $P(A)$ 满足以下三条公理：

公理1（**非负性**）$P(A)\geqslant 0$；

公理2（**规范性**）$P(\Omega)=1$；

公理3（**完全可加性**）若事件 $A_1,A_2,\cdots$ 两两互不相容，则

$$P(\sum_{i=1}^{+\infty}A_i)=\sum_{i=1}^{+\infty}P(A_i),$$

那么称 $P(A)$ 为事件 A 的概率.

二、概率的性质

性质1： $P(\varnothing)=0$.

性质2：（**有限可加性**）若事件 $A_1,A_2,\cdots,A_n$ 两两互不相容，则

$$P(\sum_{i=1}^{n}A_i)=\sum_{i=1}^{n}P(A_i).$$

特别地，有

(1) 若 A 与 B 互不相容，则 $P(A+B)=P(A)+P(B)$.

(2) 若 $A_1,A_2,\cdots,A_n$ 构成完备事件组，则 $\sum_{i=1}^{n}P(A_i)=P(\sum_{i=1}^{n}A_i)=P(\Omega)=1$.

(3) $P(A)+P(\overline{A})=1\Rightarrow P(\overline{A})=1-P(A)$.

性质 3:（减法公式） $P(A-B)=P(A)-P(AB)$.

特别地，若 $B\subset A$，则 $P(A-B)=P(A)-P(B)$，且 $P(B)\leqslant P(A)$.

性质 4:（加法公式） $P(A+B)=P(A)+P(B)-P(AB)$.

推广: $P(A+B+C)=P(A)+P(B)+P(C)-P(AB)-P(AC)-P(BC)+P(ABC)$.

评注

(1) 若 A 与 B 互不相容，则 $P(A+B)=P(A)+P(B)$. 反之不成立.

(2) $P(A+B)=P(A)+P(B)\Leftrightarrow P(AB)=0$.

(3) $P(\varnothing)=0$. 但由 $P(A)=0\nRightarrow A=\varnothing$.

(4) A 与 B 互不相容 $\Leftrightarrow AB=\varnothing\Rightarrow P(AB)=0$.

5 基础题 已知事件 A 与 B 互斥，且 $P(A)=0.3, P(B)=0.1$，求 $P(\overline{\overline{A}\overline{B}})$.

6 基础题 已知 $P(A)=0.6, P(\overline{A}+\overline{B})=0.75$，求 $P(A-B)$.

7 基础题 设事件 $A,\overline{B},A+B$ 的概率分别为 0.4,0.7,0.6，求 $P(\overline{A}B)$.

8 基础题 已知 $P(A)=P(B)=P(C)=0.3, P(AB)=0, P(AC)=P(BC)=0.2$，求 (1) 事件 A,B,C 至少有一个发生的概率；(2) 事件 A,B,C 都不发生的概率.

9 基础题 已知事件 A 与 B 互不相容，$P(A)=0.4, P(B)=0.2$，求 (1) $P(\overline{A}\overline{B})$；(2) $P(\overline{A}+B)$.

10 基础题 设 A,B,C 是三个随机事件，且 $C\subset A, C\subset B, P(A)=0.6, P(AB)=0.45$, $P(A-C)=0.3$，求 $P(AB\overline{C})$.

11 中等题 某人外出旅游两天，据天气预报报道，第一天下雨的概率为 0.2，第二天下雨的概率为 0.3，两天都下雨的概率为 0.1，求

(1) 第一天下雨而第二天不下雨的概率；

(2) 至少有一天下雨的概率；

(3) 两天都不下雨的概率.

12 中等题 已知事件 A,B 仅发生一个的概率为 0.3，且 $P(A)+P(B)=0.6$，求 A,B 至少有一个不发生的概率.

13 综合题 已知事件 A,B 满足条件 $P(AB) \geqslant \dfrac{P(A)+P(B)}{2}$，求 $P(A-B)$.

第三节 古典概型与几何概型

一、古典概型

定义： 具有以下两个特点的概率类型称为古典概型.

(1)（**有限性**）试验的样本空间只有有限个样本点；

(2)（**等可能性**）每个样本点发生的可能性相同.

计算： 在古典概型中，如果样本空间含 n 个样本点，事件 A 中的样本点为 m 个，那么

$$P(A)=\frac{A\text{中样本点数}}{\Omega\text{中样本点总数}}=\frac{m}{n}.$$

14 基础题 10 把钥匙中有 3 把能打开门，现任取 2 把，求能打开门的概率.

15 基础题 一个袋子中有大小、形状完全相同的 5 个白球和 4 个黑球，从中任取 3 个球，求 (1) 恰有 2 个白球和 1 个黑球的概率；(2) 没有黑球的概率；(3) 球的颜色相同的概率.

16 基础题 从 5 双不同的鞋子中任取 4 只，求这 4 只鞋子至少有两只配成一双的概率.

17 基础题 一批产品共 20 件，其中一等品 10 件，二等品 4 件，三等品 6 件. 从中任取 3 件，求至少有 2 件产品等级相同的概率.

18 基础题 把 10 本书任意放在书架上，求其中指定的 3 本书放在一起的概率.

19 基础题 现有 6 个人随机站成一排，求 (1) 甲、乙、丙三人站在一起的概率；(2) 甲和乙中间恰好有一人的概率.

20 基础题　将红、黄、蓝 3 个球随机放入 4 个盒子中，若每个盒子容球数不限，求恰有 3 个盒子中各放一球的概率.

21 基础题　现有 n 个人，每个人都等可能地被分配到 N（$n \leqslant N$）个房间中的任意一间去住，求下列事件的概率：

(1) 指定的 n 个房间各有一人住；

(2) 恰有 n 个房间，每个房间各住一人；

(3) 指定某间房恰有 m（$m \leqslant n$）个人住.

22 基础题　抽签口试，共有 $a+b$ 个考签，每个考生抽一张，抽过的不再放回. 考生王某会答其中 a 个签上的问题，他是第 k 个抽签应考的人（$k \leqslant a+b$），求他抽到会答考签的概率.

二、几何概型

定义 1： 对某区域 D（线段、平面图形、立体）的大小的一种数量描述（长度、面积、体积），称为该区域的度量（测度），用 $\mu(D)$ 表示.

定义 2： 设区域 $G \subset$ 区域 Ω，向区域 G 内随机地（等可能地）投点，点落入 G 的概率与区域 G 的度量成正比，而与该区域在 Ω 中的位置、形状无关，则称此概率模型为几何概型.

计算： 设 E 为几何概型，其样本空间对应的区域为 Ω，G 为事件 A 对应的区域，则

$$P(A)=\frac{\mu(G)}{\mu(\Omega)}.$$

评注

在几何概型的计算中，一维 $\leftrightarrow$ 长度之比，二维 $\leftrightarrow$ 面积之比，三维 $\leftrightarrow$ 体积之比.

23 基础题　107 路公共汽车每隔 6 分钟来一辆，张三正在等车，问他等车不超过 4 分钟的概率.

24 中等题　从 $[0,1]$ 中随机取两个数，求其积大于 $\frac{1}{4}$ 且其和小于 $\frac{5}{4}$ 的概率.

第四节 条件概率与乘法公式

一、条件概率

定义： 设试验 E 的样本空间为 Ω，A 和 B 为两个事件，且 $P(B)>0$，在事件 B 发生的条件下事件 A 发生的概率，称为事件 A 对 B 的条件概率，记作 $P(A|B)$.

性质： (1) $0\leqslant P(A|B)\leqslant 1$；

(2) $P(\Omega|B)=1, P(\varnothing|B)=0$；

(3) 若 A_1 与 A_2 互不相容，则 $P((A_1+A_2)|B)=P(A_1|B)+P(A_2|B)$；

(4) $P(A|B)+P(\bar{A}|B)=1$.

计算： $P(A|B)=\dfrac{AB\text{包含的样本点数}}{B\text{包含的样本点数}}=\dfrac{n_{AB}}{n_B}=\dfrac{P(AB)}{P(B)}$.

25 基础题 设 A 和 B 为任意两个随机事件，且 $P(A|B)=1$，则必有（　　）.

(A) $P(A\cup B)>P(A)$　　(B) $P(A\cup B)>P(B)$

(C) $P(A\cup B)=P(A)$　　(D) $P(A\cup B)=P(B)$

26 基础题 设 A 和 B 为两个随机事件且 $P(A)=P(B)=0.3, P(A+B)=0.4$，求 $P(A|B)$ 及 $P(A|\bar{B})$.

27 基础题 假设一批产品中一等品、二等品、三等品各占 60%,30%,10%，从中任取一件，结果不是一等品，求取到的是三等品的概率.

28 中等题 设 A 和 B 为任意两个随机事件，$0<P(A)<1, 0<P(B)<1$，假设两个事件中只有 A 发生的概率与只有 B 发生的概率相等，则下列等式中未必成立的是（　　）.

(A) $P(A-B)=P(B-A)$　　(B) $P(A|B)=P(B|A)$

(C) $P(A|\bar{B})=P(B|\bar{A})$　　(D) $P(A|\bar{B})=P(\bar{A}|B)$

29 中等题 已知 $P(\bar{A})=0.3, P(B)=0.4, P(A-B)=0.5$，求 $P(B|(A\cup\bar{B}))$.

30 中等题 假设 10 件产品中有 4 件不合格品，从中任取两件，已知所取的两件产品中至少有一件是不合格品，求另一件也是不合格品的概率.

二、乘法公式

对任意两个事件 A 和 B，都有

$$P(AB)=P(A)P(B\mid A)\quad (P(A)>0),$$

$$P(AB)=P(B)P(A\mid B)\quad (P(B)>0).$$

推广： $P(ABC)=P(A)P(B\mid A)P(C\mid AB)$.

31 基础题 已知 $P(A)=0.5, P(B)=0.6, P(B\mid A)=0.8$，求 $P(\overline{A}\overline{B})$.

32 基础题 已知 10 件产品中有 2 件次品，从中取两次，每次任取一件，取后不放回，求下列事件的概率：

(1) 两件产品都是正品；

(2) 两件产品都是次品；

(3) 一件产品是正品，一件产品是次品.

33 基础题 已知 10 个考签中有 4 个难签，甲、乙、丙 3 人参加抽签（不放回），甲先，乙次，丙最后，求甲、乙、丙都抽到难签的概率.

第五节 全概率公式与贝叶斯公式

一、全概率公式

定理： 设 $A_1,A_2,\cdots,A_n$ 是试验 E 的完备事件组，且 $P(A_i)>0\ (i=1,2,\cdots,n)$，则对 E 的任意事件 B，有

$$\begin{aligned}P(B)&=P(A_1)P(B\mid A_1)+P(A_2)P(B\mid A_2)+\cdots+P(A_n)P(B\mid A_n)\\&=\sum_{i=1}^{n}P(A_i)P(B\mid A_i).\end{aligned}$$

评注

(1) 全概率公式是由原因推结果的公式. 在使用全概率公式时，关键在于寻找完备事件组 $A_1,A_2,\cdots,A_n$，也就是寻找导致 B 发生的各种原因，或伴随 B 发生的各种情况.

(2) 若试验可看作分两个阶段进行，第一阶段有多种可能的结果（不确定的），要求的是第二阶段中某个结果 B 发生的概率，这时就用全概率公式.

(3) 定理的条件也可以改为：事件 $A_1,A_2,\cdots,A_n$ 两两互斥，且 $\sum_{i=1}^{n}A_i\supset B$.

34 基础题　有甲和乙两个口袋，甲袋中装有 3 个白球和 6 个黑球，乙袋中装有 5 个白球和 4 个黑球．从甲袋中任取一个球放入乙袋，再从乙袋中任取一个球放回甲袋，求甲袋中白球个数不变的概率．

35 基础题　从 1,2,3,4 中任取一个数，记为 X，再从 $1,\cdots,X$ 中任取一个数，记为 Y，求 $P\{Y=2\}$．

36 中等题　一个箱子中有 10 件产品，次品数从 0 到 2 是等可能的，开箱检验时，从中任取一件，若检验出是次品，则认为该箱产品不合格而拒收．由于检验有误差，一件正品被误检为次品的概率是 0.02，一件次品被误检为正品的概率为 0.05，求该箱产品通过验收的概率．

37 中等题　甲、乙、丙三人向同一飞机模型射击，三人的射击水平相当，击中飞机模型的概率均为 0.6．如果只有一人击中，那么飞机模型被击落的概率为 0.2．如果只有两人击中，那么飞机模型被击落的概率为 0.6．如果三人都击中，那么飞机模型必被击落，求飞机模型被击落的概率．

二、贝叶斯公式

定理： 设 $A_1,A_2,\cdots,A_n$ 是试验 E 的一个完备事件组，B 是 E 的任一事件，且 $P(A_i)>0\ (i=1,2,\cdots,n), P(B)>0$，则

$$P(A_k \mid B)=\frac{P(A_kB)}{P(B)}=\frac{P(A_k)P(B \mid A_k)}{\sum_{i=1}^{n}P(A_i)P(B \mid A_i)}.$$

评注

(1) 贝叶斯公式也称为逆概率公式，是知道结果找原因的公式．

(2) 贝叶斯公式是个条件概率，其计算涉及条件概率、乘法公式、全概率公式．

38 基础题　店中有若干箱灯管，每箱内有 20 根，其中有 0,1,2 根次品的概率分别为 0.8,0.1,0.1. 一位顾客从其所购的一箱中任取 4 根查看，有次品则退货，否则买下整箱灯管，求 (1) 买下整箱灯管的概率；(2) 若买下，在该箱中确无次品的概率．

39 基础题　已知男性中有 5% 的人是色盲患者，女性中有 0.25% 的人是色盲患者，今从男女人数相等的人群中挑选一人，发现其恰好是色盲患者，问此人是女性的概率是多少？

40 中等题 有一袋麦种，其中一等麦种占 80%，二等麦种占 15%，三等麦种占 5%，已知一等麦种、二等麦种、三等麦种的发芽率分别是 0.9,0.3,0.1，从袋中任取一粒麦种，若试验后发现它未发芽，求它是一等麦种的概率.

41 综合题 有两个盒子，第一个盒子中装有 2 个红球和 1 个白球，第二个盒子中装有一半红球、一半白球. 现从两个盒子中各任取一球放在一起，再从中任取一球，求 (1) 这个球是红球的概率；(2) 若发现这个球是红球，第一个盒子中取出的球是红球的概率.

第六节　事件的独立性与伯努利概型

一、事件的独立性

1. 事件独立的概念

定义 1： 若 $P(A|B)=P(A)\,(P(B)>0)$，即事件 A 发生的概率不受事件 B 发生与否的影响，则称 A 对于 B 独立.

若 $P(B|A)=P(B)\,(P(A)>0)$，即事件 B 发生的概率不受事件 A 发生与否的影响，则称 B 对于 A 独立.

事件的独立性具有相互对称的性质，故称事件 A 与 B 相互独立.

定义 2： A 与 B 相互独立 $\Leftrightarrow P(AB)=P(A)P(B)$.

$$\text{三个事件 } A,B,C \text{ 相互独立} \Leftrightarrow \begin{cases} \left.\begin{array}{l} P(AB)=P(A)P(B) \\ P(AC)=P(A)P(C) \\ P(BC)=P(B)P(C) \end{array}\right\} \Rightarrow A,B,C \text{ 两两独立.} \\ P(ABC)=P(A)P(B)P(C) \end{cases}$$

独立的概念也可以推广到 n 个事件.

2. 事件独立的性质

性质 1： 设事件 A 与 B 满足 $0<P(A)<1, 0<P(B)<1$，则以下四个式子等价，

$$P(A|B)=P(A) \Leftrightarrow P(B|A)=P(B) \Leftrightarrow P(A|\overline{B})=P(A) \Leftrightarrow P(B|\overline{A})=P(B).$$

性质 2： 若 $P(A)=0$ 或 $P(A)=1$，则 A 与任意事件独立.

特别地，必然事件和不可能事件与任意事件独立.

性质 3： 若事件 A 与 B 相互独立，则 A 与 $\overline{B}$、$\overline{A}$ 与 B、$\overline{A}$ 与 $\overline{B}$ 也相互独立.

事实上，A 与 B、A 与 $\overline{B}$、$\overline{A}$ 与 B、$\overline{A}$ 与 $\overline{B}$ 这四组事件只要有一组相互独立，剩下三组也相互独立.

性质 4： 若事件 $A_1, A_2, \cdots, A_n$ 相互独立，则它们及它们的对立事件中任意一部分也相互独立.

A,B,C 相互独立 $\Rightarrow \overline{A},\overline{B},\overline{C}$ 相互独立，A 与 $\overline{B}$ 相互独立等.

性质 5： 若事件 A 与 B 相互独立，则

$$P(A+B)=1-P(\overline{A})P(\overline{B}), P(A-B)=P(A)P(\overline{B}).$$

若事件 A,B,C 相互独立，则 $P(A+B+C)=1-P(\overline{A})P(\overline{B})P(\overline{C})$.

若事件 $A_1, A_2, \cdots, A_n$ 相互独立，则 $P(\sum_{i=1}^{n} A_i)=1-\prod_{i=1}^{n} P(\overline{A_i})$.

性质 6： 设事件 A 与 B 满足 $0<P(A)<1, 0<P(B)<1$，若 A 与 B 相互独立，则 A 与 B 必相容；若 A 与 B 互不相容，则 A 与 B 不相互独立.

42 基础题 已知 $P(A+B)=0.9, P(A)=0.4$，在下列两种情形下求 $P(B)$：

(1) 当 A 与 B 互不相容时；

(2) 当 A 与 B 相互独立时.

43 基础题 设事件 A 与 B 相互独立，两个事件中只有 A 发生及只有 B 发生的概率都是 $\frac{1}{4}$，求 $P(A)$.

44 基础题 甲、乙、丙三人各投篮一次，设甲投中的概率为 0.6，乙投中的概率为 0.7，丙投中的概率为 0.4，求 (1) 甲、乙、丙三人都投中的概率；(2) 甲和乙两人都没投中的概率；(3) 有人投中的概率.

45 中等题 将一枚硬币抛两次，事件 A 表示“第一次抛出正面”，事件 B 表示“第二次抛出反面”，事件 C 表示“正面最多抛出一次”，则事件（　　）.

(A) A,B,C 两两独立　　(B) A 与 BC 相互独立

(C) B 与 AC 相互独立　　(D) C 与 AB 相互独立

46 中等题 设 A,B,C 是三个随机事件，且 A 与 C 相互独立，B 与 C 相互独立，则 $A\cup B$ 与 C 相互独立的充要条件是（　　）.

(A) A 与 B 相互独立　　(B) A 与 B 互不相容

(C) AB 与 C 相互独立　　(D) AB 与 C 互不相容

47 中等题 设两个事件 A 与 B 满足 $0<P(A)<1$，证明 $P(B\mid A)=P(B\mid \overline{A})$ 是 A 与 B 相互独立的充要条件.

48 综合题 设 A 和 B 为随机事件，且 $0<P(B)<1$，下列命题中为假命题的是（　　）.

(A) 若 $P(A\mid B)=P(A)$，则 $P(A\mid \overline{B})=P(A)$

(B) 若 $P(A\mid B)>P(A)$，则 $P(\overline{A}\mid \overline{B})>P(\overline{A})$

(C) 若 $P(A\mid B)>P(A\mid \overline{B})$，则 $P(A\mid B)>P(A)$

(D) 若 $P(A\mid (A\cup B))>P(\overline{A}\mid (A\cup B))$，则 $P(A)>P(B)$

二、伯努利概型

定义： 试验 E 只有两个结果 A 和 $\overline{A}$，每次试验 A 发生的概率不变，将试验独立重复 n 次，称为 n 重伯努利试验或伯努利概型.

定理： 设在一次伯努利试验中，事件 A 发生的概率为 $p\ (0<p<1)$，则在 n 重伯努利试验中，事件 A **恰好**发生 k 次的概率为

$$P_n(k)=\mathrm{C}_n^k p^k(1-p)^{n-k},k=0,1,2,\cdots,n.$$

49 基础题 一批产品的合格率为 0.9，每次取一件，观察后放回，下一次再取一件，共重复取三次，求下列事件的概率：

(1) 三次恰有一次取到正品；

(2) 三次恰有两次取到正品；

(3) 三次都取到次品.

50 基础题 某人对同一目标进行三次独立重复射击，已知至少命中一次的概率为 $\dfrac{7}{8}$，求每次射击命中的概率.

51 中等题 某人对同一目标独立重复射击，每次命中目标的概率为 $p\ (0<p<1)$，求此人第四次射击时恰好是第二次命中目标的概率 .

第2章

随机变量及其分布

第一节 随机变量

定义： 设随机试验E的样本空间为$\Omega=\{\omega\}$，对于每一个结果（样本点）$\omega\in\Omega$，都有一个实数$X(\omega)$与之对应，这样就得到了一个定义在Ω上的实值函数$X=X(\omega)$，称为随机变量.

随机变量常用大写拉丁字母X,Y,Z或希腊字母ξ,η,ζ表示.

分类：

随机变量 { 离散型；非离散型 { 连续型；其他 } }

52 基础题 盒中装有大小、形状完全相同的6个球，编号分别为1,2,⋯,6，从中任取一球，观察其编号，用随机变量表示下列事件，并求其概率.

(1) 编号等于3； (2) 编号不大于3.

第二节 离散型随机变量及其分布律

一、概率分布

1. 概率分布的定义

定义1： 若随机变量X的全部取值有有限个或无限可列个，则称X为离散型随机变量.

定义2： 若离散型随机变量X所有可能的取值为$x_1,x_2,\cdots$，对应的概率分别为$p_1,p_2,\cdots$，则称$P\{X=x_k\}=p_k(k=1,2,\cdots)$为随机变量$X$的概率分布或分布律.

直观表示：

X	x_1	x_2	$\cdots$	x_k	$\cdots$
P	p_1	p_2	$\cdots$	p_k	$\cdots$

2. 概率分布的性质

概率分布具有二属性：

(1)（**非负性**）$p_k \geqslant 0, k=1,2,\cdots$；

(2)（**归一性**）$\sum\limits_k p_k = 1$.

3. 概率分布的应用

(1) 会求概率分布.（**八字口诀：一找取值，二求概率.**）

(2) 已知概率分布，会求未知参数.（**归一性.**）

(3) 已知概率分布，会求相关概率.

$$P\{X \in I\} = \sum_{x_k \in I} P\{X = x_k\} = \sum_{x_k \in I} p_k .$$

(4) 已知概率分布，会求分布函数（见本章第三节）.

53 基础题　判断下列各式是否是某个随机变量的概率分布？

(1) $P\{X=k\}=\left(\frac{1}{2}\right)^k, k=0,1,2,\cdots$；

(2) $P\{X=k\}=2\times\left(\frac{1}{3}\right)^k, k=1,2,\cdots$.

54 基础题　已知随机变量 X 的概率分布为

X	-1	0	1	2
P	0.1	0.26	C	0.3

求 (1) 常数 C 的值；(2) $P\{-1 < X \leqslant 2.5\}, P\{X \geqslant 0\}$.

55 基础题　已知随机变量 X 的概率分布为 $P\{X=k\}=\frac{C}{k!}e^{-3}, k=0,1,2,\cdots$，求常数 C 的值.

56 基础题　已知袋中有 3 个黑球和 2 个白球，每次从中取一个，不放回，直到取到黑球为止，求 (1) 取到白球数目 X 的概率分布；(2) $P\{X \leqslant 1\}$.

二、常见分布（离散型）

1. 0－1分布 $X \sim B(1,p)$ 或 $X \sim 0-1(p)$

定义： 若随机变量 X 的概率分布为

$$P\{X=k\}=p^k(1-p)^{1-k}, k=0,1\ (0<p<1),$$

或

X	0	1
P	$1-p$	p

则称 X 服从参数为 p 的 $0-1$ 分布.

评注

设 $P(A)=p$，X 表示“一次试验中 A 发生的次数”，则 X 服从参数为 p 的 $0-1$ 分布.

2. 几何分布 $X \sim G(p)$

定义： 若随机变量 X 的概率分布为

$$P\{X=k\}=(1-p)^{k-1}p, k=1,2,\cdots (0<p<1),$$

则称 X 服从参数为 p 的几何分布.

评注

设 $P(A)=p$，X 表示“在独立重复试验中 A 首次发生所需的试验次数”，则 X 服从参数为 p 的几何分布.

3. 二项分布 $X \sim B(n,p)$

定义 1： 若随机变量 X 的概率分布为

$$P\{X=k\}=\mathrm{C}_n^k p^k (1-p)^{n-k}, k=0,1,\cdots,n \ (0<p<1),$$

则称 X 服从参数为 n,p 的二项分布.

定义 2： 若 $X \sim B(n,p)$，X 共有 $n+1$ 个可能的取值 $0,1,\cdots,n$，使 $P\{X=k\}$ 达到最大的 k 记作 k_0，称 k_0 为二项分布的最可能值. 把 $P\{X=k_0\}$ 称为二项分布的最大概率，且

$$k_0=\begin{cases}(n+1)p\text{或}(n+1)p-1, & \text{当}(n+1)p\text{是整数时} \\ [(n+1)p], & \text{当}(n+1)p\text{不是整数时}\end{cases}.$$

评注

(1) 设 $P(A)=p$，X 表示“在 n 重伯努利试验中 A 发生的次数”，则 X 服从参数为 n,p 的二项分布.

(2) $0-1$ 分布是 $n=1$ 时的二项分布.

(3) 若 $X \sim B(n,p)$，则 $P\{X \geqslant 1\}=1-P\{X=0\}=1-(1-p)^n$.

4. 泊松分布 $X \sim P(\lambda)$

定义： 若随机变量 X 的概率分布为

$$P\{X=k\}=\frac{\lambda^k}{k!}\mathrm{e}^{-\lambda}, k=0,1,2,\cdots (\lambda>0),$$

则称 X 服从参数为 λ 的泊松分布．

评注

(1) 当 $X \sim P(\lambda)$ 且 λ 已知时，我们可查表求相关概率，这是泊松分布的优点．

(2) 当 $X \sim B(n,p)$，且 n 较大，p 较小，np 大小适中时，X 近似服从参数为 $\lambda=np$ 的泊松分布，此时我们可以用泊松分布代替二项分布来计算相关概率．称之为“二项分布的泊松逼近”．

5. 超几何分布 $X \sim H(N,M,n)$

定义： 若随机变量 X 的概率分布为

$$P\{X=k\}=\frac{\mathrm{C}_M^k \mathrm{C}_{N-M}^{n-k}}{\mathrm{C}_N^n}, k=0,1,\cdots,\min\{n,M\},$$

则称 X 服从超几何分布．

评注

(1) N 个元素分成两类，有 M 个元素属于第一类，$N-M$ 个元素属于第二类，从中任取 n 个，X 表示“这 n 个元素中属于第一类元素的个数”，则 X 服从超几何分布．

(2) 当 $N \to +\infty$ 时，超几何分布以二项分布为极限，即当 N 充分大，n 相对较小时，X 近似服从 $B\left(n,\frac{M}{N}\right)$．

57 基础题 已知 X 服从 0−1 分布，且 X 取 1 的概率是它取 0 的概率的 4 倍，求 X 的概率分布．

58 基础题 某人向某目标射击，命中率为 0.7，不断地进行射击，直到命中目标为止，则命中时射击次数的概率分布为 ______，命中时恰好射击 4 次的概率为 ______．

59 基础题 一批产品共 20 件，其中正品 15 件，次品 5 件．有放回地抽取，每次只取一件，直到取到正品为止．假定每件产品被取到的机会相等，求 (1) 抽取次数的概率分布；(2) 抽取次数是奇数的概率．

60 基础题 将一枚硬币重复抛 5 次，求正面和反面都至少出现两次的概率．

61 基础题 设 $X \sim B(2,p), Y \sim B(4,p)$，且 $P\{X \geqslant 1\} = \frac{5}{9}$，求 $P\{Y \geqslant 1\}$.

62 基础题 设某工厂每天用水量保持正常的概率为 $\frac{3}{4}$，且每天用水量是否正常相互独立，求 (1) 最近 6 天内用水量正常的天数的概率分布；(2) 用水量最可能正常的天数.

63 基础题 某电话交换台每分钟收到的用户呼唤次数 X 服从 $\lambda = 2$ 的泊松分布，则 X 的概率分布为 ______，一分钟内呼唤 5 次的概率为 ______.

64 基础题 设随机变量 X 服从参数为 λ 的泊松分布，且 $P\{X = 2\} = P\{X = 3\}$，求 (1) X 的概率分布；(2) $P\{2 < X \leqslant 4\}$.

65 基础题 一批产品的次品率为 0.01，用泊松分布近似求 500 件产品中次品为 2 件的概率.

66 基础题 一批产品有 20 件，其中有 3 件次品，现从中任取 4 件，求 (1) 次品数 X 的概率分布；(2) 次品数不多于 2 件的概率.

第三节　随机变量的分布函数

一、分布函数的概念

定义： 设 X 是一个随机变量，对任意的实数 x，称函数

$$F(x) = P\{X \leqslant x\} \ (-\infty < x < +\infty)$$

为随机变量 X 的分布函数.

分布函数是刻画随机变量分布的一个重要工具. $F(x)$ 表示随机变量 X 的取值落入区间 $(-\infty, x]$ 的概率.

二、分布函数的性质与公式

1. 分布函数的性质

性质 1： $0 \leqslant F(x) \leqslant 1, \forall x \in (-\infty, +\infty)$.

性质 2： $F(-\infty) = \lim\limits_{x \to -\infty} F(x) = 0, F(+\infty) = \lim\limits_{x \to +\infty} F(x) = 1$.

性质 3： $F(x)$ 是 x 的不减函数，即对 $\forall x_1 < x_2$，都有 $F(x_1) \leqslant F(x_2)$.

性质 4： $F(x)$ 是右连续的，且至多有可列个间断点，即

$$\lim_{x \to a^+} F(x) = F(a) \text{ 或 } F(a+0) = F(a).$$

评注

(1) 同时满足以上 4 条性质的函数是某个随机变量的分布函数，否则不是.

(2) 性质 2 和性质 4 常用来求分布函数 $F(x)$ 的待定常数.

2. 重要公式

公式 1： $P\{X > a\} = 1 - F(a)$.

公式 2： $P\{a < X \leqslant b\} = F(b) - F(a)$.

公式 3： $P\{X < a\} = F(a) - P\{X = a\} = \lim\limits_{x \to a^-} F(x) = F(a-0)$.

公式 4： $P\{X = a\} = F(a) - F(a-0)$.

67 基础题 设 $F(x)$ 为随机变量 X 的分布函数，则下列仍为分布函数的是（　　）.

(A) $F(2x+1)$　　(B) $F(2-x)$　　(C) $F(x^2)$　　(D) $1-F(-x)$

68 基础题 设随机变量 X 的分布函数为 $F(x) = A + B\arctan x$，求 A 和 B 的值.

69 基础题 设随机变量 X 的分布函数为

$$F(x) = \begin{cases} A + Be^{-\lambda x}, & x > 0 \\ 0, & x \leqslant 0 \end{cases}，\text{其中 } \lambda \text{ 为大于零的常数，}$$

求 A 和 B 的值.

70 基础题 设 $F(x)$ 为随机变量 X 的分布函数，则 $P\{a < X < b\} = F(b) - F(a)$ 成立的充要条件是 $F(x)$ 在（　　）.

(A) a 处连续　　(B) b 处连续

(C) a 和 b 至少有一处不连续　　(D) a 和 b 处都连续

71 基础题 设随机变量 X 的分布函数 $F(x) = \begin{cases} 0, & x < 0 \\ \dfrac{1}{2}, & 0 \leqslant x < 1 \\ 1 - e^{-x}, & x \geqslant 1 \end{cases}$，求 (1) $P\left\{\dfrac{1}{2} < X \leqslant 2\right\}$；(2) $P\left\{X > \dfrac{1}{2}\right\}$；(3) $P\{X = 1\}$.

三、已知概率分布求分布函数

已知随机变量 X 的概率分布为

X	x_1	x_2	$\cdots$	x_k	$\cdots$
P	p_1	p_2	$\cdots$	p_k	$\cdots$

则 X 的分布函数 $F(x)$ 为

$$F(x)=\begin{cases}0, & x<x_1\\ p_1, & x_1\leqslant x<x_2\\ p_1+p_2, & x_2\leqslant x<x_3\\ \quad\vdots & \quad\vdots\\ p_1+p_2+\cdots+p_{k-1}, & x_{k-1}\leqslant x<x_k\\ \quad\vdots & \quad\vdots\end{cases}.$$

离散型随机变量 X 的分布函数 $F(x)$ 具有如下特点：

(1) $F(x)$ 是分段函数，其图像是阶梯形不减曲线；

(2) $F(x)$ 是右连续的，其间断点 x_k 是 X 的可能取值，所以最多有无限可列个间断点；

(3) 若 X 有 n 个取值，则会将 $F(x)$ 的定义域 $(-\infty,+\infty)$ 分成 $n+1$ 个区间，且每个区间都是左闭右开的.

72 基础题 设随机变量 X 的概率分布为

X	-1	1	2
P	0.5	C	0.2

求 (1) C 的值；(2) X 的分布函数；(3) $P\{X\leqslant 1\},P\{0\leqslant X\leqslant 2\}$.

73 基础题 设离散型随机变量 X 的分布函数为

$$F(x)=\begin{cases}0, & x<-2\\ 0.1, & -2\leqslant x<0\\ 0.4, & 0\leqslant x<3\\ 1, & x\geqslant 3\end{cases},$$

求 (1) X 的概率分布；(2) $P\{X<2\mid X\neq 0\}$.

74 中等题 一个盒子里有标号分别为 0,1,1,2 的 4 个球，有放回地取两个球（每次取一个），以 X 表示两次取到的球上的号码数的乘积，求 (1) X 的概率分布；(2) X 的分布函数.

第四节 连续型随机变量及其概率密度函数

一、密度函数

1. 密度函数的定义

定义： 设随机变量 X 的所有可能取值是某一区间上的所有实数，若存在非负可积函数 $f(x)$，使得对任意的实数 x，X 的分布函数 $F(x)$ 可以写成

$$F(x)=P\{X\leqslant x\}=\int_{-\infty}^{x}f(t)\mathrm{d}t,$$

则称 X 为连续型随机变量，称 $f(x)$ 为 X 的概率密度函数，简称概率密度或密度函数，记作 $X\sim f(x)$.

评注

(1) 连续型随机变量 X 的分布函数 $F(x)$ 是连续的. 离散型随机变量的分布函数仅右连续.

(2) 若 $f(x)$ 在点 x 处连续，则 $F(x)$ 在点 x 处可导，且 $F'(x)=f(x)$.

2. 密度函数的性质

密度函数 $f(x)$ 具有二属性：

(1)（**非负性**）$f(x)\geqslant 0$；

(2)（**归一性**）$\int_{-\infty}^{+\infty}f(x)\mathrm{d}x=1$.

3. 公式与结论

公式 1： $P\{X\leqslant a\}=P\{X<a\}=F(a)=F(a)-F(-\infty)=\int_{-\infty}^{a}f(x)\mathrm{d}x$.

公式 2： $P\{X>a\}=P\{X\geqslant a\}=1-F(a)=F(+\infty)-F(a)=\int_{a}^{+\infty}f(x)\mathrm{d}x$.

公式 3： $P\{a<X\leqslant b\}=P\{a\leqslant X\leqslant b\}=P\{a\leqslant X<b\}=P\{a<X<b\}$

$$=F(b)-F(a)=\int_{a}^{b}f(x)\mathrm{d}x.$$

一般地，

$$P\{X\in I\}=\int_{I}f(x)\mathrm{d}x.$$

结论：对任意的实数 a，连续型随机变量 X 取该值的概率为 0，即 $P\{X=a\}=0$.

评注

(1) 这是连续型随机变量与离散型随机变量截然不同的一个重要特点. 它说明，用概率分布描述连续型随机变量毫无意义.

(2) 上述结论还说明，概率等于 0 的事件不一定是不可能事件. 同样，概率等于 1 的事件未必是必然事件.

4. 密度函数的应用

(1) 求密度函数 $f(x)$ 中的待定常数.（$\int_{-\infty}^{+\infty} f(x)\mathrm{d}x=1$.）

(2) 由密度函数 $f(x)$ 求分布函数 $F(x)$.（$F(x)=\int_{-\infty}^{x} f(t)\mathrm{d}t$.）

(3) 由分布函数 $F(x)$ 求密度函数 $f(x)$.（$F'(x)=f(x)$.）

(4) 已知密度函数 $f(x)$ 或分布函数 $F(x)$，计算相关概率.

75 基础题　已知 $f(x)$ 为连续型随机变量 X 的密度函数，则还可以作为密度函数的是（　　）.

(A) $f(2x)$　　(B) $f(-x)$　　(C) $2f(x)$　　(D) $-f(x)$

76 基础题　假设随机变量 X 的密度函数 $f(x)$ 为偶函数，其分布函数为 $F(x)$，则（　　）.

(A) $F(x)$ 是偶函数　　(B) $F(x)$ 是奇函数

(C) $F(x)+F(-x)=1$　　(D) $F(x)+F(-x)=2$

77 基础题　设 X 的分布函数为 $F(x)$，a 和 b 为实数，且 $a<b$，则（　　）一定正确.

(A) $P\{X<a\}=F(a)$　　(B) $P\{X\geqslant a\}=1-F(a)$

(C) $P\{a<X\leqslant b\}=F(b)-F(a)$　　(D) $P\{a\leqslant X<b\}=F(b)-F(a)$

78 基础题　已知连续型随机变量 X 的分布函数为

$$F(x)=\begin{cases}0, & x<-1\\ \dfrac{1}{2}+\dfrac{1}{\pi}\arcsin x, & -1\leqslant x<1,\\ 1, & x\geqslant 1\end{cases}$$

求 (1) X 的密度函数；(2) $P\{0<X<2\}$.

79 基础题　已知连续型随机变量 X 的分布函数为

$$F(x)=\begin{cases}0, & x<0 \\ \dfrac{x^2}{25}, & 0\leqslant x<5, \\ 1, & x\geqslant 5\end{cases}$$

求方程$x^2+Xx+\frac{1}{4}(X+2)=0$有实根的概率.

80 基础题　已知随机变量X的密度函数$f(x)=\begin{cases}2x, & 0<x<a \\ 0, & \text{其他}\end{cases}(a>0)$，求(1)常数$a$的值；(2) $P\{0.5\leqslant X<1.5\}$.

81 基础题　已知连续型随机变量X的密度函数$f(x)=\begin{cases}ax+b, & 0<x<1 \\ 0, & \text{其他}\end{cases}$，且$P\left\{X<\frac{1}{3}\right\}=P\left\{X>\frac{1}{3}\right\}$，求常数$a$和$b$的值.

82 基础题　已知随机变量X的密度函数$f(x)=\begin{cases}e^{-x}, & x>0 \\ 0, & x\leqslant 0\end{cases}$，求(1) $P\{X\leqslant 1\}$；(2) $P\{X\leqslant 2\mid X>1\}$.

83 中等题　设随机变量X的密度函数$f(x)$满足$f(1+x)=f(1-x)$，且$\int_0^2 f(x)\mathrm{d}x=0.7$，$F(x)$为其分布函数，求$F(0)$.

84 中等题　已知连续型随机变量X的分布函数为

$$F(x)=\begin{cases}0, & x<1 \\ a\ln x+b, & 1\leqslant x<\mathrm{e}, \\ 1, & x\geqslant \mathrm{e}\end{cases}$$

求(1)常数a和b的值；(2) X的密度函数；(3) $P\{X<2\}$.

85 中等题　已知随机变量X的密度函数为$f(x)=\begin{cases}2x, & 0<x<1 \\ 0, & \text{其他}\end{cases}$，现对$X$进行$n$次独立观测，$Y$表示观测值不大于0.2的次数，求随机变量$Y$的概率分布.

86 中等题　设随机变量X和Y相互独立且同分布，其密度函数为

$$f(x)=\begin{cases}\dfrac{3}{8}x^2, & 0<x<2 \\ 0, & \text{其他}\end{cases}.$$

若事件 $A=\{X>a\}$ 与 $B=\{Y>a\}$ 相互独立，且 $P(A+B)=\frac{3}{4}$，求常数 a 的值.

87 中等题 已知随机变量 X 的密度函数为 $f(x)=\begin{cases}A\cos x, & -\frac{\pi}{2}<x<\frac{\pi}{2}\\ 0, & \text{其他}\end{cases}$，求 (1) 常数 A 的值；(2) X 的分布函数.

88 中等题 （拉普拉斯分布）随机变量 X 的密度函数为 $f(x)=Ae^{-|x|}$，求 (1) 常数 A 的值；(2) X 的分布函数；(3) $P\{-1\leqslant X<1\}$.

二、常见分布（连续型）

1. 均匀分布 $X\sim U[a,b]$

定义： 若随机变量 X 的密度函数为

$$f(x)=\begin{cases}\frac{1}{b-a}, & a\leqslant x\leqslant b\\ 0, & \text{其他}\end{cases},$$

则称 X 服从区间 $[a,b]$ 上的均匀分布. 其分布函数为

$$F(x)=\begin{cases}0, & x<a\\ \frac{x-a}{b-a}, & a\leqslant x<b\\ 1, & x\geqslant b\end{cases}.$$

概率计算： 设 $X\sim U[a,b]$，$[c,d]\subset[a,b]$，则

$$P\{c\leqslant X\leqslant d\}=\int_c^d f(x)\mathrm{d}x=\int_c^d\frac{1}{b-a}\mathrm{d}x=\frac{d-c}{b-a}.$$ （区间长度之比）

推广： 设 $X\sim U[a,b]$，则

$$P\{X\in I\}=\frac{I\text{的有效长度}}{b-a}.$$

例如，设 $X\sim U[0,5]$，则

$$P\{1\leqslant X\leqslant 3\}=\frac{3-1}{5-0}=\frac{2}{5}, P\{-1\leqslant X\leqslant 2\}=\frac{2-0}{5-0}=\frac{2}{5}, P\{3<X\leqslant 6\}=\frac{5-3}{5-0}=\frac{2}{5}.$$

2. 指数分布 $X\sim E(\lambda)$

定义： 若随机变量 X 的密度函数为

$$f(x)=\begin{cases}\lambda e^{-\lambda x}, & x>0\\ 0, & x\leqslant 0\end{cases}\ (\lambda>0),$$

则称 X 服从参数为 λ 的指数分布．其分布函数为

$$F(x)=\begin{cases}1-e^{-\lambda x}, & x>0\\ 0, & x\leqslant 0\end{cases}.$$

性质：（**无记忆性**）若 $X\sim E(\lambda)$，则对任意的实数 $s>0,t>0$，有

$$P\{X>s+t\mid X>s\}=P\{X>t\}.$$

评注

(1) 指数分布的密度函数和分布函数要牢记，这是计算概率的基础．

(2) 指数分布的“无记忆性”很有趣，应用该性质可以简化条件概率的计算．

3. 标准正态分布 $X\sim N(0,1)$

定义：若随机变量 X 的密度函数为

$$\varphi(x)=\frac{1}{\sqrt{2\pi}}e^{-\frac{x^2}{2}},-\infty<x<+\infty,$$

则称 X 服从标准正态分布．其分布函数为

$$\Phi(x)=\frac{1}{\sqrt{2\pi}}\int_{-\infty}^{x}e^{-\frac{t^2}{2}}dt,-\infty<x<+\infty.$$

评注

利用泊松积分 $\int_{-\infty}^{+\infty}e^{-x^2}dx=\sqrt{\pi}$ 可以验证标准正态分布的密度函数满足归一性．

标准正态分布的重要公式

(1) $\varphi(-x)=\varphi(x)$.

(2) $\Phi(-x)=1-\Phi(x)$.

(3) $P\{|X|\leqslant a\}=2\Phi(a)-1$.

(4) $P\{|X|>a\}=2[1-\Phi(a)]$.

评注

(1) 标准正态分布的分布函数值：$\Phi(0)=0.5$；当 $0<x<5$ 时，$\Phi(x)$ 的值查表可得；当 $-5<x<0$ 时，利用公式 $\Phi(-x)=1-\Phi(x)$ 再查表即可；当 $x\geqslant 5$ 时，$\Phi(x)\approx 1$；当 $x\leqslant -5$ 时，$\Phi(x)\approx 0$.

(2) 当 $X\sim N(0,1)$ 时，上面四个公式成立．事实上，当 $X\sim N(0,\sigma^2)$ 时，也有相应的公式．

4. 正态分布 $X \sim N(\mu,\sigma^2)$

定义：若随机变量 X 的密度函数为

$$f(x)=\frac{1}{\sqrt{2\pi}\sigma}\mathrm{e}^{-\frac{(x-\mu)^2}{2\sigma^2}},-\infty<x<+\infty,$$

其中，μ 和 σ 为常数，且 $\sigma>0$，则称 X 服从参数为 μ,σ 的正态分布．其分布函数为

$$F(x)=\frac{1}{\sqrt{2\pi}\sigma}\int_{-\infty}^{x}\mathrm{e}^{-\frac{(t-\mu)^2}{2\sigma^2}}\mathrm{d}t,-\infty<x<+\infty.$$

标准正态分布是正态分布在 $\mu=0,\sigma=1$ 时的特殊情况．

性质

(1) 密度函数 $y=f(x)$ 是关于直线 $x=\mu$ 对称的钟形曲线．

(2) $y=f(x)$ 在 $x=\mu$ 处取得最大值 $\frac{1}{\sqrt{2\pi}\sigma}$．

(3) 参数 μ 决定正态曲线 $y=f(x)$ 的位置，参数 σ 决定正态曲线 $y=f(x)$ 的形状．

重要结论

(1) $f(x)=\frac{1}{\sigma}\varphi\left(\frac{x-\mu}{\sigma}\right)$.

(2) $F(x)=\Phi\left(\frac{x-\mu}{\sigma}\right),F(\mu)=\Phi(0)=0.5$.

(3) $Y=\frac{X-\mu}{\sigma}\sim N(0,1)$.

(4) $P\{a<X\leqslant b\}=F(b)-F(a)=\Phi\left(\frac{b-\mu}{\sigma}\right)-\Phi\left(\frac{a-\mu}{\sigma}\right)$.

89 基础题 设随机变量 $X\sim U[-2,6]$，求 (1) X 的分布函数；(2) $P\{-3\leqslant X\leqslant 2\}$.

90 基础题 某公共汽车站，甲、乙、丙三人分别独立等 1 路、2 路、3 路汽车，设所有人等车的时间（单位：分钟）均服从 [0,5] 上的均匀分布，求三人中至少有两人等车时间不超过 2 分钟的概率．

91 基础题 设随机变量 $X\sim E(1)$，a 为大于零的常数，求 $P\{X\leqslant a+1\mid X>a\}$.

92 基础题 设 $X\sim N(0,1)$，求 (1) $P\{X\leqslant -1.68\}$；(2) $P\{|X|<1.96\}$；(3) $P\{|X|\geqslant 1.84\}$.

93 基础题 设$X \sim N(1,4)$，求 (1) $P\{0 < X \leqslant 1.6\}$；(2) $P\{|X| < 2\}$.

94 基础题 设$X \sim N(\mu,25), Y \sim N(\mu,100)$，记$p_1 = P\{X \leqslant \mu - 5\}, p_2 = P\{Y \geqslant \mu + 10\}$，则$p_1$和$p_2$的大小关系为（　　）.

(A) $p_1 = p_2$　　(B) $p_1 < p_2$　　(C) $p_1 > p_2$　　(D) 不能确定

95 中等题 设$X \sim U[a,b]\ (a > 0), P\{0 < X < 3\} = \dfrac{1}{4}, P\{X > 4\} = \dfrac{1}{2}$，求 (1) X的密度函数；(2) $P\{1 < X < 5\}$.

96 中等题 设随机变量X服从参数为λ的指数分布，对X进行3次独立重复观测，至少有一次观测值大于2的概率为$\dfrac{7}{8}$，求λ的值.

97 中等题 设$f_1(x)$是标准正态分布的密度函数，$f_2(x)$是$[-1,3]$上均匀分布的密度函数，若$f(x) = \begin{cases} af_1(x), & x \leqslant 0 \\ bf_2(x), & x > 0 \end{cases}$ $(a > 0, b > 0)$也是密度函数，求a和b满足的关系式.

98 中等题 设$X \sim N(2,\sigma^2)$，且$P\{2 < X < 4\} = 0.3$，求$P\{X < 0\}$及$P\{0 < X < 2\}$.

99 综合题 设随机变量X的概率分布为$P\{X = 1\} = P\{X = 2\} = \dfrac{1}{2}$，在给定$X = i$的条件下，随机变量$Y$服从均匀分布$U(0,i)\ (i = 1,2)$，求$Y$的分布函数$F_Y(y)$和密度函数$f_Y(y)$.

第五节　随机变量函数的分布

一、离散型随机变量函数的分布

已知X的概率分布，$Y = g(X)$，求Y的概率分布.

用概率分布的定义，即“八字口诀”：一找取值，二求概率.

100 基础题　已知随机变量 X 的概率分布为

X	-1	0	1	2
P	0.1	0.26	0.34	0.3

求 (1) $Y_1=2X+1$ 的概率分布；(2) $Y_2=X^2$ 的概率分布.

101 中等题　已知随机变量 X 的概率分布为 $P\{X=k\}=\dfrac{1}{2^k}(k=1,2,\cdots)$，求 $Y=\sin\left(\dfrac{\pi}{2}X\right)$ 的概率分布.

102 综合题　设随机变量 X 的密度函数为 $f(x)=\dfrac{a}{\mathrm{e}^x+\mathrm{e}^{-x}},-\infty<x<+\infty$，求随机变量 $Y=g(X)$ 的概率分布，其中函数 $g(x)=\begin{cases}-1, & x\leqslant 0\\ 1, & x>0\end{cases}$.

二、连续型随机变量函数的分布

已知 X 的密度函数 $f_X(x)$，函数 $y=g(x)$ 及其一阶导数都连续，求 $Y=g(X)$ 的密度函数 $f_Y(y)$.

方法一　定义法（分布函数法）

第一步 求出 Y 的分布函数 $F_Y(y)$，或建立 Y 的分布函数 $F_Y(y)$ 和 X 的分布函数 $F_X(x)$ 之间的关系式.

$$F_Y(y)=P\{Y\leqslant y\}=P\{g(X)\leqslant y\}=P\{X\in I_y\}.$$

第二步 对 $F_Y(y)$ 求导得 $f_Y(y)$，即 $F_Y'(y)=f_Y(y)$.

方法二　公式法

设 $X\sim f_X(x)$，函数 $y=g(x)$ 单调可导且 $g'(x)\neq 0$，其值域为 $[\alpha,\beta]$，$y=g(x)$ 的反函数为 $x=h(y)$，则 $Y=g(X)$ 的密度函数为

$$f_Y(y)=\begin{cases}f_X[h(y)]\cdot|h'(y)|, & \alpha\leqslant y\leqslant\beta\\ 0, & 其他\end{cases}.$$

评注

(1) 公式法的优点是可以直接套用，步骤简单，但是其要求满足的条件较多：单调、可导、导数不为零等，且公式不容易理解，实际应用时也有局限性. (2) 定义法适用于所有函数，是最基本的方法.

103 基础题　设 $X \sim U[0,1], Y=3X+1$，求 Y 的密度函数 $f_Y(y)$.

104 基础题　设 $X \sim N(\mu,\sigma^2), Y=\dfrac{X-\mu}{\sigma}$，求 Y 的密度函数 $f_Y(y)$.

105 基础题　设 $X \sim N(0,1), Y=X^2$，求 Y 的密度函数 $f_Y(y)$.

106 中等题　已知 $X \sim U\left[-\dfrac{\pi}{2},\dfrac{\pi}{2}\right], Y=\sin X$，求 Y 的密度函数.

107 综合题　设 X 服从参数为 λ 的指数分布，令 $Y=\min\{X,2\}$，求 Y 的分布函数，并求其间断点.

108 综合题　设随机变量 X 的密度函数为

$$f(x)=\begin{cases}\dfrac{1}{9}x^2, & 0<x<3\\ 0, & \text{其他}\end{cases},$$

令随机变量 $Y=\begin{cases}2, & X\leqslant 1\\ X, & 1<X\leqslant 2\\ 1, & X\geqslant 2\end{cases}$，求 Y 的分布函数.

109 综合题　设 X 的密度函数为 $f(x)=\begin{cases}\dfrac{1}{3\sqrt[3]{x^2}}, & 1\leqslant x\leqslant 8\\ 0, & \text{其他}\end{cases}$，分布函数为 $F(x)$，求 $Y=F(X)$ 的密度函数 $f_Y(y)$.

第3章

多维随机变量及其分布

第一节　二维随机变量

一、X与Y的联合分布函数$F(x,y)$

1. 联合分布函数$F(x,y)$的定义

定义： 称$F(x,y)=P\{X\leqslant x,Y\leqslant y\}(-\infty<x<+\infty,-\infty<y<+\infty)$为二维随机变量$(X,Y)$的分布函数，或$X$与$Y$的联合分布函数.

2. 联合分布函数$F(x,y)$的性质

性质1： $0\leqslant F(x,y)\leqslant 1\ (-\infty<x<+\infty,-\infty<y<+\infty)$；

$F(-\infty,y)=0,F(x,-\infty)=0,F(-\infty,-\infty)=0,F(+\infty,+\infty)=1.$

性质2： $F(x,y)$分别关于x和y是不减函数，即

当$x_1<x_2$时，$F(x_1,y)\leqslant F(x_2,y)$；当$y_1<y_2$时，$F(x,y_1)\leqslant F(x,y_2)$.

性质3： $F(x,y)$分别关于x和y是右连续函数，即

$F(x+0,y)=F(x,y),F(x,y+0)=F(x,y)$.

性质4： $P\{x_1<X\leqslant x_2,y_1<Y\leqslant y_2\}=F(x_2,y_2)-F(x_2,y_1)-F(x_1,y_2)+F(x_1,y_1)$.

110 基础题 已知$(X,Y)\sim F(x,y)=A\left(B+\arctan\dfrac{x}{4}\right)(C+\arctan 3y)$，求$A,B,C$.

111 基础题 下列函数中不能作为随机变量(X,Y)的分布函数的是（　　）.

(A) $F(x,y)=\begin{cases}(1-\mathrm{e}^{-2x})(1-\mathrm{e}^{-3y}), & x>0,y>0\\ 0, & 其他\end{cases}$

(B) $F(x,y)=\dfrac{1}{\pi^2}\left(\dfrac{\pi}{2}+\arctan x\right)\left(\dfrac{\pi}{2}+\arctan y\right)$

(C) $F(x,y)=\begin{cases}1, & x+2y\geqslant 1\\ 0, & x+2y<1\end{cases}$

(D) $F(x,y)=\begin{cases}1-2^{-x}-2^{-y}+2^{-x-y}, & x>0,y>0\\ 0, & 其他\end{cases}$

112 中等题 设$(X,Y)\sim F(x,y)$，用分布函数表示下列概率：

$P\{a<X\leqslant b,Y\leqslant c\}=$ ________；$P\{X\leqslant a,Y=b\}=$ ________.

二、二维离散型随机变量(X,Y)的概率分布——联合分布

1. 联合分布的定义

定义： 二维离散型随机变量(X,Y)的可能取值为$(x_i,y_i),i,j=1,2,\cdots$，称$P\{X=x_i,Y=y_j\}=p_{ij},i,j=1,2,\cdots$为二维离散型随机变量$(X,Y)$的概率分布（或分布律），也称为$X$与$Y$的联合分布.

为了直观，我们可以用如下表格表示联合分布：

$X \backslash Y$	y_1	y_2	$\cdots$	y_j	$\cdots$
x_1	p_{11}	p_{12}	$\cdots$	p_{1j}	$\cdots$
x_2	p_{21}	p_{22}	$\cdots$	p_{2j}	$\cdots$
$\vdots$	$\vdots$	$\vdots$		$\vdots$	
x_i	p_{i1}	p_{i2}	$\cdots$	p_{ij}	$\cdots$
$\vdots$	$\vdots$	$\vdots$		$\vdots$	

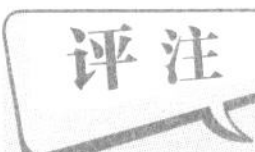

求解应用题时，可按“八字口诀”，即“一找取值，二求概率”求概率分布.

2. 联合分布的性质

性质 1： 对任意的i,j，$p_{ij}\geqslant 0$（非负性）.

性质 2： $\sum\limits_i\sum\limits_j p_{ij}=1$（归一性）.

113 基础题 盒中装有 8 颗棋子，其中 2 颗黑棋子，6 颗白棋子．现在每次从中取一颗棋子，不放回连续取 2 次，以X,Y分别表示第一次和第二次取到的白棋子的个数，求(X,Y)的概率分布.

114 中等题 设二维随机变量(X,Y)的概率分布为

X \ Y	-1	0	1
0	0.2	0.1	a
1	b	0.1	0.2

其分布函数为$F(x,y)$，已知$P\{X^2+Y^2=1\}=0.4$，求(1) a,b的值；(2) $F(0.5,1)$.

115 中等题 设 A,B 为两个随机事件，且 $P(A)=\dfrac{1}{4},P(B|A)=\dfrac{1}{3},P(A|B)=\dfrac{1}{2}$，令

$X=\begin{cases}1, & A\text{ 发生}\\0, & A\text{ 不发生}\end{cases}$，$Y=\begin{cases}1, & B\text{ 发生}\\0, & B\text{ 不发生}\end{cases}$，求

(1) X 与 Y 的联合分布；

(2) $P\{X+Y=1\}$ 及 $P\{X\leqslant Y\}$.

三、二维连续型随机变量 (X,Y) 的概率密度——联合密度

1. 联合密度函数的定义

定义： 随机变量 (X,Y) 的分布函数为 $F(x,y)$，若存在非负可积函数 $f(x,y)$，使得对任意的实数 x,y，都有

$$F(x,y)=\int_{-\infty}^{x}\int_{-\infty}^{y}f(u,v)\mathrm{d}u\mathrm{d}v,$$

则称 (X,Y) 为二维连续型随机变量，称 $f(x,y)$ 为 (X,Y) 的概率密度函数，或 X 与 Y 的联合概率密度函数.

2. 联合密度函数的性质

性质 1： 对任意的实数 x,y，$f(x,y)\geqslant 0$（非负性）.

性质 2： $\int_{-\infty}^{+\infty}\int_{-\infty}^{+\infty}f(x,y)\mathrm{d}x\mathrm{d}y=1$（归一性）.

3. 常用公式

公式 1： 设 $(X,Y)\sim f(x,y)$，则 (X,Y) 落在平面区域 G 内的概率为

$$P\{(X,Y)\in G\}=\iint_G f(x,y)\mathrm{d}x\mathrm{d}y.$$

公式 2： 对于 $f(x,y)$ 的连续点 (x,y)，有 $f(x,y)=\dfrac{\partial^2 F(x,y)}{\partial x\partial y}$.

116 基础题 设二维连续型随机变量 (X,Y) 的概率密度函数为

$$f(x,y)=\begin{cases}c(R-\sqrt{x^2+y^2}), & x^2+y^2\leqslant R^2\\0, & \text{其他}\end{cases},$$

则常数 $c=$ ________.

117 基础题 设二维连续型随机变量 (X,Y) 的概率密度函数为

$$f(x,y)=\begin{cases}Ae^{-x-2y}, & x>0,y>0\\ 0, & \text{其他}\end{cases},$$

求 (1) A；(2) (X,Y) 的分布函数 $F(x,y)$.

118 基础题 设二维连续型随机变量 (X,Y) 的分布函数为

$$F(x,y)=\begin{cases}1-e^{-2x}-e^{-3y}+e^{-2x-3y}, & x>0,y>0\\ 0, & \text{其他}\end{cases},$$

求 (X,Y) 的概率密度函数及 $P\left\{X\leqslant\frac{1}{2},Y\leqslant\frac{1}{3}\right\}$.

119 中等题 设 $(X,Y)\sim f(x,y)=\begin{cases}x^2+\frac{1}{3}xy, & 0\leqslant x\leqslant 1,0\leqslant y\leqslant 2\\ 0, & \text{其他}\end{cases}$，求 (X,Y) 的分布函数 $F(x,y)$ 及 $P\{X+Y\leqslant 1\}$.

四、二维随机变量 (X,Y) 的常见分布

1. 二维均匀分布

定义： 若二维连续型随机变量 (X,Y) 的概率密度函数为

$$f(x,y)=\begin{cases}\frac{1}{S_G}, & (x,y)\in G\\ 0, & \text{其他}\end{cases},$$

则称 (X,Y) 服从区域 G 上的均匀分布，其中 S_G 是区域 G 的面积.

2. 二维正态分布

定义： 若二维连续型随机变量 (X,Y) 的概率密度函数为

$$f(x,y)=\frac{1}{2\pi\sigma_1\sigma_2\sqrt{1-\rho^2}}e^{-\frac{1}{2(1-\rho^2)}\left[\frac{(x-\mu_1)^2}{\sigma_1^2}-2\rho\frac{(x-\mu_1)(y-\mu_2)}{\sigma_1\sigma_2}+\frac{(y-\mu_2)^2}{\sigma_2^2}\right]},-\infty<x<+\infty,-\infty<y<+\infty,$$

其中 $\mu_1,\mu_2,\sigma_1>0,\sigma_2>0,|\rho|<1$ 均为常数，则称 (X,Y) 服从参数为 $\mu_1,\mu_2;\sigma_1,\sigma_2;\rho$ 的二维正态分布，记作 $(X,Y)\sim N(\mu_1,\mu_2;\sigma_1^2,\sigma_2^2;\rho)$.

120 基础题 设区域 G 是由直线 $x+y=1$，以及 x 轴和 y 轴围成的三角形，随机变量 (X,Y) 在区域 G 内服从均匀分布，求 (X,Y) 的概率密度函数及 $P\{X<Y\}$.

121 基础题 已知随机变量 (X,Y) 在矩形区域 $G=\{(x,y)\,|\,1\leqslant x\leqslant 3, 0\leqslant y\leqslant 1\}$ 内服从均匀分布，求 (X,Y) 的分布函数 $F(x,y)$.

122 基础题 设随机变量 $(X,Y)\sim N(\mu,\mu;\sigma^2,\sigma^2;0)$，则 $P\{X<Y\}=$ __________.

第二节 边缘分布

一、边缘分布函数

定义： 设二维随机变量 (X,Y) 的分布函数为 $F(x,y)$，称 $F_X(x)=P\{X\leqslant x\}$ 为 (X,Y) 关于 X 的边缘分布函数，$F_Y(y)=P\{Y\leqslant y\}$ 为 (X,Y) 关于 Y 的边缘分布函数，且

$$F_X(x)=P\{X\leqslant x\}=P\{X\leqslant x,Y<+\infty\}=F(x,+\infty)=\lim_{y\to+\infty}F(x,y),$$
$$F_Y(y)=P\{Y\leqslant y\}=P\{X<+\infty,Y\leqslant y\}=F(+\infty,y)=\lim_{x\to+\infty}F(x,y).$$

123 基础题 设随机变量 (X,Y) 的分布函数为

$$F(x,y)=\frac{1}{\pi^2}\left(\frac{\pi}{2}+\arctan 2x\right)\left(\frac{\pi}{2}+\arctan\frac{y}{2}\right),$$

求边缘分布函数 $F_X(x)$ 与 $F_Y(y)$.

124 中等题 设随机变量 (X,Y) 的分布函数为 $F(x,y)$，边缘分布函数为 $F_X(x)$ 与 $F_Y(y)$，则 $P\{X>1,Y>2\}=$（ ）.

(A) $1-F(1,2)$ (B) $F(1,2)+F_X(1)+F_Y(2)-1$

(C) $1-F_X(1)-F_Y(2)$ (D) $1-F_X(1)-F_Y(2)+F(1,2)$

二、二维离散型随机变量 (X,Y) 的边缘分布

定义： 设二维离散型随机变量 (X,Y) 的概率分布为

$$P\{X=x_i,Y=y_j\}=p_{ij},i,j=1,2,\cdots,$$

称 $P\{X=x_i\}=\sum\limits_{j=1}^{+\infty}p_{ij}=p_{i\cdot}$（或 $p_i^{(1)}$）$,i=1,2,\cdots$ 为 (X,Y) 关于 X 的边缘分布（律），称

$P\{Y=y_j\}=\sum\limits_{i=1}^{+\infty}p_{ij}=p_{\cdot j}$（或 $p_j^{(2)}$），$j=1,2,\cdots$ 为 (X,Y) 关于 Y 的边缘分布（律）.

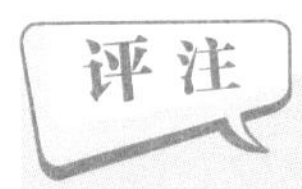

运用公式做题时，我们可以按照口诀“行和右放，列和下放”进行.

125 基础题 设随机变量 (X,Y) 的概率分布为

$X \backslash Y$	0	1	2
0	a	0.2	b
1	0.1	a	0.1
2	0.3	0	a

且 $P\{X=Y\}=0$，求 (1) 常数 a,b；(2) X 和 Y 的边缘分布.

126 基础题 设有两个球任意投放到编号为Ⅰ,Ⅱ,Ⅲ的三个盒子中，求Ⅰ号盒子与Ⅱ号盒子中球的数目的联合分布及边缘分布.

127 基础题 将一枚硬币连抛三次，X 表示三次试验中正面出现的次数，Y 表示三次试验中正面出现的次数与反面出现的次数的差的绝对值，求 X 与 Y 的联合分布及边缘分布.

128 中等题 已知 $P(A)=\dfrac{1}{4}$，在事件 A 与事件 B 中，只有 A 发生的概率与只有 B 发生的概率相等，且 $P(A|B)=\dfrac{1}{2}$，令

$$X=\begin{cases}1, & A\text{ 发生}\\ 0, & A\text{ 不发生}\end{cases},\quad Y=\begin{cases}1, & B\text{ 发生}\\ 0, & B\text{ 不发生}\end{cases},$$

求 X 与 Y 的联合分布及边缘分布.

129 中等题 已知随机变量 X 与 Y 同分布，X 的概率分布为

X	-1	0	1
P	$\dfrac{1}{6}$	$\dfrac{1}{2}$	$\dfrac{1}{3}$

且 $P\{XY=0\}=1$，求 (X,Y) 的概率分布.

130 中等题 已知 $X \sim N(1,1)$，$\Phi(x)$ 为标准正态分布函数，令

$$Y_k=\begin{cases}0, & X \leqslant k \\ 1, & X>k\end{cases}, k=1,2,$$

求 Y_1 与 Y_2 的联合分布及边缘分布.

三、二维连续型随机变量 (X,Y) 的边缘（概率）密度

1. 边缘密度函数的定义

定义： 设二维连续型随机变量 (X,Y) 的概率密度函数为 $f(x,y)$，称 $f_X(x)=\int_{-\infty}^{+\infty} f(x,y)\mathrm{d}y$ 为 (X,Y) 关于 X 的边缘密度函数，$f_Y(y)=\int_{-\infty}^{+\infty} f(x,y)\mathrm{d}x$ 为 (X,Y) 关于 Y 的边缘密度函数.

2. 重要结论

结论1： 若 (X,Y) 在矩形区域 $G=\{(x,y) \mid a \leqslant x \leqslant b, c \leqslant y \leqslant d\}$ 内服从均匀分布，则边缘分布仍服从区间上的均匀分布，即 $X \sim U[a,b], Y \sim U[c,d]$.

结论2： 若 $(X,Y) \sim N(\mu_1,\mu_2;\sigma_1^2,\sigma_2^2;\rho)$，则边缘分布仍服从正态分布，即

$$X \sim N(\mu_1,\sigma_1^2), Y \sim N(\mu_2,\sigma_2^2).$$

131 基础题 已知随机变量 (X,Y) 的概率密度函数为

$$f(x,y)=\begin{cases}4xy, & 0 \leqslant x \leqslant 1, 0 \leqslant y \leqslant 1 \\ 0, & \text{其他}\end{cases},$$

求边缘密度函数.

132 基础题 设随机变量 $(X,Y) \sim N(1,-1;1,4;\rho)$，则 $f_X(x)=$______________，$f_Y(y)=$____________，$P\{X \leqslant 1\}=$____________.

133 基础题 设平面区域 G 是由直线 $y=x$, $x+y=2$ 及 x 轴围成的，随机变量 (X,Y) 在区域 G 内服从均匀分布，求边缘密度函数.

134 中等题 已知平面区域 G 是由直线 $y=x$ 与曲线 $y=x^2$ 围成的，随机变量 (X,Y) 在区域 G 内服从均匀分布，其分布函数为 $F(x,y)$，求 (1) 边缘密度函数；(2) $F\left(\frac{1}{2},\frac{1}{2}\right)$.

第三节　条件分布

一、离散型随机变量的条件分布

定义：对于给定的 j，$P\{Y=y_j\}>0$，称

$$P\{X=x_i \mid Y=y_j\}=\frac{P\{X=x_i,Y=y_j\}}{P\{Y=y_j\}}=\frac{p_{ij}}{p_{\cdot j}},i=1,2,\cdots$$

为在 $Y=y_j$ 的条件下，X 的条件分布.

对于给定的 i，$P\{X=x_i\}>0$，称

$$P\{Y=y_j \mid X=x_i\}=\frac{P\{X=x_i,Y=y_j\}}{P\{X=x_i\}}=\frac{p_{ij}}{p_{i\cdot}},j=1,2,\cdots$$

为在 $X=x_i$ 的条件下，Y 的条件分布.

135 基础题　已知二维离散型随机变量 (X,Y) 的概率分布为

X \ Y	1	2	3
0	0.1	0	0.2
1	0.04	0.02	0.04
2	0.3	0.2	0.1

求 (1) 在 $Y=2$ 的条件下，X 的条件分布；(2) 在 $X=1$ 的条件下，Y 的条件分布.

136 基础题　已知随机变量 X 的概率分布为

X	1	2
P	0.4	0.6

且在 $X=1$ 的条件下，Y 的条件分布为 $P\{Y=j \mid X=1\}=\frac{1}{3},j=1,2,3$, 在 $X=2$ 的条件下，Y 的条件分布为 $P\{Y=j \mid X=2\}=\frac{1}{3},j=1,2,3$, 求 (X,Y) 的概率分布及 Y 的边缘分布.

137 基础题　已知 10 件产品中有 7 件正品和 3 件次品，从中不放回地取两次，每次取一件，X_i 表示第 i 次取到正品的件数（$i=1,2$），求 (1) X_1 与 X_2 的联合分布；(2) 边缘分布；(3) 在第一次取到正品的条件下，第二次取到正品数的概率分布.

138 中等题 袋中装有10个球，其中有2个白球、3个黑球、5个红球，现从袋中任取2个球，随机变量 X,Y 分别表示取到白球与黑球的个数，求 (1) X 与 Y 的联合分布；(2) 边缘分布；(3) 在 $Y=0$ 的条件下，X 的概率分布．

139 中等题 设随机变量 (X,Y) 的概率分布为

X \ Y	0	1
0	0.4	b
1	c	a

已知 $P\{X=1\mid Y=0\}=P\{Y=1\mid X=0\}=\dfrac{1}{3}$，求 (1) 常数 a,b,c 及 $P\{X\leqslant Y\}$；(2) 在 $Y=1$ 的条件下，X 的条件分布．

二、连续型随机变量的条件密度（函数）

定义： 对于给定的 y，$f_Y(y)>0$，称 $f_{X|Y}(x\mid y)=\dfrac{f(x,y)}{f_Y(y)}$ 为在 $Y=y$ 的条件下，X 的条件密度（函数）．

对于给定的 x，$f_X(x)>0$，称 $f_{Y|X}(y\mid x)=\dfrac{f(x,y)}{f_X(x)}$ 为在 $X=x$ 的条件下，Y 的条件密度（函数）．

结论： 若 $(X,Y)\sim N(\mu_1,\mu_2;\sigma_1^2,\sigma_2^2;\rho)$，则在 $Y=y$ 的条件下，

$$X\sim N\left(\mu_1+\frac{\sigma_1}{\sigma_2}\rho(y-\mu_2),\sigma_1^2(1-\rho^2)\right);$$

在 $X=x$ 的条件下，

$$Y\sim N\left(\mu_2+\frac{\sigma_2}{\sigma_1}\rho(x-\mu_1),\sigma_2^2(1-\rho^2)\right).$$

140 基础题 已知二维随机变量 (X,Y) 的密度函数为

$$f(x,y)=\begin{cases}x^2+\dfrac{1}{3}xy, & 0\leqslant x\leqslant 1,0\leqslant y\leqslant 2\\ 0, & \text{其他}\end{cases},$$

求条件密度 $f_{X|Y}(x\mid y)$ 与 $f_{Y|X}(y\mid x)$．

141 中等题 设 (X,Y) 在区域 $G=\{(x,y)\mid x^2+y^2\leqslant 4\}$ 内服从均匀分布，求条件密度及条件概率 $P\{X\leqslant 1\mid Y=0\}$．

142 中等题 设二维随机变量(X,Y)的密度函数为

$$f(x,y)=A\mathrm{e}^{-2x^2+2xy-y^2},-\infty<x<+\infty,-\infty<y<+\infty,$$

求常数A及条件密度$f_{Y|X}(y|x)$.

143 综合题 已知随机变量X在区间$(0,1)$内服从均匀分布，在$X=x(0<x<1)$的条件下，随机变量Y在$(0,x)$内服从均匀分布，求(1) X与Y的联合密度函数；(2) 随机变量Y的密度函数；(3) $P\{X+Y>1\}$.

第四节　相互独立的随机变量

定义： 若$F(x,y)=F_X(x)F_Y(y)(-\infty<x<+\infty,-\infty<y<+\infty)$，则称随机变量$X$与$Y$相互独立.

结论： 若随机变量X与Y相互独立，则其函数$g_1(X)$与$g_2(Y)$也相互独立(例如，X^2与Y^2相互独立).

一、离散型随机变量X与Y相互独立的判定

离散型随机变量X与Y相互独立的充要条件：对任意的$i,j=1,2,\cdots$，有

$$P\{X=x_i,Y=y_j\}=P\{X=x_i\}\cdot P\{Y=y_j\}，即\ p_{ij}=p_{i\cdot}p_{\cdot j}.$$

这个结论可推广到n个离散型随机变量的情形.

144 基础题 设随机变量X与Y相互独立，且概率分布分别为

X	0	1	2	3
P	$\frac{1}{2}$	$\frac{1}{4}$	$\frac{1}{8}$	$\frac{1}{8}$

X	-1	0	1
P	$\frac{1}{3}$	$\frac{1}{3}$	$\frac{1}{3}$

则$P\{X+Y=2\}=$(　　).

(A) $\frac{1}{12}$　　(B) $\frac{1}{8}$　　(C) $\frac{1}{2}$　　(D) $\frac{1}{6}$

145 基础题 设随机变量X与Y相互独立且同分布，已知

$$P\{X=k\}=p(1-p)^{k-1}(k=1,2,\cdots),$$

其中$0<p<1$，则$P\{X=Y\}=$________.

146 基础题 袋中装有标号为 1,1,2,2,2,3 的 6 个球，每次从中取一个球，先后取两次，随机变量 X_1 与 X_2 分别表示第一次与第二次取到的球的号码数，在下列两种取球情况下，分别判断 X_1 与 X_2 是否相互独立.

(1) 不放回取球； (2) 有放回地取球.

147 基础题 已知随机变量 X 与 Y 相互独立，且概率分布分别为

X	-1	1
P	$\frac{1}{2}$	$\frac{1}{2}$

Y	1	2	3
P	$\frac{1}{3}$	$\frac{1}{3}$	$\frac{1}{3}$

求 (X,Y) 的概率分布及 $P\{X+Y\neq 0\}$.

148 中等题 已知 (X,Y) 的概率分布为

X \ Y	0	1
0	0.4	a
1	b	0.1

若事件 $\{X=0\}$ 与 $\{X+Y=1\}$ 相互独立，求 a,b 的值，并判断随机变量 X 与 Y 是否相互独立.

149 中等题 已知随机变量 X 与 Y 的概率分布分别为

X	-1	0	1
P	$\frac{1}{4}$	$\frac{1}{2}$	$\frac{1}{4}$

Y	0	1
P	$\frac{1}{2}$	$\frac{1}{2}$

且 $P\{XY=0\}=1$. (1) 求 (X,Y) 的概率分布；(2) 判断 X 与 Y 是否相互独立.

150 综合题 袋中有一个红球、两个黑球、三个白球. 现在有放回地从袋中取两次，每次取一个，以 X,Y,Z 分别表示两次取球所得的红球、黑球与白球的个数，$F(x,y)$ 是 (X,Y) 的分布函数，求 (1) $P\{X=1|Z=0\}$；(2) (X,Y) 的概率分布及边缘分布；(3) X 与 Y 是否相互独立？(4) $F(0.5,1.5)$ 的值.

二、连续型随机变量 X 与 Y 相互独立的判定

连续型随机变量 X 与 Y 相互独立的充要条件：对任意的 x,y，有

$$f(x,y)=f_X(x)f_Y(y).$$

这个结论可推广到 n 个连续型随机变量的情形.

重要结论

结论 1： 若 (X,Y) 在矩形区域 $G=\{(x,y)\mid a\leqslant x\leqslant b,c\leqslant y\leqslant d\}$ 内服从均匀分布，则 X 与 Y 相互独立.

结论 2： 若 $(X,Y)\sim N(\mu_1,\mu_2;\sigma_1^2,\sigma_2^2;\rho)$，则 X 与 Y 相互独立的充要条件是 $\rho=0$.

151 基础题 设二维连续型随机变量 (X,Y) 的密度函数为

$$f(x,y)=\begin{cases}kxy, & 0\leqslant x\leqslant y\leqslant 1\\ 0, & \text{其他}\end{cases}.$$

(1) 求 k 的值；(2) 判断随机变量 X 与 Y 是否相互独立.

152 基础题 设随机变量 (X,Y) 的密度函数为

$$f(x,y)=\frac{1}{2\pi}\mathrm{e}^{-\frac{x^2+y^2}{2}},-\infty<x<+\infty,-\infty<y<+\infty,$$

则在 $Y=y$ 的条件下，X 的条件密度函数为________.

153 中等题 设随机变量 $(X,Y)\sim N(\mu_1,\mu_2;\sigma_1^2,\sigma_2^2;0)$，其分布函数为 $F(x,y)$，已知 $F(\mu_1,y)=\dfrac{1}{4}$，则 $y=$____________.

154 中等题 设随机变量 X_1,X_2,X_3 相互独立，且都服从 $\lambda=2$ 的指数分布，则 $P\{\min\{X_1,X_2,X_3\}\geqslant 1\}=$____________.

155 综合题 设连续型随机变量 (X,Y) 的分布函数为

$$F(x,y)=\begin{cases}(1-\mathrm{e}^{-3x})(1-\mathrm{e}^{-4y}), & x>0,y>0\\ 0, & \text{其他}\end{cases},$$

求 (1) 边缘分布函数；(2) X与Y 是否相互独立？ (3) $P\left\{0<X\leqslant\dfrac{1}{3},0<Y\leqslant\dfrac{1}{2}\right\}$.

156 综合题 设随机变量 X 与 Y 相互独立，X 的密度函数为 $f_X(x)=\begin{cases}2x, & 0<x<1\\ 0, & 其他\end{cases}$，$Y$ 服从 $\lambda=1$ 的指数分布，求 (1) 一元二次方程 $x^2-2Xx+Y=0$ 有实根的概率；(2) X 与 Y 的联合分布函数 $F(x,y)$.

157 综合题 设二维随机变量 (X,Y) 的密度函数为 $f(x,y)=\begin{cases}\mathrm{e}^{-y}, & 0<x<y\\ 0, & 其他\end{cases}$，求 (1) 边缘密度函数，并判断 X 与 Y 是否相互独立；(2) 条件密度函数 $f_{X|Y}(x|y)$ 与 $f_{Y|X}(y|x)$；(3) $P\{X+Y\leqslant 1\}$.

第五节　两个随机变量函数的分布

一、二维离散型随机变量函数的分布

1. 定义法求 $Z=g(X,Y)$ 的分布

已知离散型随机变量 (X,Y) 的概率分布 $P\{X=x_i,Y=y_j\}=p_{ij},i,j=1,2,\cdots$，则随机变量 $Z=g(X,Y)$ 的概率分布为

$$P\{Z=z_k\}=P\{g(X,Y)=z_k\}=\sum_{g(x_i,y_j)=z_k}p_{ij},k=1,2,\cdots.$$

2. 重要结论

结论1： 设随机变量 X_1,X_2 相互独立且同分布，都服从参数为 p 的 $0-1$ 分布，则随机变量 $Y=X_1+X_2\sim B(2,p)$.

推论： 设 $X_1,X_2,\cdots,X_n$ 相互独立且同分布，都服从参数为 p 的 $0-1$ 分布，则

$$Y=\sum_{i=1}^{n}X_i\sim B(n,p).$$

结论2： 设随机变量 X_1,X_2 相互独立，它们分别服从泊松分布 $X_1\sim P(\lambda_1)$，$X_2\sim P(\lambda_2)$，则随机变量 $Y=X_1+X_2\sim P(\lambda_1+\lambda_2)$.

结论3： 设随机变量 X_1,X_2 相互独立，它们分别服从二项分布 $X_1\sim B(n,p)$，$X_2\sim B(m,p)$，则随机变量 $Y=X_1+X_2\sim B(n+m,p)$.

(1) 结论 3 中三个位置的参数 p 是相等的.

(2) 结论 2 与结论 3 可推广到多个随机变量的情形.

158 基础题　已知二维离散型随机变量 (X,Y) 的概率分布为

X \ Y	1	2	3
0	0.4	0	0.1
1	0.2	0.1	0.2

求 (1) $Z_1 = X + Y$ 的概率分布；(2) $Z_2 = XY$ 的概率分布.

159 基础题　设随机变量 X 与 Y 相互独立，其概率分布分别为

X	0	1
P	$\frac{2}{3}$	$\frac{1}{3}$

Y	0	1	2
P	$\frac{1}{2}$	$\frac{3}{8}$	$\frac{1}{8}$

求 (1) $Z_1 = \min\{X,Y\}$ 的概率分布；(2) $Z_2 = \max\{X,Y\}$ 的概率分布.

160 基础题　设随机变量 X 与 Y 相互独立，它们分别服从泊松分布 $X \sim P(2), Y \sim P(3)$，随机变量 $Z = X + Y$，则 Z 的概率分布为________，$P\{Z \leqslant 1\} =$ ________.

161 基础题　已知二维离散型随机变量 (X,Y) 的概率分布为

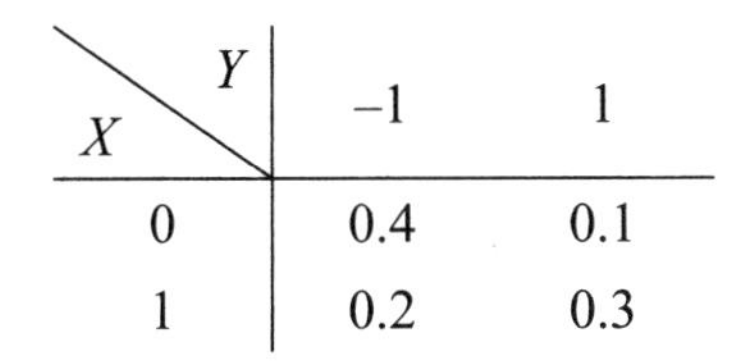

X \ Y	−1	1
0	0.4	0.1
1	0.2	0.3

则 $Z = X^2 + Y^2$ 的概率分布为________.

162 基础题　设随机变量 X 与 Y 相互独立且服从同一分布，已知 X 的概率分布为

$$P\{X = i\} = \frac{1}{3}, i = 1,2,3.$$

令随机变量 $Z = \max\{X,Y\}$，则 $P\{Z = 3\} =$（　　）.

(A) $\frac{1}{9}$　　(B) $\frac{4}{9}$　　(C) $\frac{5}{9}$　　(D) $\frac{1}{3}$

163 中等题　设随机变量 X 与 Y 相互独立且同分布，都服从 $p = \frac{1}{3}$ 的 $0-1$ 分布，随机变量 $Z = X + Y, U = \max\{X,Y\}, V = \min\{X,Y\}$，求 (1) Z 的概率分布；(2) (U,V) 的概率分布.

164 综合题 已知二维离散型随机变量 (X,Y) 的概率分布为

$X \backslash Y$	-1	0	1
1	$\frac{1}{4}$	$\frac{1}{3}$	$\frac{1}{12}$
2	$\frac{1}{12}$	a	b

事件 $\{X=1\}$ 与 $\{Y\leqslant 0\}$ 相互独立，求 (1) 常数 a 与 b；(2) 边缘分布并判断 X 与 Y 是否相互独立；(3) 在 $X=1$ 的条件下，Y 的条件分布，以及在 $Y=0$ 的条件下，X 的条件分布；(4) $Z=\frac{Y}{X}$ 的概率分布.

二、二维连续型随机变量函数的分布

1. 分布函数法（定义法）求 $Z=g(X,Y)$ 的分布

已知连续型随机变量 (X,Y) 的密度函数 $f(x,y)$，则 $Z=g(X,Y)$ 的分布函数为

$$F_Z(z)=P\{Z\leqslant z\}=P\{g(X,Y)\leqslant z\}=\iint\limits_{g(x,y)\leqslant z} f(x,y)\mathrm{d}x\mathrm{d}y,$$

从而 $Z=g(X,Y)$ 的密度函数为 $f_Z(z)=F_Z'(z)$.

2. 重要结论

结论 1： 和 $Z=X+Y$ 的密度函数为

$$f_Z(z)=\int_{-\infty}^{+\infty} f(x,z-x)\,\mathrm{d}x \overset{\text{或}}{=} \int_{-\infty}^{+\infty} f(z-y,y)\,\mathrm{d}y.$$

当 X 与 Y 相互独立时，$Z=X+Y$ 的密度函数为

$$f_Z(z)=\int_{-\infty}^{+\infty} f_X(x)f_Y(z-x)\,\mathrm{d}x \overset{\text{或}}{=} \int_{-\infty}^{+\infty} f_X(z-y)f_Y(y)\,\mathrm{d}y \text{（卷积公式）}.$$

结论 2： 差 $Z=X-Y$ 的密度函数为

$$f_Z(z)=\int_{-\infty}^{+\infty} f(x,x-z)\,\mathrm{d}x \overset{\text{或}}{=} \int_{-\infty}^{+\infty} f(z+y,y)\,\mathrm{d}y.$$

当 X 与 Y 相互独立时，$Z=X-Y$ 的密度函数为

$$f_Z(z)=\int_{-\infty}^{+\infty} f_X(x)f_Y(x-z)\,\mathrm{d}x \overset{\text{或}}{=} \int_{-\infty}^{+\infty} f_X(z+y)f_Y(y)\,\mathrm{d}y.$$

结论 3： 设随机变量 X,Y 相互独立，它们的分布函数分别为 $F_X(x),F_Y(y)$，随机变量 $M=\max\{X,Y\},N=\min\{X,Y\}$，则其分布函数分别为

$$F_M(z)=F_X(z)F_Y(z),$$

$$F_N(z)=1-[1-F_X(z)][1-F_Y(z)].$$

结论 4： 设 $X \sim N(\mu_1,\sigma_1^2), Y \sim N(\mu_2,\sigma_2^2)$，且 X 与 Y 相互独立，则其线性函数

$$Z = aX + bY \sim N(a\mu_1 + b\mu_2, a^2\sigma_1^2 + b^2\sigma_2^2).$$

推论： 设 $X_1, X_2, \cdots, X_n$ 相互独立，且 $X_i \sim N(\mu_i,\sigma_i^2)$，$a_i$ 为常数（$i=1,2,\cdots,n$），则其线性函数

$$Y = \sum_{i=1}^{n} a_i X_i \sim N\left(\sum_{i=1}^{n} a_i\mu_i, \sum_{i=1}^{n} a_i^2\sigma_i^2\right).$$

165 基础题　设区域 G 是由直线 $x+y=1$、x 轴和 y 轴围成的三角形，随机变量 (X,Y) 在区域 G 内服从均匀分布，令 $Z = X+Y$，求 Z 的密度函数 $f_Z(z)$.

166 基础题　设 X 与 Y 相互独立，且具有相同的分布，其密度函数

$$f(x) = \begin{cases} e^{1-x}, & x > 1 \\ 0, & x \leqslant 1 \end{cases},$$

令随机变量 $Z = X+Y$，求 Z 的密度函数 $f_Z(z)$.

167 基础题　设随机变量 (X,Y) 的密度函数为

$$f(x,y) = \frac{1}{2\pi} e^{-\frac{x^2+y^2}{2}}, -\infty < x < +\infty, -\infty < y < +\infty,$$

随机变量 $Z = X^2 + Y^2$，求 Z 的密度函数 $f_Z(z)$.

168 中等题　设随机变量 (X,Y) 的密度函数为

$$f(x,y) = \begin{cases} 4xy, & 0<x<1, 0<y<1 \\ 0, & \text{其他} \end{cases},$$

令 $Z = X+Y$，求 Z 的密度函数.

169 中等题　已知随机变量 X 与 Y 相互独立，且同分布，X 的分布函数为 $F(x)$，则 $Z = \max\{X,Y\}$ 的分布函数为（　　）.

(A) $F^2(x)$　　(B) $F(x)F(y)$

(C) $1-[1-F(x)]^2$　　(D) $[1-F(x)][1-F(y)]$

170 中等题　设二维随机变量 $(X,Y) \sim N\left(\mu,\mu;\frac{1}{2},1;0\right)$，令随机变量 $Z = 2X+Y$，若 $P\{Z \geqslant 1\} = \frac{1}{2}$，则 Z 的密度函数 $f_Z(z) =$ ________，$\mu =$ ________.

171 中等题 设随机变量 X 与 Y 相互独立，且 X 服从正态分布 $N(0,2)$，Y 服从正态分布 $N(-2,2)$，若 $P\{2X+Y>a\}=P\{X<Y\}$，则 $a=$（　　）.

(A) $-2-\sqrt{10}$　　(B) $-2+\sqrt{10}$　　(C) $-2+\sqrt{5}$　　(D) $-2-\sqrt{5}$

172 中等题 已知随机变量 X 与 Y 相互独立，且都服从 $[0,3]$ 上的均匀分布，则 $P\{\max\{X,Y\}\leqslant 1\}=$__________，$P\{\min\{X,Y\}\leqslant 1\}=$__________.

173 中等题 设随机变量 X 与 Y 相互独立，且都服从 $\lambda=1$ 的指数分布，令 $U=\max\{X,Y\},V=\min\{X,Y\}$，求 (1) V 的密度函数 $f_V(v)$；(2) $P\{U+V\leqslant 1\}$.

174 综合题 设随机变量 X 与 Y 相互独立，且 $X\sim N(0,1)$，其分布函数为 $\Phi(x)$，Y 的概率分布为 $P\{Y=-1\}=P\{Y=1\}=\dfrac{1}{2}$，令 $Z=XY$，求 (1) Z 的密度函数；(2) $P\{Z\geqslant 0\}$.

175 综合题 设二维随机变量 (X,Y) 的密度函数为

$$f(x,y)=\begin{cases}\dfrac{2}{\pi}(x^2+y^2), & x^2+y^2\leqslant 1\\ 0, & \text{其他}\end{cases},$$

(1) 判断 X 与 Y 是否相互独立.

(2) 求 $Z=X^2+Y^2$ 的密度函数.

176 综合题 已知二维随机变量 (X,Y) 的密度函数为

$$f(x,y)=\begin{cases}\dfrac{1}{2}\mathrm{e}^{x+y}, & x<0,y<0\\ \dfrac{1}{2}\mathrm{e}^{-(x+y)}, & x\geqslant 0,y\geqslant 0\\ 0, & \text{其他}\end{cases},$$

求 (1) (X,Y) 的分布函数；(2) 边缘密度函数；(3) $Z=X-Y$ 的密度函数.

177 综合题 设随机变量 (X,Y) 的密度函数为

$$f(x,y)=\begin{cases}1, & 0<x<1,0<y<2x\\ 0, & \text{其他}\end{cases},$$

随机变量 $Z_1=2X-Y,Z_2=2X+Y$，分别求 Z_1,Z_2 的密度函数.

178 综合题　设随机变量 X_1, X_2, X_3 相互独立，其中 $(X_1, X_2) \sim N(0,0;1,1;0)$，$X_3$ 的概率分布为 $P\{X_3 = 0\} = P\{X_3 = 1\} = \frac{1}{2}$，随机变量 $Y = X_1X_3 + X_2(1 - X_3)$.

(1) 求 (X_1, Y) 的分布函数，结果用标准正态分布函数 $\Phi(x)$ 表示；

(2) 证明随机变量 Y 服从标准正态分布.

第4章

随机变量的数字特征

第一节 数学期望

一、一维离散型随机变量数学期望的定义

定义： 设 X 的概率分布为 $P\{X=x_k\}=p_k(k=1,2,\cdots)$，则当 $\sum_{k=1}^{+\infty}|x_k|p_k$ 收敛时，数学期望 $E(X)$ 存在，其值为 $E(X)=\sum_{k=1}^{+\infty}x_k p_k$．否则，数学期望不存在．

当 X 取有限个值时，$E(X)=\sum_{k=1}^{n}x_k p_k$.

179 基础题 设一盒中有 5 个纪念币，编号分别为 1,2,3,4,5，从中任取 3 个，用 X 表示取出的 3 个纪念币上的最大编号，求数学期望 $E(X)$．

180 基础题 从单位乘汽车到火车站的途中有 3 个设有红绿灯的路口，设在各路口遇到红灯的事件是相互独立的，且红和绿两种信号显示的时间相等，以 X 表示汽车首次遇到红灯前已通过的路口个数，求 $E(X)$．

181 基础题 设离散型随机变量的概率分布为 $P\{X=2^k\}=\dfrac{2}{3^k},k=1,2,\cdots$，则 $E(X)=$ ______．

182 中等题 设离散型随机变量的概率分布为

$$P\{X=\pm k\}=\frac{1}{2ck^2},k=1,2,\cdots，其中 c 为常数且 c>0，$$

问 X 的数学期望是否存在？

183 中等题　某人用n把钥匙去开门，只有一把能打开门，现任取一把试开，求打开此门所需开门次数X的数学期望，假设 (1) 打不开门的钥匙不放回；(2) 打不开门的钥匙仍放回．

184 综合题　设随机变量ξ与η相互独立，且服从同一分布，ξ的概率分布为$P\{\xi=i\}=\frac{1}{3}(i=1,2,3)$，又设$X=\max\{\xi,\eta\},Y=\min\{\xi,\eta\}$，求 (1) 二维随机变量$(X,Y)$的联合分布；(2) $E(X)$．

二、一维连续型随机变量数学期望的定义

定义： 若X的概率密度函数为$f(x)$，则当$\int_{-\infty}^{+\infty}|x|f(x)\mathrm{d}x$收敛时，数学期望$E(X)$存在，其值为$E(X)=\int_{-\infty}^{+\infty}xf(x)\mathrm{d}x$．否则，数学期望不存在．

185 基础题　设随机变量X的概率密度函数为$f(x)=\begin{cases}x, & 0\leqslant x\leqslant 1\\ 2-x, & 1<x<2\\ 0, & \text{其他}\end{cases}$，求$E(X)$．

186 基础题　设随机变量X的概率密度函数为$f(x)=\begin{cases}\dfrac{2}{\pi(1+x^2)}, & x>0\\ 0, & x\leqslant 0\end{cases}$，问$X$的数学期望是否存在？

187 基础题　设随机变量X的分布函数为$F(x)=\begin{cases}0, & x\leqslant -1\\ \dfrac{1}{2}+\dfrac{1}{\pi}\arcsin x, & -1<x\leqslant 1\\ 1, & x>1\end{cases}$，求$E(X)$．

188 中等题　设随机变量X的概率密度函数为$f(x)=\begin{cases}cx^k, & 0\leqslant x\leqslant 1\\ 0, & \text{其他}\end{cases}$，且$E(X)=0.75$，求常数$c$和$k$的值．

189 综合题　设随机变量X的概率密度函数为$f(x)=\begin{cases}\dfrac{x}{2}, & 0\leqslant x\leqslant 2\\ 0, & \text{其他}\end{cases}$，$F(x)$为$X$的分布函数，$E(X)$为$X$的数学期望，则$P\{F(X)>E(X)-1\}=$______．

三、一维随机变量函数的数学期望

1. 一维离散型随机变量函数的数学期望

设 X 的概率分布为 $P\{X=x_k\}=p_k(k=1,2,\cdots)$，$Y=g(X)$，则当 $\sum_{k=1}^{+\infty}|g(x_k)|p_k$ 收敛时，

$$E(Y)=E[g(X)]=\sum_{k=1}^{+\infty}g(x_k)p_k.$$

当 X 取有限个值时，$E(Y)=E[g(X)]=\sum_{k=1}^{n}g(x_k)p_k$.

2. 一维连续型随机变量函数的数学期望

设 $X\sim f(x), Y=g(X)$，则当 $\int_{-\infty}^{+\infty}|g(x)|f(x)\mathrm{d}x$ 收敛时，

$$E(Y)=E[g(X)]=\int_{-\infty}^{+\infty}g(x)f(x)\mathrm{d}x.$$

190 基础题　设离散型随机变量 X 的概率分布为

X	-1	0	1	2
P	0.1	0.4	0.3	0.2

求 $E(X), E(X^2), E(2X+1)$.

191 基础题　设随机变量 X 的概率密度函数为 $f(x)=\begin{cases}\mathrm{e}^{-x}, & x>0\\ 0, & x\leqslant 0\end{cases}$，求 $E(2X)$, $E(\mathrm{e}^{-2X})$.

192 综合题　设国际市场每年对我国某种出口商品的需求量是随机变量 X（单位：吨），它服从区间 [2000,4000] 上的均匀分布，每销售出 1 吨该商品，可为国家赚取 3 万元，若销售不出去，则每吨商品需储存费 1 万元．问应组织多少该货源，才能使国家收益的期望最大？

193 综合题　设离散型随机变量 X 的概率分布为 $P\{X=k\}=\frac{1}{2^k}(k=1,2,3,\cdots)$，$Y$ 表示 X 被 3 除的余数，则 $E(Y)=$______.

四、二维随机变量函数的数学期望

1. 二维离散型随机变量函数的数学期望

设 (X,Y) 的联合分布为 $P\{X=x_i,Y=y_j\}=p_{ij}(i,j=1,2,\cdots)$， $Z=g(X,Y)$，则当 $\sum_{i=1}^{+\infty}\sum_{j=1}^{+\infty}|g(x_i,y_j)|p_{ij}$ 收敛时，

$$E(Z)=E[g(X,Y)]=\sum_{i=1}^{+\infty}\sum_{j=1}^{+\infty}g(x_i,y_j)p_{ij}.$$

当 (X,Y) 取有限个数对时， $E(Z)=E[g(X,Y)]=\sum_{i=1}^{m}\sum_{j=1}^{n}g(x_i,y_j)p_{ij}$.

2. 二维连续型随机变量函数的数学期望

设 $(X,Y)\sim f(x,y),Z=g(X,Y)$，则当 $\int_{-\infty}^{+\infty}\int_{-\infty}^{+\infty}|g(x,y)|f(x,y)\mathrm{d}x\mathrm{d}y$ 收敛时，

$$E(Z)=E[g(X,Y)]=\int_{-\infty}^{+\infty}\int_{-\infty}^{+\infty}g(x,y)f(x,y)\mathrm{d}x\mathrm{d}y.$$

194 基础题 设二维离散型随机变量 (X,Y) 的联合分布为

X \ Y	-1	0	1
0	$\frac{1}{4}$	0	$\frac{1}{4}$
1	0	$\frac{1}{2}$	0

求 $Z_1=X+Y,Z_2=XY$ 及 $Z_3=\max\{X,Y\}$ 的数学期望.

195 基础题 设 (X,Y) 的联合密度函数为

$$f(x,y)=\begin{cases}4xy, & 0\leqslant x\leqslant 1,0\leqslant y\leqslant 1\\ 0, & \text{其他}\end{cases},$$

求 $E(X+Y),E(XY),E(X)$.

196 中等题 设 (X,Y) 的联合密度函数为

$$f(x,y)=\begin{cases}\dfrac{3}{2x^3y^2}, & \dfrac{1}{x}<y<x,x>1\\ 0, & \text{其他}\end{cases},$$

求 $E\left(\dfrac{1}{XY}\right)$.

五、数学期望的性质

性质 1： $E(c)=c$（c 为任意常数）.

性质 2： $E(aX+b)=aE(X)+b$（a,b 为任意常数）.

性质 3： $E(X\pm Y)=E(X)\pm E(Y)$.

推论 1： 设 $E(X)$ 与 $E(Y)$ 都存在，则 $E(aX\pm bY)=aE(X)\pm bE(Y)$.

推论 2： 设 $E(X_1),E(X_2),\cdots,E(X_n)$ 都存在，$k_1,k_2,\cdots,k_n$ 为常数，则

$$E(k_1X_1+k_2X_2+\cdots+k_nX_n)=k_1E(X_1)+k_2E(X_2)+\cdots+k_nE(X_n).$$

特别地，$E\left(\dfrac{1}{n}\sum\limits_{i=1}^{n}X_i\right)=\dfrac{1}{n}\sum\limits_{i=1}^{n}E(X_i)$.

性质 4： 若 X 与 Y 相互独立，则 $E(XY)=E(X)\cdot E(Y)$.

197 基础题　已知离散型随机变量 X 的概率分布为

X	-2	0	3
P	0.1	0.5	0.4

求 $E(3X-1)$.

198 基础题　设二维离散型随机变量 (X,Y) 的联合分布为

X \ Y	-1	0	2
1	0.06	0.3	0.24
2	0.04	0.2	0.16

求 (1) $Z_1=2X+Y$ 的数学期望；(2) $Z_2=XY$ 的数学期望.

199 基础题　设 X 和 Y 是两个相互独立的随机变量，其密度函数分别为

$$f_X(x)=\begin{cases}x, & 0\leqslant x\leqslant 1\\ 2-x, & 1<x<2\\ 0, & \text{其他}\end{cases},\quad f_Y(y)=\begin{cases}\mathrm{e}^{-y+5}, & y>5\\ 0, & \text{其他}\end{cases},$$

求 $E(X+Y),E(2X+3Y),E(XY)$.

第二节 方差

一、方差的定义

定义： 设 X 是随机变量，如果 $E\{[X-E(X)]^2\}$ 存在，则称其为 X 的方差，记作 $D(X)$，即方差 $D(X)=E\{[X-E(X)]^2\}$.

称 $\sqrt{D(X)}$ 为随机变量 X 的标准差或均方差，记作 $\sigma(X)$，即 $\sigma(X)=\sqrt{D(X)}$.

二、方差的计算

1. 方差的定义式

离散型： 设随机变量 X 的概率分布为 $P\{X=x_k\}=p_k(k=1,2,\cdots)$，则当 $\sum_{k=1}^{+\infty}[x_k-E(X)]^2 p_k$ 收敛时，方差

$$D(X)=E\{[X-E(X)]^2\}=\sum_{k=1}^{+\infty}[x_k-E(X)]^2 p_k .$$

当 X 取有限个值时，$D(X)=\sum_{k=1}^{n}[x_k-E(X)]^2 p_k$.

连续型： 设随机变量 X 的密度函数为 $f(x)$，则当 $\int_{-\infty}^{+\infty}[x-E(X)]^2 f(x)\mathrm{d}x$ 收敛时，方差

$$D(X)=E\{[X-E(X)]^2\}=\int_{-\infty}^{+\infty}[x-E(X)]^2 f(x)\mathrm{d}x .$$

2. 计算方差的重要公式

$$D(X)=E(X^2)-[E(X)]^2 .$$

一般情况下，计算方差分为三个步骤：

第一步 求 $E(X)$；

第二步 求 $E(X^2)$；

第三步 用重要公式 $D(X)=E(X^2)-[E(X)]^2$ 求 $D(X)$.

评 注

设 X 是任意的随机变量，则必有 $D(X)\geqslant 0$，故恒有 $E(X^2)\geqslant[E(X)]^2$.

200 基础题 已知离散型随机变量 X 的概率分布为

X	-2	0	1
P	0.1	0.4	0.5

求 (1) $E(X)$；(2) $D(X)$.

201 基础题 已知离散型随机变量 X 的概率分布为

X	-1	0	$\frac{1}{2}$	1	2
P	$\frac{1}{3}$	$\frac{1}{6}$	$\frac{1}{6}$	$\frac{1}{12}$	$\frac{1}{4}$

$Y=X^2$，求 (1) $E(Y)$；(2) $D(Y)$.

202 基础题 设随机变量 X 的概率密度函数为 $f(x)=\begin{cases}2x, & 0\leqslant x\leqslant 1\\ 0, & \text{其他}\end{cases}$，求 $D(X)$.

203 基础题 设随机变量 X 的概率密度函数为 $f(x)=\begin{cases}1+x, & -1\leqslant x\leqslant 0\\ 1-x, & 0<x\leqslant 1\\ 0, & \text{其他}\end{cases}$，求 $D(X)$.

204 中等题 设随机变量 X 的概率密度函数为 $f(x)=\begin{cases}ax, & 0<x<2\\ cx+b, & 2\leqslant x\leqslant 4\\ 0, & \text{其他}\end{cases}$，已知 $E(X)=2,\ P\{1<X<3\}=\frac{3}{4}$，求 (1) a,b,c；(2) $Y=\mathrm{e}^X$ 的期望与方差.

205 中等题 设随机变量 X 的概率密度函数为 $f(x)=\frac{1}{2}\mathrm{e}^{-|x|},-\infty<x<+\infty$，则 $D(X^2)$ 为（　　）.

(A) 20　　(B) 22　　(C) 24　　(D) 28

206 中等题 设随机变量 (X,Y) 的联合密度函数为

$$f(x,y)=\begin{cases}4xy\mathrm{e}^{-(x^2+y^2)}, & x>0,y>0\\ 0, & \text{其他}\end{cases},$$

求 $E(X),D(X)$.

207 中等题 设 X 是离散型随机变量，$P\{X=x_1\}=\dfrac{3}{5},P\{X=x_2\}=\dfrac{2}{5}$，且 $x_1<x_2$，已知 $E(X)=\dfrac{7}{5},D(X)=\dfrac{6}{25}$，求 X 的概率分布.

208 中等题 设随机变量 X 与 Y 相互独立，且 $E(X)=2,E(Y)=1,D(X)=3$，求 $E[X(X+Y-2)]$.

三、方差的性质

性质 1： $D(c)=0$（c 为任意常数）.

性质 2： $D(aX+b)=a^2D(X)$（a,b 为任意常数）.

性质 3： 若 X 与 Y 相互独立，则 $D(X\pm Y)=D(X)+D(Y)$.

推论 1： 若 X 与 Y 相互独立，则 $D(aX\pm bY)=a^2D(X)+b^2D(Y)$.

推论 2： 设 $k_1,k_2,\cdots,k_n$ 为常数，若 $X_1,X_2,\cdots,X_n$ 相互独立，则

$$D(k_1X_1+k_2X_2+\cdots+k_nX_n)=k_1^2D(X_1)+k_2^2D(X_2)+\cdots+k_n^2D(X_n).$$

特别地，若 $X_1,X_2,\cdots,X_n$ 相互独立，则 $D\left(\dfrac{1}{n}\sum\limits_{i=1}^{n}X_i\right)=\dfrac{1}{n^2}\sum\limits_{i=1}^{n}D(X_i)$.

性质 4： $D(X)=0$ 的充要条件为 $P\{X=E(X)\}=1$.

209 基础题 设 X 的概率分布为

X	1	2	3
P	0.3	0.5	0.2

求 $D(2X-3)$.

210 基础题 设 X 与 Y 相互独立，且 $D(X)=4,D(Y)=2$，求 $D(3X-2Y)$.

211 中等题 掷一枚均匀的骰子 100 次，求出现的点数之和的数学期望与方差.

212 中等题 设随机变量 X_1,X_2,X_3,X_4 相互独立，且服从相同的分布，其概率密度函数为 $f(x)=\begin{cases}1, & 0<x<1\\ 0, & \text{其他}\end{cases}$，求 $D\left(\dfrac{1}{\sqrt{5}}\sum\limits_{k=1}^{4}kX_k\right)$.

213 综合题 设随机变量 X 与 Y 相互独立，且 $X \sim N(1,2), Y \sim N(1,4)$，则 $D(XY)=$ (　　).

(A) 6　　(B) 8　　(C) 14　　(D) 15

214 综合题 设随机变量 X 与 Y 相互独立且同分布，已知 $E(X)=\mu, D(X)=\sigma^2$，令 $U=\max\{X,Y\}, V=\min\{X,Y\}$，求 (1) $E(UV)$；(2) $D(U+V)$.

四、常见分布的期望与方差

1. 0–1 分布 设 $X \sim 0-1(p)$，则 $E(X)=p, D(X)=p(1-p)$（其中 $0<p=P\{X=1\}<1$）.

2. 二项分布 设 $X \sim B(n,p)$，则 $E(X)=np, D(X)=np(1-p)$.

3. 泊松分布 设 $X \sim P(\lambda)$，则 $E(X)=\lambda, D(X)=\lambda$.

4. 超几何分布 设 $X \sim H(N,M,n)$，则

$$E(X)=n\cdot\frac{M}{N}, D(X)=n\cdot\frac{M}{N}\cdot\frac{N-M}{N}\cdot\frac{N-n}{N-1}.$$

5. 几何分布 设 $X \sim G(p)$，则 $E(X)=\frac{1}{p}, D(X)=\frac{1-p}{p^2}$.

6. 均匀分布 设 $X \sim U[a,b]$，则 $E(X)=\frac{a+b}{2}, D(X)=\frac{(b-a)^2}{12}$.

7. 指数分布 设 $X \sim E(\lambda)$，则 $E(X)=\frac{1}{\lambda}, D(X)=\frac{1}{\lambda^2}$.

8. 正态分布 设 $X \sim N(\mu,\sigma^2)$，则 $E(X)=\mu, D(X)=\sigma^2$.

215 基础题 设 X 服从参数为 n 与 p 的二项分布，且 $E(X)=2.4, D(X)=1.68$，则参数 n 与 p 的值是______.

216 基础题 设 X 服从参数为 λ 的泊松分布，且 $E[(X-1)(X-2)]=1$，求 λ.

217 基础题 设随机变量 X_1, X_2, X_3 相互独立，其中 X_1 服从 $[0,6]$ 上的均匀分布，X_2 服从正态分布 $N(0,2^2)$，X_3 服从 $\lambda=3$ 的泊松分布，记 $Y=X_1-2X_2+3X_3$，求 $D(Y)$.

218 中等题 设随机变量 X_1,X_2,X_3 相互独立，且都服从正态分布 $N(0,\sigma^2)$，若 $Y=X_1X_2X_3$ 的方差 $D(Y)=\frac{1}{8}$，求 σ^2.

219 综合题 设随机变量 X 的分布函数 $F(x)=\frac{1}{2}\Phi(x)+\frac{1}{2}\Phi\left(\frac{x-4}{2}\right)$，其中 $\Phi(x)$ 为标准正态分布函数，则 $E(X)=$______.

220 综合题 设随机变量 X 服从标准正态分布 $N(0,1)$，求 $E[(X-2)^2\mathrm{e}^{2X}]$.

221 综合题 设随机变量 X 与 Y 相互独立，且均服从正态分布 $N\left(0,\frac{1}{2}\right)$，则 $E(|X-Y|)=$______.

222 综合题 设随机变量 X 的概率分布为 $P\{X=k\}=\frac{c}{2^k k!},k=0,1,2,\cdots$，其中 c 为常数，随机变量 $Y=2X-3$，求 $D(Y)$.

223 综合题 设随机变量 X 服从 $[-1,2]$ 上的均匀分布，随机变量 $Y=\begin{cases}-1, & X<0\\ 0, & X=0\\ 1, & X>0\end{cases}$，求 $D(Y)$.

224 综合题 设活塞的直径（单位：厘米）$X\sim N(22.4,0.03^2)$，气缸的直径（单位：厘米）$Y\sim N(22.5,0.04^2)$，且 X 与 Y 相互独立．任取一个活塞，任取一个气缸，求活塞能装入气缸的概率．（$\Phi(2)=0.9772$.）

225 综合题 设随机变量 $X\sim E(2),Y=\min\{X,2\}$，求 $E(Y)$.

226 综合题 设随机变量 U 服从 $[-2,2]$ 上的均匀分布，随机变量

$$X=\begin{cases}-1, & U\leqslant -1\\ 1, & U>-1\end{cases},Y=\begin{cases}-1, & U\leqslant 1\\ 1, & U>1\end{cases},$$

求 (1) X 与 Y 的联合分布；(2) $D(X+Y)$.

第三节 协方差与相关系数

一、协方差

1. 协方差的定义

定义： 设 (X,Y) 是二维随机变量，如果 $E\{[X-E(X)][Y-E(Y)]\}$ 存在，则称其为 (X,Y) 的协方差，记作 $\mathrm{Cov}(X,Y)$，即

$$\mathrm{Cov}(X,Y)=E\{[X-E(X)][Y-E(Y)]\}.$$

2. 协方差的计算

重要公式： $\mathrm{Cov}(X,Y)=E(XY)-E(X)\cdot E(Y)$.

评注

一般情况下，计算协方差分为三个步骤：

第一步 求 $E(X),E(Y)$；

第二步 求 $E(XY)$；

第三步 用重要公式 $\mathrm{Cov}(X,Y)=E(XY)-E(X)\cdot E(Y)$ 求 $\mathrm{Cov}(X,Y)$.

3. 相关结论与公式

(1) 若 X 与 Y 相互独立，则 $\mathrm{Cov}(X,Y)=0$.

(2) $D(X\pm Y)=D(X)+D(Y)\pm 2\mathrm{Cov}(X,Y)$.

(3) $D\left(\sum\limits_{i=1}^{n}X_i\right)=\sum\limits_{i=1}^{n}D(X_i)+2\sum\limits_{1\leqslant i<j\leqslant n}\mathrm{Cov}(X_i,X_j)$.

227 基础题 已知二维随机变量 (X,Y) 等可能地取 $(-1,0),(0,-1),(1,0),(0,1)$，(1) 问 X 与 Y 是否相互独立？(2) 求 $\mathrm{Cov}(X,Y)$.

228 中等题 已知二维随机变量 (X,Y) 的联合密度函数为

$$f(x,y)=\begin{cases}3x, & 0<y<x<1\\ 0, & 其他\end{cases},$$

求 $\mathrm{Cov}(X,Y),D(X+Y)$.

二、协方差的性质

性质 1： $\mathrm{Cov}(X,X)=D(X)$.

性质 2： $\mathrm{Cov}(X,Y)=\mathrm{Cov}(Y,X)$.

性质 3： $\mathrm{Cov}(aX,bY)=ab\cdot\mathrm{Cov}(X,Y)$.

性质 4： $\mathrm{Cov}(X_1+X_2,Y)=\mathrm{Cov}(X_1,Y)+\mathrm{Cov}(X_2,Y)$.

推论： $\mathrm{Cov}\left(\sum_{i=1}^{n}X_i,Y\right)=\sum_{i=1}^{n}\mathrm{Cov}(X_i,Y)$.

性质 5： $\mathrm{Cov}(X,b)=\mathrm{Cov}(a,Y)=0$.

229 基础题 若 $D(X)=0.36,D(Y)=0.25,\mathrm{Cov}(X,Y)=-0.03$，则 $D(X+Y)=$______，$D(X-Y)=$______，$\mathrm{Cov}(-2X,3Y+5)=$______，$\mathrm{Cov}(3X-5Y,X+2Y)=$______.

230 中等题 设随机变量 $X_1,X_2,\cdots,X_n(n>1)$ 独立同分布，且其方差为 $\sigma^2>0$，令随机变量 $Y=\frac{1}{n}\sum_{i=1}^{n}X_i$，则（　　）.

(A) $D(X_1+Y)=\frac{n+2}{n}\sigma^2$　　(B) $D(X_1-Y)=\frac{n+1}{n}\sigma^2$

(C) $\mathrm{Cov}(X_1,Y)=\frac{\sigma^2}{n}$　　(D) $\mathrm{Cov}(X_1,Y)=\sigma^2$

231 综合题 设二维离散型随机变量 (X,Y) 的联合分布为

X \ Y	0	1	2
0	$\frac{1}{4}$	0	$\frac{1}{4}$
1	0	$\frac{1}{3}$	0
2	$\frac{1}{12}$	0	$\frac{1}{12}$

求 (1) $P\{X=2Y\}$；(2) $\mathrm{Cov}(X-Y,Y)$.

三、相关系数

1. 相关系数的定义

定义： 对于随机变量 X 与 Y，如果 $D(X)D(Y)\neq 0$，则称 $\frac{\mathrm{Cov}(X,Y)}{\sqrt{D(X)}\sqrt{D(Y)}}$ 为 X 与 Y 的相关系数，记作 ρ_{XY} 或 ρ，即

$$\rho_{XY}=\frac{\mathrm{Cov}(X,Y)}{\sqrt{D(X)}\sqrt{D(Y)}}\ (D(X)>0,D(Y)>0).$$

特别地，当$\rho_{XY}=0$时，称X与Y不相关；当$|\rho_{XY}|=1$时，称X与Y完全线性相关；当$\rho_{XY}=-1$时，称X与Y完全负相关；当$\rho_{XY}=1$时，称X与Y完全正相关.

评注

相关系数是刻画两个随机变量之间线性关系强弱的一个数字特征，所以，相关系数中的相关是指线性相关，即$\rho_{XY}=0$时，X与Y不相关是指X与Y不线性相关.

2. 相关系数的性质

性质1： $-1\leqslant\rho_{XY}\leqslant1$.

性质2： $|\rho_{XY}|=1\Leftrightarrow P\{Y=aX+b\}=1$. 当$a>0$时，$\rho_{XY}=1$；当$a<0$时，$\rho_{XY}=-1$.

评注

相关系数$|\rho_{XY}|$趋于0是指X与Y之间的线性关系变弱；相关系数$|\rho_{XY}|$趋于1是指X与Y之间的线性关系变强.

3. 独立与不相关之间的关系

结论： 若X与Y相互独立，则X与Y不相关（$\rho_{XY}=0$）. 反之不成立.

232 基础题 已知(X,Y)的联合分布为

X \ Y	0	1	2
1	0.1	0.2	0
2	0.4	0	0.3

求ρ_{XY}.

233 基础题 已知二维随机变量(X,Y)在区域$D=\{(x,y)\,|\,0<x<1,0<y<x\}$上服从均匀分布，求$X$与$Y$的相关系数$\rho_{XY}$.

234 中等题 甲和乙两个盒子中各装有2个红球和2个白球，先从甲盒子中任取

一球，观察颜色后放入乙盒子中，再从乙盒子中任取一球，令 X 与 Y 分别表示从甲盒子和乙盒子中取到的红球的个数，求 X 与 Y 的相关系数.

235 中等题 已知 X 与 Y 的相关系数为 ρ_{XY} 且 $\rho_{XY} \neq 0$，设 $Z = aX + b$（a,b 为常数），则 Y 与 Z 的相关系数 $\rho_{YZ} = \rho_{XY}$ 的充要条件是（　　）.

(A) $a=1$　　(B) $a>0$　　(C) $a<0$　　(D) $a \neq 0$

236 中等题 设 X 与 Y 独立同分布，$E(X)=E(Y)=\mu, D(X)=D(Y)=\sigma^2$，记 $U=aX+bY, V=aX-bY$，(1) 求 U 与 V 的相关系数；(2) 问 a,b 满足什么关系时，U 和 V 不相关？

237 中等题 将一枚硬币重复抛 n 次，以 X 和 Y 分别表示正面向上和反面向上的次数，则 X 与 Y 的相关系数 $\rho_{XY}=$______.

238 中等题 已知 X 与 Y 的联合密度函数为

$$f(x,y)=\begin{cases} \dfrac{1}{\pi R^2}, & x^2+y^2 \leqslant R^2 \\ 0, & \text{其他} \end{cases}.$$

(1) 求 $E(X),E(Y)$；(2) 求 $D(X),D(Y)$；(3) 求 $\mathrm{Cov}(X,Y)$ 与 ρ_{XY}；(4) 判断 X 与 Y 是否相互独立.

239 中等题 设随机变量 $\theta \sim U[-\pi,\pi]$，令 $X=\sin\theta, Y=\cos\theta$，求 ρ_{XY}.

240 综合题 设 X 的密度函数为 $f(x)=\dfrac{1}{2}\mathrm{e}^{-|x|}, -\infty<x<+\infty$.

(1) 求 $E(X),D(X)$；

(2) 求 X 与 $|X|$ 的协方差 $\mathrm{Cov}(X,|X|)$，并问 X 与 $|X|$ 是否相关？

(3) X 与 $|X|$ 是否相互独立？为什么？

四、相关系数的有关结论

结论 1： $D(X \pm Y)=D(X)+D(Y) \pm 2\rho_{XY}\sqrt{D(X)}\sqrt{D(Y)}$.

结论 2： X 与 Y 不相关 $\Leftrightarrow \rho_{XY}=0 \Leftrightarrow \mathrm{Cov}(X,Y)=0 \Leftrightarrow E(XY)=E(X)\cdot E(Y) \Leftrightarrow D(X \pm Y)=D(X)+D(Y)$.

结论3： 设$(X,Y)\sim N(\mu_1,\mu_2;\sigma_1^2,\sigma_2^2;\rho)$，则$X$与$Y$相互独立$\Leftrightarrow$ X与Y不相关（$\rho_{XY}=0$），其中$E(X)=\mu_1,E(Y)=\mu_2,D(X)=\sigma_1^2,D(Y)=\sigma_2^2,\rho_{XY}=\rho$.

评注

一般情况下，若X与Y相互独立，则X与Y不相关（$\rho_{XY}=0$）.反之不成立.特别地，若(X,Y)服从二维正态分布，则X与Y相互独立和X与Y不相关（$\rho_{XY}=0$）等价.

241 基础题 已知$D(X)=25,D(Y)=36,\rho_{XY}=0.4$，求$D(X+Y),D(X-Y),D(2X+3Y)$.

242 中等题 若$E(X)=E(Y)=1,E(Z)=-1,D(X)=D(Y)=D(Z)=1,\rho_{XY}=0,\rho_{XZ}=\frac{1}{2}$，$\rho_{YZ}=-\frac{1}{2}$，求$E(X+Y+Z),D(X+Y+Z)$.

243 综合题 已知随机变量$X_1,X_2,\cdots,X_n$相互独立且$E(X_i)=\mu,D(X_i)=\sigma^2>0$，记$\bar{X}=\frac{1}{n}\sum_{i=1}^{n}X_i$，则$X_1-\bar{X}$与$X_2-\bar{X}$（　　）.

(A) 不相关且相互独立　　　　(B) 不相关且不相互独立

(C) 相关且相互独立　　　　(D) 相关且不相互独立

244 综合题 已知二维随机变量(X,Y)服从二维正态分布$N\left(1,0;9,16;-\frac{1}{2}\right)$，设$Z=\frac{X}{3}+\frac{Y}{2}$.

(1) 求Z的数学期望$E(Z)$和方差$D(Z)$；

(2) 求X与Z的相关系数ρ_{XZ}；

(3) 问X与Z是否相互独立，为什么？

245 综合题 已知二维随机变量(X,Y)服从二维正态分布$N(1,0;1,1;0)$，则$P\{XY-Y<0\}=$______.

246 综合题 设随机变量X与Y的联合分布在以点$(0,1),(1,0),(1,1)$为顶点的三角形区域上服从均匀分布，试求随机变量$Z=X+Y$的方差.

247 综合题 已知随机变量 (X,Y) 服从二维正态分布 $N\left(0,0;1,4;-\frac{1}{2}\right)$，则下列随机变量中服从标准正态分布且与 X 相互独立的是（ ）.

(A) $\frac{\sqrt{5}}{5}(X+Y)$ (B) $\frac{\sqrt{5}}{5}(X-Y)$ (C) $\frac{\sqrt{3}}{3}(X+Y)$ (D) $\frac{\sqrt{3}}{3}(X-Y)$

第四节 矩、协方差矩阵

一、矩

定义： 设 X 与 Y 是随机变量，k 与 l 是正整数，则称

1. $E(X^k)$ 为 X 的 k 阶原点矩.

2. $E\{[X-E(X)]^k\}$ 为 X 的 k 阶中心矩.

3. $E(X^kY^l)$ 为 X 与 Y 的 $k+l$ 阶混合原点矩.

4. $E\{[X-E(X)]^k[Y-E(Y)]^l\}$ 为 X 与 Y 的 $k+l$ 阶混合中心矩.

评注

(1) 数学期望 $E(X)$ 是随机变量 X 的一阶原点矩.

(2) 方差 $D(X)=E\{[X-E(X)]^2\}$ 是随机变量 X 的二阶中心矩.

(3) 协方差 $\mathrm{Cov}(X,Y)=E\{[X-E(X)][Y-E(Y)]\}$ 是 X 与 Y 的 $1+1$ 阶混合中心矩.

248 中等题 设随机变量 X 与 Y 的联合分布为

X \ Y	-1	0	1
0	0.07	0.18	0.15
1	0.08	0.32	0.20

求 (1) X 与 Y 的 2+2 阶混合原点矩；(2) X^2 与 Y^2 的 1+1 阶混合中心矩.

二、协方差矩阵

定义 1： 对于二维随机变量 (X_1,X_2)，称 $\boldsymbol{C}=\begin{pmatrix}\mathrm{Cov}(X_1,X_1) & \mathrm{Cov}(X_1,X_2)\\ \mathrm{Cov}(X_2,X_1) & \mathrm{Cov}(X_2,X_2)\end{pmatrix}$ 为 (X_1,X_2) 的协方差矩阵.

定义 2： 对于 n 维随机变量 $(X_1,X_2,\cdots,X_n)$，称

$$C=\begin{pmatrix} \mathrm{Cov}(X_1,X_1) & \mathrm{Cov}(X_1,X_2) & \cdots & \mathrm{Cov}(X_1,X_n) \\ \mathrm{Cov}(X_2,X_1) & \mathrm{Cov}(X_2,X_2) & \cdots & \mathrm{Cov}(X_2,X_n) \\ \vdots & \vdots & & \vdots \\ \mathrm{Cov}(X_n,X_1) & \mathrm{Cov}(X_n,X_2) & \cdots & \mathrm{Cov}(X_n,X_n) \end{pmatrix}$$

为 $(X_1,X_2,\cdots,X_n)$ 的协方差矩阵.

评注

(1) 因为 $\mathrm{Cov}(X_i,X_j)=\mathrm{Cov}(X_j,X_i)$，所以协方差矩阵为对称矩阵，即 $\boldsymbol{C}^{\mathrm{T}}=\boldsymbol{C}$.

(2) 在协方差矩阵中，主对角线元素 $\mathrm{Cov}(X_i,X_i)=D(X_i)(i=1,2,\cdots,n)$.

249 基础题 设随机变量 (X,Y) 的协方差矩阵 $\boldsymbol{C}=\begin{pmatrix} 1 & -1 \\ -1 & 9 \end{pmatrix}$，求 ρ_{XY}.

第5章

大数定律与中心极限定理

第一节 切比雪夫不等式

切比雪夫不等式： 设随机变量 X 的期望 $E(X)$ 和方差 $D(X)$ 都存在，则对任意的 $\varepsilon>0$，有

$$P\{|X-E(X)|\geqslant\varepsilon\}\leqslant\frac{D(X)}{\varepsilon^2} \text{ 或 } P\{|X-E(X)|<\varepsilon\}\geqslant 1-\frac{D(X)}{\varepsilon^2}.$$

250 基础题 某公司有职工 100 人，每个人去食堂吃午餐的概率均为 0.1，且是否去食堂吃午餐互不影响，随机变量 X 表示去食堂吃午餐的人数，利用切比雪夫不等式估计 $P\{6<X<14\}$.

251 基础题 已知随机变量 X 的概率分布为

$$P\{X=k\}=\frac{3^k}{k!}\mathrm{e}^{-3}, k=0,1,2,\cdots,$$

利用切比雪夫不等式估计 $P\{|X-3|\geqslant 2\sqrt{3}\}$.

252 基础题 设随机变量 $X_1,X_2,\cdots,X_9$ 相互独立，已知 $E(X_i)=1, D(X_i)=1, i=1,2,\cdots,9$，则对任意给定的 $\varepsilon>0$，有（　　）.

(A) $P\left\{\left|\sum_{i=1}^{9}X_i-1\right|<\varepsilon\right\}\geqslant 1-\frac{1}{\varepsilon^2}$　　(B) $P\left\{\left|\frac{1}{9}\sum_{i=1}^{9}X_i-1\right|<\varepsilon\right\}\leqslant 1-\frac{1}{9\varepsilon^2}$

(C) $P\left\{\left|\sum_{i=1}^{9}X_i-9\right|<\varepsilon\right\}\geqslant 1-\frac{1}{\varepsilon^2}$　　(D) $P\left\{\left|\sum_{i=1}^{9}X_i-9\right|<\varepsilon\right\}\geqslant 1-\frac{9}{\varepsilon^2}$

253 中等题 设随机变量 X 和 Y 的数学期望分别为 -2 和 2，方差分别为 1 和 4，相关系数 $\rho=-0.5$，利用切比雪夫不等式估计 $P\{|X+Y|\geqslant 6\}\leqslant$ ____________.

254 中等题 已知随机变量 $X\sim U[-1,b]$（均匀分布），由切比雪夫不等式知 $P\{|X-1|<\varepsilon\}\geqslant\frac{2}{3}$，求 b 与 ε 的值.

255 中等题 设随机变量 X 的期望 $E(X)=2$，方差 $D(X)=1$，利用切比雪夫不等式估计：(1) $P\{0<X<5\}$；(2) $P\{X<-1$ 或 $X>4\}$.

256 综合题 已知二维随机变量 $(X,Y)\sim N(-1,1;4,1;-0.5)$，(1) 利用切比雪夫不等式估计 $P\{-3<2X+3Y<5\}$；(2) 求 $P\{-3<2X+3Y<5\}$，其中 $\Phi\left(\frac{4}{\sqrt{13}}\right)=0.8665$.

第二节 大数定律

一、依概率收敛

定义： 设 $X_1,X_2,\cdots,X_n,\cdots$ 是随机变量序列，若存在常数 a，使得对任意的 $\varepsilon>0$，都有

$$\lim_{n\to+\infty}P\{|X_n-a|<\varepsilon\}=1 \text{ 或 } \lim_{n\to+\infty}P\{|X_n-a|\geqslant\varepsilon\}=0,$$

则称随机变量序列 $\{X_n\}$ 依概率收敛于 a，记作 $X_n\xrightarrow{P}a$.

二、切比雪夫大数定律

切比雪夫大数定律： 设 $X_1,X_2,\cdots,X_n,\cdots$ 是相互独立的随机变量序列，$E(X_i)$，$D(X_i)$ 都存在，且 $D(X_i)\leqslant M$（M 为常数，$i=1,2,\cdots$），则对任意的 $\varepsilon>0$，有

$$\lim_{n\to+\infty}P\left\{\left|\frac{1}{n}\sum_{i=1}^{n}X_i-\frac{1}{n}\sum_{i=1}^{n}E(X_i)\right|<\varepsilon\right\}=1，\text{即 }\frac{1}{n}\sum_{i=1}^{n}X_i\xrightarrow{P}\frac{1}{n}\sum_{i=1}^{n}E(X_i).$$

三、切比雪夫大数定律的推论

推论： 设 $X_1,X_2,\cdots,X_n,\cdots$ 相互独立且同分布，$E(X_i)=\mu,D(X_i)=\sigma^2(i=1,2,\cdots)$，则对任意的 $\varepsilon>0$，有

$$\lim_{n\to+\infty}P\left\{\left|\frac{1}{n}\sum_{i=1}^{n}X_i-\mu\right|<\varepsilon\right\}=1，\text{即 }\frac{1}{n}\sum_{i=1}^{n}X_i\xrightarrow{P}\mu.$$

257 基础题 设 $X_1,X_2,\cdots,X_n,\cdots$ 相互独立且同分布，都服从 $\lambda=2$ 的泊松分布，则当 $n\to+\infty$ 时，$Y_n=\frac{1}{n}\sum_{i=1}^{n}X_i$ 依概率收敛于（　　）.

(A) 6　　(B) 4　　(C) 2　　(D) $\frac{1}{2}$

四、辛钦大数定律

辛钦大数定律： 设 $X_1,X_2,\cdots,X_n,\cdots$ 相互独立且同分布，$E(X_i)=\mu(i=1,2,\cdots)$，则对任意的 $\varepsilon>0$，有

$$\lim_{n\to+\infty}P\left\{\left|\frac{1}{n}\sum_{i=1}^{n}X_i-\mu\right|<\varepsilon\right\}=1,\ \text{即}\ \frac{1}{n}\sum_{i=1}^{n}X_i\xrightarrow{P}\mu .$$

258 基础题 设 $X_1,X_2,\cdots,X_n,\cdots$ 为相互独立且同分布的随机变量序列，其概率密度函数为

$$f(x)=\frac{\lambda}{2}e^{-\lambda|x|},\lambda>0,-\infty<x<+\infty,$$

则 $\lim\limits_{n\to+\infty}P\left\{\left|\sum\limits_{i=1}^{n}X_i\right|<n\right\}=$ ________.

259 中等题 设 $\{X_n\}$ 为相互独立且同分布的随机变量序列，其概率分布为

$$P\left\{X_n=\frac{2^k}{k^2}\right\}=\frac{1}{2^k},k=1,2,\cdots,$$

试问：$\{X_n\}$ 是否适用切比雪夫大数定律？是否适用辛钦大数定律？

260 中等题 设 $X_1,X_2,\cdots,X_n,\cdots$ 为相互独立且同分布的随机变量序列，都服从 $\lambda=2$ 的指数分布，则当 $n\to+\infty$ 时，$Y_n=\frac{1}{n}\sum\limits_{i=1}^{n}X_i^2$ 依概率收敛于（ ）.

(A) 1 (B) $\frac{3}{4}$ (C) 6 (D) $\frac{1}{2}$

261 综合题 设 $X_1,X_2,\cdots,X_n,\cdots$ 相互独立，其中 $X_k(k=1,2,\cdots)$ 的概率分布为

X_k	$-ka$	0	ka
P	$\frac{1}{2k^2}$	$1-\frac{1}{k^2}$	$\frac{1}{2k^2}$

(1) $X_1,X_2,\cdots,X_n,\cdots$ 是否满足切比雪夫大数定律的条件？若满足，写出其结论；

(2) $X_1,X_2,\cdots,X_n,\cdots$ 是否满足辛钦大数定律的条件？

262 综合题 设 $X_1,X_2,\cdots,X_n,\cdots$ 为相互独立且同分布的随机变量序列，X_i 的密度函数为 $f(x)=\begin{cases}1-|x|, & |x|<1\\ 0, & \text{其他}\end{cases}$，则当 $n\to+\infty$ 时，$Y_n=\frac{1}{n}\sum_{i=1}^{n}X_i^2$ 与 $Z_n=\frac{1}{n}\sum_{i=1}^{n}X_i^3$ 分别依概率收敛于多少?

五、伯努利大数定律

伯努利大数定律： 设随机变量 X_n 表示事件 A 在 n 重伯努利试验中发生的次数，且 $P(A)=p$，则对任意的 $\varepsilon>0$，有

$$\lim_{n\to+\infty}P\left\{\left|\frac{X_n}{n}-p\right|<\varepsilon\right\}=1.$$

即事件 A 发生的频率 $\frac{X_n}{n}$ 依概率收敛于事件 A 发生的概率 p.

263 基础题 设随机变量 $X_1,X_2,\cdots,X_n,\cdots$ 相互独立且同分布，分布函数 $F(x)=\frac{1}{2}+\frac{1}{\pi}\arctan\frac{x}{3}$，则下列选项中正确的是（　　）.

(A) 适用切比雪夫大数定律

(B) 适用辛钦大数定律

(C) 不适用切比雪夫大数定律，也不适用辛钦大数定律

(D) 适用伯努利大数定律

第三节　中心极限定理

一、中心极限定理

定义： 设 $X_1,X_2,\cdots,X_n,\cdots$ 是相互独立的随机变量序列，且期望 $E(X_i)$ 与方差 $D(X_i)>0$ 都存在（$i=1,2,\cdots$），则对任意的实数 x，有

$$\lim_{n\to+\infty}P\left\{\frac{\sum_{i=1}^{n}X_i-\sum_{i=1}^{n}E(X_i)}{\sqrt{\sum_{i=1}^{n}D(X_i)}}\leqslant x\right\}=\varPhi(x),$$

其中，$\varPhi(x)$ 是标准正态分布 $N(0,1)$ 的分布函数，则称随机变量序列 $\{X_n\}$ 服从中心极限定理.

二、独立同分布的中心极限定理（列维－林德伯格中心极限定理）

定理： 设 $X_1, X_2, \cdots, X_n, \cdots$ 相互独立且同分布，$E(X_i)=\mu$ 与 $D(X_i)=\sigma^2>0$ 都存在（$i=1,2,\cdots$），则对任意的实数 x，有

$$\lim_{n\to+\infty} P\left\{\frac{\sum_{i=1}^{n} X_i - n\mu}{\sqrt{n}\,\sigma} \leqslant x\right\} = \Phi(x).$$

当 n 充分大时，$\dfrac{\sum_{i=1}^{n} X_i - n\mu}{\sqrt{n}\,\sigma}$ 近似服从标准正态分布 $N(0,1)$，或 $\sum_{i=1}^{n} X_i$ 近似服从正态分布 $N(n\mu, n\sigma^2)$，且

$$P\left\{a \leqslant \sum_{i=1}^{n} X_i \leqslant b\right\} = P\left\{\frac{a-n\mu}{\sqrt{n}\,\sigma} \leqslant \frac{\sum_{i=1}^{n} X_i - n\mu}{\sqrt{n}\,\sigma} \leqslant \frac{b-n\mu}{\sqrt{n}\,\sigma}\right\}$$

$$\approx \Phi\left(\frac{b-n\mu}{\sqrt{n}\,\sigma}\right) - \Phi\left(\frac{a-n\mu}{\sqrt{n}\,\sigma}\right).$$

264 基础题　设随机变量 $X_1, X_2, \cdots, X_{100}$ 相互独立且同分布，$E(X_i)=1, D(X_i)=0.25$ $(i=1,2,\cdots,100)$，则 $P\left\{\sum_{i=1}^{100} X_i \geqslant 90\right\} \approx$ ______，$P\left\{90 \leqslant \sum_{i=1}^{100} X_i \leqslant 100\right\} \approx$ ______．（$\Phi(2)=0.97725$．）

265 基础题　一名射击运动员在一次射击中所得环数 X 的概率分布如下表所示，问在 100 次射击中，该名射击运动员所得的总环数介于 915 与 945 之间的概率是多少？

X	10	9	8
P	0.5	0.3	0.2

（$\Phi(1.92)=0.97257$．）

266 基础题　设某商店每天接待顾客 100 人，若每位顾客的消费额（元）都服从区间 $[0,60]$ 上的均匀分布，且顾客的消费是相互独立的，求该商店的日销售额超过 3500 元的概率．（$\Phi(2.89)=0.998$．）

267 基础题 设 $X_1,X_2,\cdots,X_n,\cdots$ 为相互独立且同分布的随机变量序列，都服从参数为 $\lambda(\lambda>1)$ 的指数分布，记 $\Phi(x)$ 为标准正态分布函数，则（　　）.

(A) $\lim\limits_{n\to+\infty}P\left\{\dfrac{\sum\limits_{i=1}^{n}X_i-n\lambda}{\lambda\sqrt{n}}\leqslant x\right\}=\Phi(x)$　　(B) $\lim\limits_{n\to+\infty}P\left\{\dfrac{\sum\limits_{i=1}^{n}X_i-n\lambda}{\sqrt{n\lambda}}\leqslant x\right\}=\Phi(x)$

(C) $\lim\limits_{n\to+\infty}P\left\{\dfrac{\lambda\sum\limits_{i=1}^{n}X_i-n}{\sqrt{n}}\leqslant x\right\}=\Phi(x)$　　(D) $\lim\limits_{n\to+\infty}P\left\{\dfrac{\sum\limits_{i=1}^{n}X_i-\lambda}{\sqrt{n\lambda}}\leqslant x\right\}=\Phi(x)$

268 基础题 设随机变量序列 $X_1,X_2,\cdots,X_n,\cdots$ 相互独立且同分布，期望 $E(X_i)=\mu$，方差 $D(X_i)=\sigma^2>0$，则随着参数 σ 的增大，$\lim\limits_{n\to+\infty}P\left\{\dfrac{\sum\limits_{i=1}^{n}X_i-n\mu}{\sqrt{n}}\leqslant\sigma\right\}$ 的值（　　）.

(A) 增大　　(B) 减小　　(C) 不变　　(D) 不确定

269 基础题 设随机变量 $X_1,X_2,\cdots,X_n$ 相互独立，且都服从区间 $[-1,1]$ 上的均匀分布，则 $\lim\limits_{n\to+\infty}P\left\{\sum\limits_{i=1}^{n}X_i\leqslant\sqrt{n}\right\}=$ ________.

270 中等题 设随机变量 $X_1,X_2,\cdots,X_n$ 相互独立，$S_n=X_1+X_2+\cdots+X_n$，根据列维－林德伯格中心极限定理，当 n 充分大时，S_n 近似服从正态分布，只要 $X_1,X_2,\cdots,X_n$（　　）.

(A) 有相同的数学期望　　(B) 有相同的方差

(C) 服从同一指数分布　　(D) 服从同一离散型分布

271 中等题 设随机变量序列 $X_1,X_2,\cdots,X_n,\cdots$ 相互独立且同分布，$\bar{X}=\dfrac{1}{n}\sum\limits_{i=1}^{n}X_i$，则当 n 充分大时，关于 $\bar{X}$ 的近似分布正确的是（　　）.

(A) 若 $X_i\sim E(\lambda)$，则 $\bar{X}$ 的近似分布为 $N\left(\lambda,\dfrac{\lambda}{n}\right)$

(B) 若 $X_i\sim E(\lambda)$，则 $\bar{X}$ 的近似分布为 $N\left(\dfrac{1}{\lambda},\dfrac{1}{n\lambda^2}\right)$

(C) 若 $X_i \sim P(\lambda)$，则 $\bar{X}$ 的近似分布为 $N(n\lambda, n\lambda)$

(D) 若 $X_i \sim P(\lambda)$，则 $\bar{X}$ 的近似分布为 $N(\lambda, n\lambda)$

272 中等题 一生产线生产的产品成箱包装，每箱的重量是随机变量．假设每箱平均重 50 千克，标准差为 5 千克，若用最大载重量为 5 吨的汽车承运，试利用中心极限定理说明每辆车最多可以装多少箱，才能保证不超载的概率大于 0.977?（$\Phi(2)=0.977$，其中 $\Phi(x)$ 是标准正态分布函数.）

三、棣莫弗－拉普拉斯中心极限定理

定理： 设 $X_n \sim B(n,p)$（二项分布），则对任意的实数 x，有

$$\lim_{n\to+\infty} P\left\{\frac{X_n - np}{\sqrt{np(1-p)}} \leqslant x\right\} = \Phi(x),$$

即二项分布以正态分布为极限.

当 n 充分大时，$\dfrac{X_n - np}{\sqrt{np(1-p)}}$ 近似服从 $N(0,1)$，或 X_n 近似服从 $N(np, np(1-p))$.

当 n 充分大时，有 $P\{a < X_n \leqslant b\} \approx \Phi\left(\dfrac{b-np}{\sqrt{np(1-p)}}\right) - \Phi\left(\dfrac{a-np}{\sqrt{np(1-p)}}\right)$.

273 基础题 某食堂为1000个学生服务，每个学生去食堂吃早餐的概率为0.6，去与不去食堂吃早餐互不影响．问食堂想以99.7%的把握保障供应，每天应准备多少份早餐?（$\Phi(2.75)=0.997$.）

274 中等题 一家保险公司有 10000 人参保，每年每人付 12 元保费．一年内一个人死亡的概率为 0.006，人死亡后家属可从保险公司领取 1000 元，试求

(1) 保险公司亏本的概率；

(2) 保险公司一年的利润不少于 60000 元的概率.

第6章

样本及抽样分布

第一节 随机样本

一、总体与个体

1. 总体与个体的定义

定义 1： 具有一定共性的研究对象的全体称为总体．一般将研究对象的某项数量指标值的全体称为总体 X．总体中的每一个元素称为个体．

2. 总体的分布函数

定义 2： 代表总体的某项数量指标 X 是一个随机变量，总体 X 以不同的概率或不同的密度取值．设随机变量 X 的分布函数为 $F(x)$，则称 $F(x)$ 为总体 X 的分布函数．

二、样本

1. 样本

定义 1： 按照机会均等的原则，从总体 X 中抽取 n 个个体，则它们的数量指标 $X_1,X_2,\cdots,X_n$ 称为一个样本，也常以随机向量 $(X_1,X_2,\cdots,X_n)$ 表示．样本中所含个体的个数 n 称为样本容量．

定义 2： 若随机变量 $X_1,X_2,\cdots,X_n$ 相互独立，且每个 X_i 与总体 X 同分布，则称 $X_1,X_2,\cdots,X_n$ 为简单随机样本，简称样本．

评注

(1) 简单随机样本 $X_1,X_2,\cdots,X_n$ 相互独立，且每个 X_i 与总体 X 同分布．

(2) 样本具有二重性：在理论上或进行观测之前 $(X_1,X_2,\cdots,X_n)$ 是随机变量，在实际问题中或观测之后是 n 个独立的观测值 $(x_1,x_2,\cdots,x_n)$．

2. 样本的分布

设总体 X 的分布函数为 $F(x)$，则取自总体 X 的样本 $X_1,X_2,\cdots,X_n$ 的联合分布

函数为

$$F(x_1,x_2,\cdots,x_n)=F(x_1)F(x_2)\cdots F(x_n)=\prod_{i=1}^{n}F(x_i).$$

若总体 X 为离散型随机变量，其概率分布为 $P\{X=a_i\}=p_i(i=1,2,\cdots)$，则样本 $X_1,X_2,\cdots,X_n$ 的联合概率分布为

$$P\{X_1=x_1,X_2=x_2,\cdots,X_n=x_n\}=\prod_{i=1}^{n}P\{X=x_i\},$$

其中 $x_i(i=1,2,\cdots,n)$ 取 $a_1,a_2,\cdots$ 中的某一个数.

若总体 X 为连续型随机变量，其概率密度函数为 $f(x)$，则样本 $X_1,X_2,\cdots,X_n$ 的联合密度函数为

$$f(x_1,x_2,\cdots,x_n)=f(x_1)f(x_2)\cdots f(x_n)=\prod_{i=1}^{n}f(x_i).$$

275 基础题 设总体 X 服从参数为 p 的几何分布，$X_1,X_2,\cdots,X_n$ 是来自总体 X 的样本，求样本 $X_1,X_2,\cdots,X_n$ 的联合概率分布.

276 基础题 设总体 X 服从参数为 λ 的指数分布，$X_1,X_2,\cdots,X_n$ 是来自总体 X 的样本，求样本 $X_1,X_2,\cdots,X_n$ 的联合密度密度.

第二节 统计量

一、统计量的定义

定义： 样本 $X_1,X_2,\cdots,X_n$ 的不含任何未知参数的函数 $T=T(X_1,X_2,\cdots,X_n)$ 称为该样本的一个统计量.

评注

由于样本具有二重性，因此统计量作为随机变量 $X_1,X_2,\cdots,X_n$ 的函数 $T=T(X_1,X_2,\cdots,X_n)$，是一个随机变量. 样本的观测值 $(x_1,x_2,\cdots,x_n)$ 的函数 $T=T(x_1,x_2,\cdots,x_n)$ 为统计量 $T=T(X_1,X_2,\cdots,X_n)$ 的观测值.

277 基础题 设 $(X_1,X_2,\cdots,X_n)(n\geqslant 2)$ 是来自总体 $X\sim N(\mu,\sigma^2)$ 的样本，其中 μ 已知，σ^2 未知，确定下列函数是否为统计量.

(1) $T_1=\frac{1}{n}\sum_{i=1}^{n}X_i$

(2) $T_2=\max\{X_1,X_2,\cdots,X_n\}$

(3) $T_3=\sum_{i=1}^{n}\left(\frac{X_i-\mu}{\sigma}\right)^2$

(4) $T_4=\frac{1}{n}\sum_{i=1}^{n}(X_i-\mu)^2$

二、常用统计量

设$X_1,X_2,\cdots,X_n$是来自总体X的一个样本，以下是常用的统计量.

1. 样本均值： $\bar{X}=\frac{1}{n}\sum_{i=1}^{n}X_i=\frac{1}{n}(X_1+X_2+\cdots+X_n)$.

2. 样本方差： $S^2=\frac{1}{n-1}\sum_{i=1}^{n}(X_i-\bar{X})^2=\frac{1}{n-1}\left(\sum_{i=1}^{n}X_i^2-n\bar{X}^2\right)$.

样本标准差： $S=\sqrt{\frac{1}{n-1}\sum_{i=1}^{n}(X_i-\bar{X})^2}$.

3. 样本 k 阶原点矩： $A_k=\frac{1}{n}\sum_{i=1}^{n}X_i^k,k=1,2,\cdots;A_1=\bar{X}$.

4. 样本 k 阶中心矩： $B_k=\frac{1}{n}\sum_{i=1}^{n}(X_i-\bar{X})^k,k=1,2,\cdots;B_2=\frac{n-1}{n}S^2\neq S^2$.

5. 顺序统计量： 设$X_1,X_2,\cdots,X_n$为总体X的样本，把样本中的各个分量按照由小到大的顺序排列$X_{(1)}\leqslant X_{(2)}\leqslant\cdots\leqslant X_{(n)}$，则称$X_{(1)},X_{(2)},\cdots,X_{(n)}$为样本的顺序统计量（或次序统计量）.

称$X_{(1)}=\min\{X_1,X_2,\cdots,X_n\}$为最小顺序统计量，$X_{(n)}=\max\{X_1,X_2,\cdots,X_n\}$为最大顺序统计量.

三、统计量的性质

性质： 设总体X的期望$E(X)=\mu$，方差$D(X)=\sigma^2$，$X_1,X_2,\cdots,X_n$为来自总体X的样本，则 (1) $E(\bar{X})=E(X)=\mu$； (2) $D(\bar{X})=\frac{1}{n}D(X)=\frac{1}{n}\sigma^2$； (3) $E(S^2)=D(X)=\sigma^2$.

278 基础题 (1) 设总体$X\sim U[a,b]$，$X_1,X_2,\cdots,X_n$为X的简单随机样本，求$E(\bar{X}),D(\bar{X}),E(S^2)$.

(2) 设$X_1,X_2,\cdots,X_m$为来自总体$X\sim B(n,p)$的简单随机样本，$\bar{X}$和S^2分别为样本均值和样本方差，记统计量$T=\bar{X}-S^2$，求$E(T)$.

279 中等题 设总体 $X \sim B(m,\theta)$，$X_1,X_2,\cdots,X_n$ 为来自总体的简单随机样本，其样本均值 $\bar{X}=\frac{1}{n}\sum_{i=1}^{n}X_i$，则 $E\left[\sum_{i=1}^{n}(X_i-\bar{X})^2\right]=$（　　）.

(A) $(m-1)n\theta(1-\theta)$　　(B) $m(n-1)\theta(1-\theta)$

(C) $(m-1)(n-1)\theta(1-\theta)$　　(D) $mn\theta(1-\theta)$

280 综合题 设 $X_1,X_2,\cdots,X_{2n}(n\geqslant 2)$ 为来自总体 $X\sim N(\mu,\sigma^2)(\sigma>0)$ 的简单随机样本，其样本均值 $\bar{X}=\frac{1}{2n}\sum_{i=1}^{2n}X_i$，设统计量 $T=\sum_{i=1}^{n}(X_i+X_{n+i}-2\bar{X})^2$，求 $E(T)$.

281 综合题 设总体 X 服从参数为 $\lambda(\lambda>0)$ 的泊松分布，$X_1,X_2,\cdots,X_n(n\geqslant 2)$ 为来自总体的简单随机样本，则对于统计量 $T_1=\frac{1}{n}\sum_{i=1}^{n}X_i$ 和 $T_2=\frac{1}{n-1}\sum_{i=1}^{n-1}X_i+\frac{1}{n}X_n$，有（　　）.

(A) $E(T_1)>E(T_2),D(T_1)>D(T_2)$　　(B) $E(T_1)>E(T_2),D(T_1)<D(T_2)$

(C) $E(T_1)<E(T_2),D(T_1)>D(T_2)$　　(D) $E(T_1)<E(T_2),D(T_1)<D(T_2)$

四、经验分布函数

定义： 设 $X_1,X_2,\cdots,X_n$ 为总体 X 的一个样本，$x_1,x_2,\cdots,x_n$ 是样本的一组观测值，顺序统计量为 $x_{(1)}\leqslant x_{(2)}\leqslant\cdots\leqslant x_{(n)}$，令

$$F_n(x)=\begin{cases}0, & x<x_{(1)}\\ \dfrac{k}{n}, & x_{(k)}\leqslant x<x_{(k+1)},k=1,2,\cdots,n-1,\\ 1, & x_{(n)}\leqslant x\end{cases}$$

称 $F_n(x)$ 为总体的经验分布函数（或样本分布函数）.

由伯努利大数定律得 $F_n(x)$ 依概率收敛于总体 X 的分布函数 $F(x)$.

282 基础题 从总体中抽取容量为 5 的样本，其观测值为 6.6,4.6,5.5,5.8,5.5，求 X 的经验分布函数.

第三节 抽样分布

一、分位数

定义： 设随机变量 X 的分布函数为 $F(x)$，对于给定的实数 $\alpha(0<\alpha<1)$，若存在实数 F_α，满足

$$P\{X>F_\alpha\}=\alpha,$$

则称 F_α 为随机变量 X 的上 α 分位点（或上侧 α 分位数）.

特别地，如果 $X\sim N(0,1)$，记 X 的上 α 分位点为 u_α，即

$$P\{X>u_\alpha\}=\alpha,$$

且有

公式 1： $u_{1-\alpha}=-u_\alpha$；

公式 2： $\Phi(u_\alpha)=P\{X\leqslant u_\alpha\}=1-P\{X>u_\alpha\}=1-\alpha$.

283 中等题 设随机变量 X 服从标准正态分布 $N(0,1)$，对于给定的实数 $\alpha(0<\alpha<1)$，数 u_α 满足 $P\{X>u_\alpha\}=\alpha$，(1) 求 $u_{0.025},u_{0.975},u_{0.01}$；(2) 若 $P\{|X|<x\}=\alpha$，求 x.

二、χ^2 分布

1. 定义

定义：（χ^2 分布的典型模式）设随机变量 $X_1,X_2,\cdots,X_n$ 相互独立且同分布，均服从 $N(0,1)$，则称 $X=\sum_{i=1}^{n}X_i^2=X_1^2+X_2^2+\cdots+X_n^2$ 服从自由度为 n 的 χ^2 分布，即 $X=\sum_{i=1}^{n}X_i^2\sim\chi^2(n)$，且 X 的概率密度函数为

$$f(x)=\begin{cases}\dfrac{1}{2^{\frac{n}{2}}\Gamma(\frac{n}{2})}x^{\frac{n}{2}-1}\mathrm{e}^{-\frac{x}{2}}, & x>0\\ 0, & x\leqslant 0\end{cases},$$

其中，$\Gamma(s)=\int_0^{+\infty}x^{s-1}\mathrm{e}^{-x}\mathrm{d}x$ 是 Γ 函数，且有 $\Gamma\left(\dfrac{n}{2}\right)=\int_0^{+\infty}x^{\frac{n}{2}-1}\mathrm{e}^{-x}\mathrm{d}x,\Gamma(n+1)=n!,\Gamma\left(\dfrac{1}{2}\right)=\sqrt{\pi}$.

2. 性质

性质 1： 若 $X\sim\chi^2(n)$，则 $E(X)=n,D(X)=2n$.

性质 2： 若 $X \sim \chi^2(n), Y \sim \chi^2(m)$，且 X 与 Y 相互独立，则 $X+Y \sim \chi^2(m+n)$，即 χ^2 分布关于其自由度具有可加性.

推论 1： 若 $X_1, X_2, \cdots, X_n$ 相互独立，且 $X_i \sim \chi^2(m_i)(i=1,2,\cdots,n)$，则

$$\sum_{i=1}^{n} X_i \sim \chi^2\left(\sum_{i=1}^{n} m_i\right).$$

推论 2： 若 $X_1, X_2, \cdots, X_n$ 相互独立，且 $X_i \sim N(\mu_i, \sigma_i^2)(i=1,2,\cdots,n)$，则

$$\sum_{i=1}^{n}\left(\frac{X_i-\mu_i}{\sigma_i}\right)^2 \sim \chi^2(n).$$

3. χ^2 分布的上分位点

定义： 设 $X \sim \chi^2(n)$，对于给定的实数 $\alpha(0<\alpha<1)$，若满足

$$P\{X > \chi_\alpha^2(n)\} = \alpha,$$

则称 $\chi_\alpha^2(n)$ 为 $\chi^2(n)$ 分布的上 α 分位点（或上侧 α 分位数）.

284 基础题　设总体 $X \sim N(0,2)$，X_1, X_2, X_3 为来自总体 X 的简单随机样本，$Z = X_1^2 + (X_2 - X_3)^2$，求 $E(Z), D(Z)$.

285 基础题　设总体 $X \sim N(\mu, \sigma^2)$，$X_1, X_2, \cdots, X_{10}$ 是来自总体 X 的样本，求

(1) $\chi_{0.05}^2(10), \chi_{0.005}^2(10), \chi_{0.95}^2(10)$；

(2) $P\left\{1.83\sigma^2 \leqslant \frac{1}{10}\sum_{i=1}^{10}(X_i-\mu)^2 \leqslant 2.52\sigma^2\right\}$.

286 中等题　设总体 $X \sim N(1,4)$，$X_1, X_2, \cdots, X_5$ 是来自总体 X 的样本，令

$$T = a(X_1 - X_2)^2 + b(2X_3 - X_4 - X_5)^2,$$

则当 $a=$______，$b=$______时，有 $T \sim \chi^2(2)$.

三、t 分布

1. 定义

定义：（t 分布的典型模式）设随机变量 X 与 Y 相互独立，$X \sim N(0,1)$，$Y \sim \chi^2(n)$，则称 $T = \frac{X}{\sqrt{Y/n}}$ 服从自由度为 n 的 t 分布，即 $T = \frac{X}{\sqrt{Y/n}} \sim t(n)$，且 T 的概率密度函数为

$$f(x)=\frac{\Gamma\left(\frac{n+1}{2}\right)}{\sqrt{n\pi}\cdot\Gamma\left(\frac{n}{2}\right)}\left(1+\frac{x^2}{n}\right)^{-\frac{n+1}{2}}\ (-\infty<x<+\infty).$$

2. 性质

性质1： 若 $X\sim t(n)$，则 $E(X)=0, D(X)=\frac{n}{n-2}(n>2)$.

性质2： 若 $X\sim t(n)$，概率密度函数为 $f(x)$，则其图像关于 $x=0$ 对称，且 $\lim\limits_{n\to+\infty}f(x)=\frac{1}{\sqrt{2\pi}}e^{-\frac{x^2}{2}}$，即当 n 足够大时，t 分布近似于 $N(0,1)$.

3. t 分布的上分位点

定义： 设 $X\sim t(n)$，对于给定的实数 $\alpha(0<\alpha<1)$，若满足

$$P\{X>t_\alpha(n)\}=\alpha,$$

则称 $t_\alpha(n)$ 为 $t(n)$ 分布的上 α 分位点（或上侧 α 分位数）.

由性质2知 $t_{1-\alpha}(n)=-t_\alpha(n)$.

287 基础题 设总体 X 服从 t 分布，求 $t_{0.025}(6), t_{0.05}(6), t_{0.1}(6), t_{0.95}(6)$.

288 基础题 设随机变量 X 与 Y 相互独立，均服从正态分布 $N(0,9)$，且 $X_1,X_2,\cdots,X_9$ 与 $Y_1,Y_2,\cdots,Y_9$ 分别是来自总体 X 与 Y 的样本，求统计量 $T=\frac{X_1+\cdots+X_9}{\sqrt{Y_1^2+\cdots+Y_9^2}}$ 服从的分布.

289 中等题 设随机变量 X 与 Y 相互独立，均服从正态分布 $N(0,\sigma^2)$，且 $X_1,X_2,\cdots,X_m$ 与 $Y_1,Y_2,\cdots,Y_n$ 分别是来自总体 X 与 Y 的样本，统计量 $T=\frac{2(X_1+X_2+\cdots+X_m)}{\sqrt{Y_1^2+Y_2^2+\cdots+Y_n^2}}$ 服从自由度为 n 的 t 分布，求 $\frac{m}{n}$.

290 中等题 设总体 $X\sim N(0,1)$，$X_1,X_2,\cdots,X_{10}$ 为来自总体 X 的样本，统计量 $T=\frac{3X_1}{\sqrt{X_2^2+\cdots+X_{10}^2}}$，若 $P\{|T|>a\}=0.05$，求 a.

四、F 分布

1. 定义

定义：（F 分布的典型模式）设随机变量 X 与 Y 相互独立，$X \sim \chi^2(m)$，$Y \sim \chi^2(n)$，则称 $F=\dfrac{X/m}{Y/n}$ 服从自由度为 m,n 的 F 分布，即 $F=\dfrac{X/m}{Y/n} \sim F(m,n)$，其中 m 称为第一自由度，n 称为第二自由度，且 F 的概率密度函数为

$$f(x)=\begin{cases}\dfrac{\Gamma\left(\dfrac{m+n}{2}\right)}{\Gamma\left(\dfrac{m}{2}\right)\cdot\Gamma\left(\dfrac{n}{2}\right)}\left(\dfrac{m}{n}\right)^{\frac{m}{2}} x^{\frac{m}{2}-1}\left(1+\dfrac{m}{n}x\right)^{-\frac{m+n}{2}}, & x>0 \\ 0, & x \leqslant 0\end{cases}.$$

2. 性质

性质 1： 若 $X \sim F(m,n)$，则

$$E(X)=\frac{n}{n-2}(n>2), D(X)=\frac{2n^2(m+n-2)}{m(n-2)^2(n-4)}(n>4).$$

性质 2： 若 $X \sim F(m,n)$，则 $\dfrac{1}{X} \sim F(n,m)$.

性质 3： 若 $X \sim t(n)$，则 $X^2 \sim F(1,n)$.

3. F 分布的上分位点

定义： 设 $X \sim F(m,n)$，对于给定的实数 $\alpha(0<\alpha<1)$，若满足

$$P\{X>F_\alpha(m,n)\}=\alpha,$$

则称 $F_\alpha(m,n)$ 为 $F(m,n)$ 分布的上 α 分位点（或上侧 α 分位数）.

由性质 2 知 $F_{1-\alpha}(m,n)=\dfrac{1}{F_\alpha(n,m)}$.

291 基础题 对于 F 分布，查表求分位点 $F_{0.025}(3,6), F_{0.05}(7,2), F_{0.95}(2,5)$.

292 基础题 设随机变量 $F \sim F(m,n)$，证明 $F_{1-\alpha}(m,n)=\dfrac{1}{F_\alpha(n,m)}$.

293 基础题 设 $X_1,X_2,\cdots,X_{15}$ 是来自总体 $X \sim N(0,9)$ 的样本，求统计量 $Y=\dfrac{1}{2}\dfrac{X_1^2+X_2^2+\cdots+X_{10}^2}{X_{11}^2+X_{12}^2+\cdots+X_{15}^2}$ 的分布.

294 中等题 设总体 $X \sim N(0,\sigma^2)$，$X_1,X_2,\cdots,X_{10}$ 为来自总体 X 的样本，统计量 $T=\dfrac{4(X_1^2+\cdots+X_k^2)}{X_{k+1}^2+\cdots+X_{10}^2}(1<k<10)$ 服从 F 分布，求 k.

295 综合题 已知 (X,Y) 的联合密度函数为 $f(x,y)=\dfrac{1}{12\pi}\mathrm{e}^{-\frac{1}{72}(9x^2+4y^2-8y+4)}$，求

(1) $T=\dfrac{9X^2}{4(Y-1)^2}$ 的分布；(2) $P\{T>161.4\}$.

五、正态总体下样本均值和样本方差的抽样分布

1. 一个正态总体

设总体 X 服从正态分布 $N(\mu,\sigma^2)$，$X_1,X_2,\cdots,X_n$ 为来自总体 X 的样本，样本均值 $\overline{X}=\dfrac{1}{n}\sum\limits_{i=1}^{n}X_i$，样本方差 $S^2=\dfrac{1}{n-1}\sum\limits_{i=1}^{n}(X_i-\overline{X})^2$，则有

结论 1： $\overline{X}\sim N\left(\mu,\dfrac{\sigma^2}{n}\right)$ 或 $\dfrac{\overline{X}-\mu}{\sigma}\sqrt{n}\sim N(0,1)$.

结论 2： $\dfrac{(n-1)S^2}{\sigma^2}=\dfrac{1}{\sigma^2}\sum\limits_{i=1}^{n}(X_i-\overline{X})^2\sim\chi^2(n-1)$；$\dfrac{1}{\sigma^2}\sum\limits_{i=1}^{n}(X_i-\mu)^2\sim\chi^2(n)$.

结论 3： $\dfrac{\overline{X}-\mu}{S}\sqrt{n}\sim t(n-1)$.

结论 4： $\overline{X}$ 与 S^2 相互独立.

2. 两个正态总体

设样本 $X_1,X_2,\cdots,X_{n_1}$ 来自总体 $X\sim N(\mu_1,\sigma_1^2)$，样本 $Y_1,Y_2,\cdots,Y_{n_2}$ 来自总体 $Y\sim N(\mu_2,\sigma_2^2)$，总体 X 与 Y 独立．$\overline{X},\overline{Y}$ 分别为样本均值，S_1^2,S_2^2 分别为样本方差，则有

结论 5： $U=\dfrac{(\overline{X}-\overline{Y})-(\mu_1-\mu_2)}{\sqrt{\dfrac{\sigma_1^2}{n_1}+\dfrac{\sigma_2^2}{n_2}}}\sim N(0,1)$.

结论 6： $F=\dfrac{S_1^2/\sigma_1^2}{S_2^2/\sigma_2^2}\sim F(n_1-1,n_2-1)$.

结论 7： 当 $\sigma_1^2=\sigma_2^2$ 时，$T=\dfrac{(\overline{X}-\overline{Y})-(\mu_1-\mu_2)}{\sqrt{\dfrac{1}{n_1}+\dfrac{1}{n_2}}\sqrt{\dfrac{(n_1-1)S_1^2+(n_2-1)S_2^2}{n_1+n_2-2}}}\sim t(n_1+n_2-2)$.

296 基础题 从总体 $X\sim N(\mu,\sigma^2)$ 中抽取容量为 16 的样本，设样本均值 $\overline{X}$ 与总体

均值的差的绝对值在 4 以上的概率为 0.02，求总体的标准差.

297 基础题 设总体 $X \sim N(0,1)$，$X_1,\cdots,X_n$ 是来自总体 X 的样本，$\bar{X}$ 为样本均值，S^2 为样本方差，试指出 $\sum_{i=1}^{n} X_i^2 - n\bar{X}^2$ 与 $\frac{n\bar{X}^2}{S^2}$ 各服从什么分布.

298 中等题 设总体 $X \sim N(\mu,\sigma^2)$，$X_1,X_2,\cdots,X_{16}$ 是来自总体 X 的样本，S^2 为样本方差，μ,σ^2 未知. (1) 求 $P\left\{\frac{S^2}{\sigma^2} \leqslant 2.039\right\}$；(2) 若经计算 $S^2 = 5.32$，试求 $P\{|\bar{X} - \mu| < 0.6\}$.（$t_{0.1573}(15) = 1.0405$.）

299 中等题 设 X_1,X_2,X_3,X_4 为来自总体 $X \sim N(1,\sigma^2)(\sigma > 0)$ 的简单随机样本，则统计量 $\frac{X_1 - X_2}{|X_3 + X_4 - 2|}$ 的分布为（　　）.

(A) $N(0,1)$　　(B) $t(1)$　　(C) $\chi^2(1)$　　(D) $F(1,1)$

300 综合题 设总体 $X \sim N(0,1)$，$X_1,X_2,\cdots,X_n(n \geqslant 2)$ 为来自总体 X 的样本，$\bar{X}$ 为样本均值，S^2 为样本方差，则（　　）.

(A) $n\bar{X} \sim N(0,1)$　　(B) $nS^2 \sim \chi^2(n)$

(C) $\frac{(n-1)\bar{X}}{S} \sim t(n-1)$　　(D) $\frac{(n-1)X_1^2}{\sum_{i=2}^{n} X_i^2} \sim F(1,n-1)$

301 基础题 设总体 X 与 Y 相互独立，均服从 $N(\mu,3)$，样本 $X_1,X_2,\cdots,X_9$ 和 $Y_1,Y_2,\cdots,Y_{27}$ 分别来自总体 X 与 Y，求两个样本均值的差的绝对值大于 0.2 的概率.

302 基础题 设总体 $X \sim N(\mu_1,\sigma_1^2),Y \sim N(\mu_2,\sigma_2^2)$，$X_1,\cdots,X_m$ 和 $Y_1,\cdots,Y_n$ 是分别来自相互独立的总体 X 与 Y 的简单随机样本，S_1^2 与 S_2^2 分别是其样本方差，已知 $m = 8,S_1^2 = 8.75,n = 10,S_2^2 = 2.66$，求 $P\{\sigma_1^2 < \sigma_2^2\}$.

303 中等题 设 $X_1,X_2,\cdots,X_9$ 是来自总体 $N(\mu,\sigma^2)$ 的样本，$Y_1 = \frac{1}{6}(X_1 + X_2 + \cdots + X_6),Y_2 = \frac{1}{3}(X_7 + X_8 + X_9),S^2 = \frac{1}{2}\sum_{i=7}^{9}(X_i - Y_2)^2,Z = \frac{\sqrt{2}(Y_1 - Y_2)}{S}$，求 Z 的分布.

304 综合题 设总体 $X \sim N(\mu_1,\sigma^2)$，总体 $Y \sim N(\mu_2,\sigma^2)$，且 $X_1,\cdots,X_m$ 和 $Y_1,\cdots,Y_n$ 是分别来自相互独立的总体 X 与 Y 的简单随机样本，$\bar{X}$ 与 $\bar{Y}$ 分别是其样本均值，S_1^2 与 S_2^2 分别是其样本方差.

(1) 求 $E\left[\dfrac{\sum_{i=1}^{m}(X_i-\bar{X})^2+\sum_{j=1}^{n}(Y_j-\bar{Y})^2}{m+n-2}\right]$；

(2) a 和 b 是两个非零实数，若

$$Z=\frac{a(\bar{X}-\mu_1)+b(\bar{Y}-\mu_2)}{\sqrt{\dfrac{(m-1)S_1^2+(n-1)S_2^2}{m+n-2}}\sqrt{\dfrac{a^2}{m}+\dfrac{b^2}{n}}}$$

试求 Z 的分布.

第7章

参数估计

第一节　点估计

一、点估计的概念

定义： 设总体 X 的分布中含有未知参数 θ，用样本 $X_1, X_2, \cdots, X_n$ 构造的统计量 $\hat{\theta} = \hat{\theta}(X_1, X_2, \cdots, X_n)$ 去估计未知参数 θ，称 $\hat{\theta}$ 为 θ 的估计量．

将样本观测值 $x_1, x_2, \cdots, x_n$ 代入 $\hat{\theta}$ 中，称 $\hat{\theta} = \hat{\theta}(x_1, x_2, \cdots, x_n)$ 为 θ 的估计值．这种用 $\hat{\theta}$ 估计 θ 的方法称为点估计．

二、矩估计法

定义： 用样本矩估计相应的总体矩，或用样本矩的函数估计总体矩相应的函数，从而求出要估计的参数，称此方法为矩估计法．

具体解题时，通常用样本一阶原点矩 $\bar{X}$ 估计总体一阶原点矩 $E(X)$；用样本二阶原点矩 $A_2 = \frac{1}{n}\sum_{i=1}^{n} X_i^2$ 估计总体二阶原点矩 $E(X^2)$．

求解步骤

(1) 若总体分布中只含有一个未知参数 θ

第一步 求总体 X 的一阶原点矩 $E(X)$（其中含有未知参数 θ）．

第二步 令 $E(X) = \bar{X}$，解出待估参数，得矩估计 $\hat{\theta}$．

(2) 若总体分布中含有两个未知参数 θ_1, θ_2

第一步 求总体 X 的一阶原点矩 $E(X)$ 与二阶原点矩 $E(X^2)$（其中含有未知参数 θ_1, θ_2）．

第二步 令 $\begin{cases} E(X) = \bar{X} \\ E(X^2) = \frac{1}{n}\sum_{i=1}^{n} X_i^2 \end{cases}$，解出待估参数，得矩估计 $\hat{\theta}_1, \hat{\theta}_2$．

305 基础题 设总体 X 的期望 $E(X)=\mu$ 和方差 $D(X)=\sigma^2$ 都未知，$X_1,X_2,\cdots,X_n$ 是来自总体 X 的样本，求 μ 与 σ^2 的矩估计量.

306 基础题 设总体 X 的密度函数为

$$f(x)=\begin{cases}\dfrac{1}{\theta}\mathrm{e}^{-\frac{x}{\theta}}, & x>0\\ 0, & x\leqslant 0\end{cases}，其中\theta>0为未知参数，$$

样本 $X_1,X_2,\cdots,X_n$ 来自总体 X，则 θ 的矩估计量为______.

307 基础题 已知总体 X 的概率分布为

X	1	2	3
P	$1-\theta$	$\theta-\theta^2$	θ^2

其中 $\theta\in(0,1)$ 是未知参数，2,1,2,3,3,1 是来自总体 X 的样本值，求 θ 的矩估计值.

308 基础题 已知总体 X 在区间 $(0,b)$ 上服从均匀分布，$b>0$ 未知，样本 $X_1,X_2,\cdots,X_n$ 来自总体 X，求 b 的矩估计量.

三、最大似然估计法

设 $X_1,X_2,\cdots,X_n$ 是来自总体 X 的样本，$x_1,x_2,\cdots,x_n$ 为样本观测值.

定义 1： 对于离散型总体 X，其概率分布为 $P\{X=a_i\}=p(a_i;\theta),i=1,2,\cdots$，称函数

$$L(\theta)=L(x_1,x_2,\cdots,x_n;\theta)=\prod_{i=1}^{n}p(x_i;\theta)$$

为参数 θ 的似然函数.

对于连续型总体 X，其密度函数为 $f(x;\theta)$，称函数

$$L(\theta)=L(x_1,x_2,\cdots,x_n;\theta)=\prod_{i=1}^{n}f(x_i;\theta)$$

为参数 θ 的似然函数.

定义 2： 对于给定的样本值 $x_1,x_2,\cdots,x_n$，使得似然函数 $L(\theta)$ 达到最大值的参数 $\hat{\theta}=\hat{\theta}(x_1,x_2,\cdots,x_n)$ 称为参数 θ 的最大似然估计值，相应的 $\hat{\theta}=\hat{\theta}(X_1,X_2,\cdots,X_n)$ 称为 θ 的最大似然估计量. 称这种方法为最大似然估计法.

求解步骤

第一步 求出似然函数 $L(\theta)$.

第二步 建立似然方程或似然方程组．由于 $\ln L(\theta)$ 与 $L(\theta)$ 有相同的最大值点，因此求函数 $\ln L(\theta)$ 的驻点．令

$$\frac{\mathrm{d}\ln L(\theta)}{\mathrm{d}\theta}=0 \qquad \text{——似然方程}$$

若未知参数有两个，设为 θ_1,θ_2，则令

$$\begin{cases}\dfrac{\partial \ln L(\theta_1,\theta_2)}{\partial \theta_1}=0\\ \dfrac{\partial \ln L(\theta_1,\theta_2)}{\partial \theta_2}=0\end{cases} \qquad \text{——似然方程组}$$

第三步 解似然方程（或似然方程组），得到 θ（或 θ_1,θ_2）的最大似然估计.

若似然方程（或似然方程组）无解，则用定义直接求解.

309 基础题 已知总体 $X\sim B(m,p)$，参数 $p(0<p<1)$ 未知，$X_1,X_2,\cdots,X_n$ 是来自总体 X 的样本，求参数 p 的最大似然估计量.

310 基础题 已知总体 $X\sim N(\mu,\sigma^2)$，参数 μ,σ^2 都未知，$X_1,X_2,\cdots,X_n$ 是来自总体 X 的样本，求 μ,σ^2 的最大似然估计量.

311 基础题 设某种元件的寿命 $X\sim f(x)=\begin{cases}2\mathrm{e}^{-2(x-\theta)}, & x\geqslant\theta\\ 0, & x<\theta\end{cases}$，其中 $\theta>0$ 是未知参数，$X_1,X_2,\cdots,X_n$ 是来自总体 X 的样本，求 θ 的最大似然估计量.

312 基础题 设总体 X 服从区间 $[1,\theta]$ 上的均匀分布，$\theta>1$ 未知，$X_1,X_2,\cdots,X_n$ 是来自总体 X 的样本，求 θ 的最大似然估计量.

313 中等题 已知总体 X 的概率分布为

X	1	2	3
P	$\dfrac{1-\theta}{2}$	$\dfrac{1+\theta}{4}$	$\dfrac{1+\theta}{4}$

利用来自总体的样本值 $1,3,2,2,1,3,1,2$，得参数 θ 的矩估计值与最大似然估计

值分别为（　　）.

(A) $\frac{1}{6},\frac{1}{4}$　　(B) $\frac{1}{6},\frac{1}{2}$　　(C) $\frac{1}{4},\frac{1}{2}$　　(D) $\frac{3}{4},\frac{1}{4}$

314 中等题 已知总体 X 的密度函数为

$$f(x;\theta)=\begin{cases}\dfrac{\theta^2}{x^3}\mathrm{e}^{-\frac{\theta}{x}}, & x>0\\ 0, & \text{其他}\end{cases},$$

其中 $\theta>0$ 为未知参数，$X_1,X_2,\cdots,X_n$ 为来自总体 X 的样本，求 (1) θ 的矩估计量；(2) θ 的最大似然估计量.

315 综合题 设总体 X 的密度函数为

$$f(x)=\begin{cases}\theta, & 0<x<1\\ 1-\theta, & 1\leqslant x<2\\ 0, & \text{其他}\end{cases},$$

其中 $0<\theta<1$ 未知，$X_1,X_2,\cdots,X_n$ 为来自总体 X 的样本，记 N 为样本值 $x_1,x_2,\cdots,x_n$ 中小于1的数的个数，求 (1) θ 的矩估计量；(2) θ 的最大似然估计.

316 综合题 设总体 X 的分布函数为

$$F(x;\alpha,\beta)=\begin{cases}1-\left(\dfrac{\alpha}{x}\right)^{\beta}, & x\geqslant\alpha\\ 0, & x<\alpha\end{cases},$$

其中参数 $\alpha>0,\beta>1$，$X_1,X_2,\cdots,X_n$ 是来自总体 X 的样本.

(1) 当 $\alpha=1$ 时，求参数 β 的矩估计量；

(2) 当 $\alpha=1$ 时，求参数 β 的最大似然估计量；

(3) 当 $\beta=2$ 时，求参数 α 的最大似然估计量.

第二节　估计量的评价标准

一、无偏性

定义：设 $X_1,X_2,\cdots,X_n$ 为来自总体 X 的样本，$\hat{\theta}=\hat{\theta}(X_1,X_2,\cdots,X_n)$ 是参数 θ 的估计量，若 $E(\hat{\theta})=\theta$，则称 $\hat{\theta}$ 是 θ 的无偏估计，也称 $\hat{\theta}$ 具有无偏性.

结论： 样本均值 $\bar{X}$ 是总体均值 $E(X)=\mu$ 的无偏估计；样本方差 S^2 是总体方差 $D(X)=\sigma^2$ 的无偏估计.

317 基础题 设总体 X 的期望和方差分别为 $E(X)=\mu, D(X)=\sigma^2$，X_1,X_2,X_3 是来自总体 X 的样本，$T_1=\frac{1}{3}(X_1+X_2+X_3), T_2=\frac{1}{3}X_1+\frac{2}{3}X_2, T_3=\frac{1}{2}\sum_{i=1}^{3}(X_i-\bar{X})^2$，则下列选项中不正确的是（　　）.

(A) T_1,T_2 都是 μ 的无偏估计　　(B) T_3 是 σ^2 的无偏估计

(C) T_1 是 σ^2 的无偏估计　　(D) T_1,T_2 都不是 σ^2 的无偏估计

318 基础题 设总体 X 的密度函数为

$$f(x)=\begin{cases}\dfrac{2x}{3\theta^2}, & \theta<x<2\theta \\ 0, & \text{其他}\end{cases},$$

其中 θ 未知，样本 $X_1,X_2,\cdots,X_n$ 来自总体 X，若统计量 $T=c\sum_{i=1}^{n}X_i^2$ 是 θ^2 的无偏估计，则 $c=$__________.

319 中等题 设总体 X 服从泊松分布 $P(\lambda)$，$X_1,X_2,\cdots,X_n$ 是来自总体 X 的样本，若 $(\bar{X})^2+kS^2$ 是 λ^2 的无偏估计，则 $k=$__________.

320 综合题 设随机变量 X 与 Y 相互独立，且 $X\sim N(\mu,\sigma^2), Y\sim N(\mu,2\sigma^2)$，其中 $\sigma>0$ 是未知参数，记 $Z=X-Y$.

(1) 求 Z 的概率密度函数；

(2) 设 $Z_1,Z_2,\cdots,Z_n$ 为来自总体 Z 的样本，求 σ^2 的最大似然估计量 $\hat{\sigma}^2$；

(3) 证明 $\hat{\sigma}^2$ 是 σ^2 的无偏估计.

二、有效性

定义： 若 $\hat{\theta}_1,\hat{\theta}_2$ 都是参数 θ 的无偏估计，且 $D(\hat{\theta}_1)\leqslant D(\hat{\theta}_2)$，则称 $\hat{\theta}_1$ 比 $\hat{\theta}_2$ 有效.若在参数 θ 的所有无偏估计中，$D(\hat{\theta})$ 最小，则称 $\hat{\theta}$ 是 θ 的最有效估计，或称最小方差的无偏估计.

结论： 在总体均值 μ 的一切线性无偏估计 $\hat{\mu}=\sum_{i=1}^{n}a_iX_i$（其中 $\sum_{i=1}^{n}a_i=1$）中，样本均值 $\bar{X}=\frac{1}{n}\sum_{i=1}^{n}X_i$ 是最有效估计.

321 基础题 设 X_1,X_2,X_3,X_4 是来自总体 X 的样本，总体的期望和方差分别为 $E(X)=\mu,D(X)=\sigma^2$，下列统计量

$$Z_1=X_1,Z_2=\frac{1}{3}X_1+\frac{2}{3}X_2,Z_3=\frac{1}{3}X_1+\frac{1}{3}X_2+\frac{1}{3}X_3,Z_4=\frac{1}{4}(X_1+X_2+X_3+X_4)$$

中哪一个是最有效的?

322 综合题 设样本 $X_1,X_2,\cdots,X_n$ 来自均值为 θ 的指数分布总体 X，样本 $Y_1,Y_2,\cdots,Y_m$ 来自均值为 2θ 的指数分布总体 Y，且两个样本相互独立，其中 $\theta>0$ 为未知参数. 利用样本 $X_1,X_2,\cdots,X_n$ 和 $Y_1,Y_2,\cdots,Y_m$，(1) 求 θ 的最大似然估计量 $\hat{\theta}$；(2) 判断 $\hat{\theta}$ 是不是 θ 的无偏估计；(3) 比较 $\bar{X}=\frac{1}{n}\sum_{i=1}^{n}X_i$ 与 $\hat{\theta}$ 的有效性.

三、相合性（或一致性）

定义： 设 $\hat{\theta}(X_1,X_2,\cdots,X_n)$ 是 θ 的估计量，若 $\hat{\theta}$ 依概率收敛于 θ，即

$$\lim_{n\to+\infty}P\{|\hat{\theta}-\theta|<\varepsilon\}=1,$$

则称 $\hat{\theta}(X_1,X_2,\cdots,X_n)$ 是 θ 的相合估计量或一致估计量.

结论： 样本均值 $\bar{X}=\frac{1}{n}\sum_{i=1}^{n}X_i$ 是总体均值 $E(X)=\mu$ 的相合估计量.

一般地，样本 $X_1,X_2,\cdots,X_n$ 的 k 阶原点矩 $A_k=\frac{1}{n}\sum_{i=1}^{n}X_i^k$ 是总体 X 的 k 阶原点矩 $E(X^k)$ 的相合估计（辛钦大数定律可以证明）.

323 基础题 设 $X_1,X_2,\cdots,X_n$ 是来自总体 X 的样本，且 $E(X)=\mu,D(X)=\sigma^2$ 都存在，证明样本方差 S^2 是 σ^2 的相合估计量.

第三节 区间估计

一、参数的区间估计问题

定义： 设总体 X 的分布中含有未知参数 θ，用样本 $X_1,X_2,\cdots,X_n$ 构造出两个统计量 $\hat{\theta}_1=\theta_1(X_1,X_2,\cdots,X_n),\hat{\theta}_2=\theta_2(X_1,X_2,\cdots,X_n)$，且 $\hat{\theta}_1<\hat{\theta}_2$，并使 $P\{\hat{\theta}_1<\theta<\hat{\theta}_2\}$ 尽可能大，这就是参数的区间估计问题.

二、置信区间

定义： 设总体 X 的分布中含有未知参数 θ，用样本 $X_1,X_2,\cdots,X_n$ 构造出两个统计量 $\hat{\theta}_1=\theta_1(X_1,X_2,\cdots,X_n),\hat{\theta}_2=\theta_2(X_1,X_2,\cdots,X_n)$，且 $\hat{\theta}_1<\hat{\theta}_2$，对于给定的 $\alpha(0<\alpha<1)$，若 $P\{\hat{\theta}_1<\theta<\hat{\theta}_2\}=1-\alpha$，则称区间 $(\hat{\theta}_1,\hat{\theta}_2)$ 为参数 θ 的置信度（或置信水平）为 $1-\alpha$ 的置信区间（或区间估计）.

$\hat{\theta}_1,\hat{\theta}_2$ 分别称为置信下限和置信上限，$1-\alpha$ 称为置信度（或置信系数或置信水平）.

三、枢轴变量法求置信区间

设总体 X 的分布中含有未知参数 θ，$X_1,X_2,\cdots,X_n$ 是来自总体 X 的样本.

求解步骤

第一步 利用样本选取枢轴变量 $G=G(X_1,X_2,\cdots,X_n;\theta)$，其分布已知.

第二步 对于给定的置信度，由枢轴变量的分布可求出上分位点，不妨设为 $a,b(a<b)$，使得

$$P\{a<G(X_1,X_2,\cdots,X_n;\theta)<b\}=1-\alpha.$$

第三步 从上式中解出未知参数 θ，使得 $P\{\hat{\theta}_1<\theta<\hat{\theta}_2\}=1-\alpha$，即求出 θ 的置信度为 $1-\alpha$ 的置信区间 $(\hat{\theta}_1,\hat{\theta}_2)$.

324 基础题 设总体 X 服从正态分布 $N(\mu,\sigma_0^2)$，σ_0^2 已知，$X_1,X_2,\cdots,X_n$ 是来自总体 X 的样本，利用枢轴变量法求未知参数 μ 的置信度为 $1-\alpha$ 的置信区间.

第四节 正态总体均值与方差的区间估计

一、单个正态总体 $N(\mu,\sigma^2)$

设 $X_1,X_2,\cdots,X_n$ 为来自总体 $X\sim N(\mu,\sigma^2)$ 的样本，利用第 7 章第三节的枢轴变量法可求出参数 μ 与参数 σ^2 的置信度为 $1-\alpha$ 的置信区间，如表 7-1 所示.

表 7-1

待估参数	其他参数	枢轴变量及其分布	置信区间
μ	$\sigma^2=\sigma_0^2$ 已知	$U=\dfrac{\overline{X}-\mu}{\sigma_0/\sqrt{n}}\sim N(0,1)$	$\left(\overline{X}-\dfrac{\sigma_0}{\sqrt{n}}u_{\frac{\alpha}{2}},\overline{X}+\dfrac{\sigma_0}{\sqrt{n}}u_{\frac{\alpha}{2}}\right)$
	σ^2 未知	$T=\dfrac{\overline{X}-\mu}{S/\sqrt{n}}\sim t(n-1)$	$\left(\overline{X}-\dfrac{S}{\sqrt{n}}t_{\frac{\alpha}{2}}(n-1),\overline{X}+\dfrac{S}{\sqrt{n}}t_{\frac{\alpha}{2}}(n-1)\right)$
σ^2	$\mu=\mu_0$ 已知	$\chi^2=\dfrac{\sum\limits_{i=1}^{n}(X_i-\mu_0)^2}{\sigma^2}\sim\chi^2(n)$	$\left(\dfrac{\sum\limits_{i=1}^{n}(X_i-\mu_0)^2}{\chi_{\frac{\alpha}{2}}^2(n)},\dfrac{\sum\limits_{i=1}^{n}(X_i-\mu_0)^2}{\chi_{1-\frac{\alpha}{2}}^2(n)}\right)$
	μ 未知	$\chi^2=\dfrac{(n-1)S^2}{\sigma^2}\sim\chi^2(n-1)$	$\left(\dfrac{\sum\limits_{i=1}^{n}(X_i-\overline{X})^2}{\chi_{\frac{\alpha}{2}}^2(n-1)},\dfrac{\sum\limits_{i=1}^{n}(X_i-\overline{X})^2}{\chi_{1-\frac{\alpha}{2}}^2(n-1)}\right)$

325 基础题 已知一批零件的长度 X（单位：厘米）服从正态分布 $N(\mu,\sigma^2)$，从中随机抽取 16 个零件，得到长度的平均值 $\overline{x}=40$ 厘米，标准差 $s=1$ 厘米.

(1) 当 $\sigma^2=1$ 时，求 μ 的置信度为 0.95 的置信区间；

(2) 当 σ^2 未知时，求 μ 的置信度为 0.95 的置信区间.

（$\Phi(1.96)=0.975,t_{0.025}(15)=2.131$.）

326 基础题 设 $x_1,x_2,\cdots,x_n$ 为来自总体 $X\sim N(\mu,\sigma^2)$ 的样本值，样本均值 $\overline{x}=9.5$，参数 μ 的置信度为 0.9 的双侧置信区间的上限是 10.8，则 μ 的置信度为 0.9 的双侧置信区间为________.

327 基础题 已知每个滚珠的直径 X（单位：毫米）服从正态分布 $N(\mu,\sigma^2)$，从一批滚珠中随机抽取 5 个，测量其直径分别为

$$14.6,15.1,14.9,15.2,15.1,$$

则每个滚珠的直径方差 σ^2 的置信区间为________．（$\alpha = 0.05$.）

328 中等题 假设到某地旅游的游客的消费额 X 服从正态分布 $N(\mu,500^2)$，要对平均消费额 μ 进行估计，使这个估计的绝对误差小于 50 元，且置信度不小于 0.95，问至少需要随机调查多少名游客?

二、两个正态总体的参数的区间估计

设 $X_1,X_2,\cdots,X_{n_1}$ 为来自总体 $X\sim N(\mu_1,\sigma_1^2)$ 的样本，样本均值与样本方差分别是 $\bar{X},S_1^2$，$Y_1,Y_2,\cdots,Y_{n_2}$ 为来自总体 $Y\sim N(\mu_2,\sigma_2^2)$ 的样本，样本均值与样本方差分别是 $\bar{Y},S_2^2$，且总体 X 与 Y 相互独立，则总体均值差 $\mu_1-\mu_2$ 与总体方差比 $\dfrac{\sigma_1^2}{\sigma_2^2}$ 的置信度为 $1-\alpha$ 的置信区间如表 7-2 所示．

表 7-2

待估参数	其他参数	枢轴变量及其分布	置信区间
$\mu_1-\mu_2$	σ_1^2,σ_2^2 已知	$U=\dfrac{\bar{X}-\bar{Y}-(\mu_1-\mu_2)}{\sqrt{\dfrac{\sigma_1^2}{n_1}+\dfrac{\sigma_2^2}{n_2}}}\sim N(0,1)$	$\left(\bar{X}-\bar{Y}-u_{\frac{\alpha}{2}}\sqrt{\dfrac{\sigma_1^2}{n_1}+\dfrac{\sigma_2^2}{n_2}},\ \bar{X}-\bar{Y}+u_{\frac{\alpha}{2}}\sqrt{\dfrac{\sigma_1^2}{n_1}+\dfrac{\sigma_2^2}{n_2}}\right)$
	$\sigma_1^2=\sigma_2^2$ 未知	$T=\dfrac{\bar{X}-\bar{Y}-(\mu_1-\mu_2)}{S_w\sqrt{\dfrac{1}{n_1}+\dfrac{1}{n_2}}}\sim t(n_1+n_2-2)$	$\left(\bar{X}-\bar{Y}-t_{\frac{\alpha}{2}}(n_1+n_2-2)S_w\sqrt{\dfrac{1}{n_1}+\dfrac{1}{n_2}},\ \bar{X}-\bar{Y}+t_{\frac{\alpha}{2}}(n_1+n_2-2)S_w\sqrt{\dfrac{1}{n_1}+\dfrac{1}{n_2}}\right)$
$\dfrac{\sigma_1^2}{\sigma_2^2}$	μ_1,μ_2 未知	$F=\dfrac{S_1^2/\sigma_1^2}{S_2^2/\sigma_2^2}\sim F(n_1-1,n_2-1)$	$\left(\dfrac{S_1^2}{S_2^2}\dfrac{1}{F_{\frac{\alpha}{2}}(n_1-1,n_2-1)},\dfrac{S_1^2}{S_2^2}\dfrac{1}{F_{1-\frac{\alpha}{2}}(n_1-1,n_2-1)}\right)$

其中，$S_w=\sqrt{\dfrac{(n_1-1)S_1^2+(n_2-1)S_2^2}{n_1+n_2-2}}$.

329 基础题 设自总体 $X \sim N(\mu_1, 25)$ 得到一容量为10的样本，其样本均值 $\bar{x} = 19.8$，自总体 $Y \sim N(\mu_2, 36)$ 得到一容量为12的样本，其样本均值 $\bar{y} = 24$，且两个样本相互独立，则 $\mu_1 - \mu_2$ 的置信度为90%的置信区间为______.

330 基础题 从某中学高三男女生中各选取5名，测得其身高（单位：米）分别为

男：1.74,1.65,1.68,1.82,1.70；

女：1.52,1.60,1.66,1.68,1.59.

设人的身高服从正态分布，且男生与女生身高的方差相等，求该中学高三男女生平均身高之差的置信区间.（$\alpha = 0.05$.）

331 基础题 从两个相互独立的正态总体 $X \sim N(\mu_1, \sigma_1^2)$ 与 $Y \sim N(\mu_2, \sigma_2^2)$ 中分别抽取容量为 $n_1 = 25, n_2 = 15$ 的样本，已知 $\sum_{i=1}^{25} x_i = 100, \sum_{i=1}^{25} x_i^2 = 520, \sum_{j=1}^{15} y_j = 105, \sum_{j=1}^{15} y_j^2 = 875$，求 $\frac{\sigma_1^2}{\sigma_2^2}$ 的置信度为0.9的置信区间.

第8章

假设检验

第一节　假设检验的基本概念

一、假设检验的基本思想

1. 假设检验

定义：对总体的分布类型或分布中的某些未知参数作出假设，然后抽取样本，选取检验统计量，利用检验统计量的观测值与给定的检验水平α，按照小概率原理对假设作出接受或拒绝的结论．这种统计推断称为假设检验．

2. 小概率原理：小概率事件在一次试验中几乎不可能发生（实际上认为不会发生）．

3. 反证法：首先提出假设，然后根据一次抽样所得的样本值进行计算，在原假设H_0为真的情况下，若导致小概率事件发生，由小概率原理，则拒绝原假设H_0，否则接受原假设H_0．

二、假设检验的步骤

假设检验分为以下四个步骤，称其为“**四步骤检验法**”．

第一步 提出假设．根据问题的要求提出原假设（或零假设）H_0和备择假设（或对立假设）H_1．

第二步 选取检验统计量．选取一个适当的检验统计量，当H_0为真时，确定其分布．

第三步 确定拒绝域．对于给定的显著性水平（或检验水平）$\alpha(0<\alpha<1)$，当H_0为真时，求出临界值，并确定拒绝域W．

第四步 求出检验统计量的观测值，并比较判断．根据样本观测值$x_1,x_2,\cdots,x_n$，求出检验统计量的观测值，将观测值与临界值进行比较，若观测值不属于拒绝域，则接受H_0，若观测值属于拒绝域，则拒绝H_0．

评注

提出假设时，原假设 H_0 与备择假设 H_1 的选定：一般选取可能成立或希望成立，抑或想收集证据予以证明的假设作为备择假设 H_1，将其否定形式或想加以保护，抑或不能轻易否定的假设作为原假设 H_0. 有时，原假设的选定还要考虑数学上的处理方便.

三、两类错误

1. 第一类错误： 原假设 H_0 为真，但检验结果拒绝 H_0，称这类错误为第一类错误（弃真错误）. 记犯第一类错误的概率 $P\{拒绝H_0 \mid H_0为真\}=\alpha$（$\alpha$ 为显著性水平）.

2. 第二类错误： 原假设 H_0 不真，但检验结果接受 H_0，称这类错误为第二类错误（取伪错误）. 记犯第二类错误的概率 $P\{接受H_0 \mid H_0不真\}=\beta$.

评注

(1) 当样本容量 n 固定时，α 与 β 中一个变大，另一个就变小；对于固定的 α，我们可以通过增加样本容量 n 来减小 β.

(2) 一般采取的原则是先控制犯第一类错误的概率不超过 α，再设法使犯第二类错误的概率 β 尽可能的减小.

332 基础题 在假设检验时，若增大样本容量，则犯两类错误的概率（　　）.

(A) 都增大　　(B) 都减小

(C) 都不变　　(D) 一个增大一个减小

333 基础题 设总体 X 服从参数为 p 的 $0-1$ 分布，$X_1,X_2,\cdots,X_{10}$ 是来自总体 X 的样本，考虑假设检验问题 $H_0: p=0.2, H_1: p=0.4$，拒绝域 $W=\{(x_1,x_2,\cdots,x_n)\mid \overline{x}\geqslant 0.5\}$，求该检验犯两类错误的概率 α 与 β.

334 基础题 已知总体 X 的密度函数只有两种可能，设

$$H_0: f(x)=\begin{cases}\dfrac{1}{2}, & 0\leqslant x\leqslant 2\\ 0, & 其他\end{cases}, H_1: f(x)=\begin{cases}\dfrac{x}{2}, & 0\leqslant x\leqslant 2\\ 0, & 其他\end{cases}.$$

对 X 进行一次观测，得样本 X_1，规定样本观测值 $x_1\geqslant \dfrac{3}{2}$ 时拒绝 H_0，否则接受 H_0，求该检验犯两类错误的概率 α 与 β.

335 中等题 已知总体 $X \sim N(\mu,4)$，$X_1,X_2,\cdots,X_{16}$ 是来自总体 X 的简单随机样本，考虑假设检验问题 $H_0:\mu\leqslant 10, H_1:\mu>10$，$\Phi(x)$ 为标准正态分布函数，若该检验问题的拒绝域 $W=\{(x_1,x_2,\cdots,x_{16})\mid \bar{x}\geqslant 11\}$，其中 $\bar{X}=\frac{1}{16}\sum_{i=1}^{16}X_i$，则 $\mu=11.5$ 时，该检验犯第二类错误的概率为（　）.

(A) $1-\Phi(0.5)$　(B) $1-\Phi(1)$　(C) $1-\Phi(1.5)$　(D) $1-\Phi(2)$

第二节 一个正态总体的参数的假设检验

设总体 $X\sim N(\mu,\sigma^2)$，$X_1,X_2,\cdots,X_n$ 为来自总体 X 的一个样本，$\bar{X}=\frac{1}{n}\sum_{i=1}^{n}X_i$ 和 $S^2=\frac{1}{n-1}\sum_{i=1}^{n}(X_i-\bar{X})^2$ 分别为总体 X 的样本均值和样本方差.

一、均值 μ 的假设检验

对均值的假设检验使用假设检验的**四步骤检验法**.

1. 参数 $\sigma^2=\sigma_0^2$ 已知

(1) 双侧假设检验

第一步 提出假设. $H_0:\mu=\mu_0, H_1:\mu\neq\mu_0$.

第二步 选取检验统计量. $U=\frac{\bar{X}-\mu_0}{\sigma_0/\sqrt{n}}$，$H_0$ 为真时，$U\sim N(0,1)$.

第三步 确定拒绝域. 对于给定的显著性水平 α，查表得临界值 $u_{\frac{\alpha}{2}}$，确定拒绝域 $W=\{(x_1,x_2,\cdots,x_n)\mid |u|\geqslant u_{\frac{\alpha}{2}}\}$.

第四步 求出检验统计量的观测值 $u=\frac{\bar{x}-\mu_0}{\sigma_0/\sqrt{n}}$，并比较判断. 若 $|u|<u_{\frac{\alpha}{2}}$，则接受 H_0；若 $|u|\geqslant u_{\frac{\alpha}{2}}$，则拒绝 H_0.

(2) 右侧假设检验

第一步 提出假设. $H_0:\mu\leqslant\mu_0, H_1:\mu>\mu_0$.

第二步 选取检验统计量. $U=\frac{\bar{X}-\mu_0}{\sigma_0/\sqrt{n}}$，$H_0$ 为真时，$U\sim N(0,1)$.

第三步 确定拒绝域．对于给定的显著性水平α，查表得临界值u_α，确定拒绝域$W=\{(x_1,x_2,\cdots,x_n)\,|\,u\geqslant u_\alpha\}$．

第四步 求出检验统计量的观测值$u=\dfrac{\bar{x}-\mu_0}{\sigma_0/\sqrt{n}}$，并比较判断．若$u<u_\alpha$，则接受$H_0$；若$u\geqslant u_\alpha$，则拒绝$H_0$．

(3) 左侧假设检验

第一步 提出假设．$H_0:\mu\geqslant\mu_0,H_1:\mu<\mu_0$．

第二步 选取检验统计量．$U=\dfrac{\bar{X}-\mu_0}{\sigma_0/\sqrt{n}}$，$H_0$为真时，$U\sim N(0,1)$．

第三步 确定拒绝域．对于给定的显著性水平α，查表得临界值u_α，确定拒绝域$W=\{(x_1,x_2,\cdots,x_n)\,|\,u\leqslant -u_\alpha\}$．

第四步 求出检验统计量的观测值$u=\dfrac{\bar{x}-\mu_0}{\sigma_0/\sqrt{n}}$，并比较判断．若$u>-u_\alpha$，则接受$H_0$；若$u\leqslant -u_\alpha$，则拒绝$H_0$．

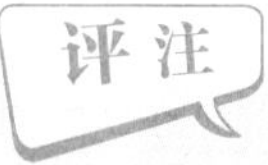

一个正态总体下，方差σ^2已知时，对均值μ的假设检验，是利用U统计量得出的检验法，称为u检验法．

2. 参数σ^2未知

σ^2未知时，总体均值的检验与σ^2已知时类似．

一个正态总体均值的检验法（显著性水平为α）具体见下表．

检验法	假　设	检验统计量	拒 绝 域
u检验	$H_0:\mu=\mu_0,H_1:\mu\neq\mu_0$ $H_0:\mu\leqslant\mu_0,H_1:\mu>\mu_0$ $H_0:\mu\geqslant\mu_0,H_1:\mu<\mu_0$	$\sigma^2=\sigma_0^2$已知，H_0为真时， $U=\dfrac{\bar{X}-\mu_0}{\sigma_0/\sqrt{n}}\sim N(0,1)$	$\lvert u\rvert\geqslant u_{\frac{\alpha}{2}}$ $u\geqslant u_\alpha$ $u\leqslant -u_\alpha$
t检验	$H_0:\mu=\mu_0,H_1:\mu\neq\mu_0$ $H_0:\mu\leqslant\mu_0,H_1:\mu>\mu_0$ $H_0:\mu\geqslant\mu_0,H_1:\mu<\mu_0$	σ^2未知，H_0为真时， $T=\dfrac{\bar{X}-\mu_0}{S/\sqrt{n}}\sim t(n-1)$	$\lvert t\rvert\geqslant t_{\frac{\alpha}{2}}(n-1)$ $t\geqslant t_\alpha(n-1)$ $t\leqslant -t_\alpha(n-1)$

评注

一个正态总体下，方差σ^2未知时，对均值μ的假设检验，是利用T统计量得出的检验法，称为t检验法．

336 基础题 某国外加油站希望了解驾车人士在该加油站加油的习惯，一周内，随机抽取 100 名驾车人士调查，得到如下结果：平均加油量等于 13.5 加仑，假设加油量服从正态分布 $N(\mu,\sigma^2)$，总体标准差是 3.2 加仑，则以 0.05 的显著性水平，是否可以认为驾车人士平均加油量为 12 加仑？

337 基础题 某乳品公司生产的某品牌 500 克袋装甜奶粉中蔗糖的含量（单位：克）服从正态分布 $N(\mu,20)$，按照公司的质量标准，该品牌甜奶粉的蔗糖含量不得超过 20%，现从公司不同批次生产的该品牌 500 克装甜奶粉中随机抽取 5 袋，测得其中的蔗糖实际含量分别为

$$102,99,107,103,105.$$

问能否判定该公司该品牌甜奶粉的蔗糖含量超标（显著性水平 $\alpha=0.05$）？

338 基础题 某面粉厂加工的 10 千克袋装麦芯粉的重量服从正态分布，为了检验封装机的运行是否正常，质检人员对 10 千克袋装麦芯粉的重量进行了调查，测得 8 袋麦芯粉的重量分别为

$$9.88,10.02,9.94,9.81,10.03,9.85,9.90,9.86.$$

问封装机的运行是否正常（显著性水平 $\alpha=0.05$）？

339 基础题 某厂质检人员从出厂的产品中随机抽取 9 件，对其中的含锌量进行检测，测得样本均值为 17.5，样本标准差为 0.7416. 假定产品的含锌量 X（单位：克）服从正态分布 $N(\mu,\sigma^2)$，其平均含锌量不低于 18 克时认为合格. 试问检测结果能否认定出厂的产品存在质量问题（显著性水平 $\alpha=0.05$）？

340 中等题 设 $X_1,X_2,\cdots,X_n$ 是来自总体 $X\sim N(\mu,\sigma^2)$ 的简单随机样本，其中 μ,σ^2 未知，记 $\overline{X}=\dfrac{1}{n}\sum\limits_{i=1}^{n}X_i,Q^2=\sum\limits_{i=1}^{n}(X_i-\overline{X})^2$，则假设 $H_0:\mu=0$ 的 t 检验使用的统计量 $T=$______.

341 中等题 设总体 X 服从正态分布 $N(\mu,25)$，其中 μ 为未知参数，在显著性水平 $\alpha=0.05$ 下，检验 $H_0:\mu=\mu_0,H_1:\mu\neq\mu_0$，如果拒绝域为 $|\bar{x}-\mu_0|\geqslant1.96$，$\bar{x}$ 为样本均值，则样本容量应取多少？

342 综合题 设总体 X 服从正态分布 $N(\mu,\sigma^2)$，$X_1,X_2,\cdots,X_n$ 是来自总体 X 的简单随机样本，检验 $H_0:\mu=\mu_0,H_1:\mu\neq\mu_0$，则（　　）.

(A) 如果在检验水平 $\alpha = 0.05$ 下拒绝 H_0，那么在检验水平 $\alpha = 0.01$ 下必拒绝 H_0

(B) 如果在检验水平 $\alpha = 0.05$ 下拒绝 H_0，那么在检验水平 $\alpha = 0.01$ 下必接受 H_0

(C) 如果在检验水平 $\alpha = 0.05$ 下接受 H_0，那么在检验水平 $\alpha = 0.01$ 下必拒绝 H_0

(D) 如果在检验水平 $\alpha = 0.05$ 下接受 H_0，那么在检验水平 $\alpha = 0.01$ 下必接受 H_0

二、方差 σ^2 的假设检验

对方差的假设检验使用假设检验的**四步骤检验法**.

一个正态总体方差 σ^2 的假设检验分为两种情况.

1. 参数 μ 已知

2. 参数 μ 未知

一个正态总体方差的检验法（显著性水平为 α ）具体见下表.

检验法	假　设	检验统计量	拒　绝　域
χ^2 检验	$H_0:\sigma^2=\sigma_0^2,H_1:\sigma^2\neq\sigma_0^2$ $H_0:\sigma^2\leqslant\sigma_0^2,H_1:\sigma^2>\sigma_0^2$ $H_0:\sigma^2\geqslant\sigma_0^2,H_1:\sigma^2<\sigma_0^2$	μ 已知，H_0 为真时， $\chi^2=\dfrac{\sum_{i=1}^{n}(X_i-\mu)^2}{\sigma_0^2}\sim\chi^2(n)$	$\chi^2\leqslant\chi^2_{1-\frac{\alpha}{2}}(n)$ 或 $\chi^2\geqslant\chi^2_{\frac{\alpha}{2}}(n)$ $\chi^2\geqslant\chi^2_{\alpha}(n)$ $\chi^2\leqslant\chi^2_{1-\alpha}(n)$
χ^2 检验	$H_0:\sigma^2=\sigma_0^2,H_1:\sigma^2\neq\sigma_0^2$ $H_0:\sigma^2\leqslant\sigma_0^2,H_1:\sigma^2>\sigma_0^2$ $H_0:\sigma^2\geqslant\sigma_0^2,H_1:\sigma^2<\sigma_0^2$	μ 未知，H_0 为真时， $\chi^2=\dfrac{(n-1)S^2}{\sigma_0^2}\sim\chi^2(n-1)$	$\chi^2\leqslant\chi^2_{1-\frac{\alpha}{2}}(n-1)$ 或 $\chi^2\geqslant\chi^2_{\frac{\alpha}{2}}(n-1)$ $\chi^2\geqslant\chi^2_{\alpha}(n-1)$ $\chi^2\leqslant\chi^2_{1-\alpha}(n-1)$

评注

一个正态总体下，对方差 σ^2 的假设检验，是利用 χ^2 统计量得出的检验法，称为 χ^2 检验法.

343 基础题 某厂生产的电池，其寿命服从 $\sigma_0^2=5000(\mathrm{h}^2)$ 的正态分布. 现又生产了一批这种电池，从生产情况看，其寿命的波动性有所改变. 为了检验这个问题，随机抽取 26 节电池，测得样本方差 $s^2=9200(\mathrm{h}^2)$，问这批电池的寿命波动性是否有变化（显著性水平 $\alpha=0.01$ ）?

344 基础题　假设 $X_1,X_2,\cdots,X_{10}$ 为来自总体 $X\sim N(\mu,\sigma^2)$ 的一个样本，参数 μ 与 σ^2 未知，假设 $H_0:\sigma^2\geqslant\sigma_0^2, H_1:\sigma^2<\sigma_0^2$，则在显著性水平 $\alpha=0.05$ 下，该检验的拒绝域 W 是（　　）.

(A) $\{\chi^2\geqslant 19.02\}$　　(B) $\{\chi^2\leqslant 16.92\}$

(C) $\{\chi^2\leqslant 2.7$ 或 $\chi^2\geqslant 19.02\}$　　(D) $\{\chi^2\leqslant 3.33\}$

345 基础题　假设 $X_1,X_2,\cdots,X_{10}$ 为来自总体 $X\sim N(\mu,\sigma^2)$ 的一个样本，参数 μ 与 σ^2 未知，且样本方差 $s^2=8.7^2$，假设 $H_0:\sigma^2\leqslant 64, H_1:\sigma^2>64$，则在显著性水平 $\alpha=0.05$ 下，通常用的统计量是________，H_0 成立时，其服从的分布是________，该检验的拒绝域 W 是________.

第三节　两个正态总体的参数的假设检验

设总体 $X\sim N(\mu_1,\sigma_1^2)$，总体 $Y\sim N(\mu_2,\sigma_2^2)$，$X_1,X_2,\cdots,X_{n_1}$ 和 $Y_1,Y_2,\cdots,Y_{n_2}$ 是分别来自总体 X 与 Y 的样本，且两个样本相互独立，$\overline{X},\overline{Y}$ 分别为总体 X,Y 的样本均值，S_1^2,S_2^2 分别为总体 X,Y 的样本方差.

一、两个正态总体均值差异 $\mu_1-\mu_2$ 的假设检验

两个正态总体均值差异 $\mu_1-\mu_2$ 的假设检验分为两种情况.

1. 参数 σ_1^2,σ_2^2 已知

2. 参数 σ_1^2,σ_2^2 未知

对均值差异的假设检验使用**四步骤检验法**.

两个正态总体均值差异的检验法（显著性水平为 α）具体见下表.

检验法	假　设	检验统计量	拒　绝　域
u 检验	$H_0:\mu_1=\mu_2, H_1:\mu_1\neq\mu_2$ $H_0:\mu_1\leqslant\mu_2, H_1:\mu_1>\mu_2$ $H_0:\mu_1\geqslant\mu_2, H_1:\mu_1<\mu_2$	σ_1^2,σ_2^2 已知，H_0 为真时， $U=\dfrac{\overline{X}-\overline{Y}}{\sqrt{\dfrac{\sigma_1^2}{n_1}+\dfrac{\sigma_2^2}{n_2}}}\sim N(0,1)$	$\lvert u\rvert\geqslant u_{\frac{\alpha}{2}}$ $u\geqslant u_\alpha$ $u\leqslant -u_\alpha$

（续）

检验法	假　设	检验统计量	拒　绝　域
t 检验	$H_0:\mu_1=\mu_2,H_1:\mu_1\neq\mu_2$ $H_0:\mu_1\leqslant\mu_2,H_1:\mu_1>\mu_2$ $H_0:\mu_1\geqslant\mu_2,H_1:\mu_1<\mu_2$	σ_1^2,σ_2^2 未知但相等，H_0 为真时， $T=\dfrac{\overline{X}-\overline{Y}}{S_w\sqrt{\dfrac{1}{n_1}+\dfrac{1}{n_2}}}\sim t(n_1+n_2-2)$ $S_w^2=\dfrac{(n_1-1)S_1^2+(n_2-1)S_2^2}{n_1+n_2-2}$	$\lvert t\rvert\geqslant t_{\frac{\alpha}{2}}(n_1+n_2-2)$ $t\geqslant t_\alpha(n_1+n_2-2)$ $t\leqslant -t_\alpha(n_1+n_2-2)$

评注

两个正态总体下，方差 σ_1^2,σ_2^2 已知时，对均值差异的假设检验，是利用 U 统计量得出的检验法，称为 u 检验法．方差 σ_1^2,σ_2^2 未知但相等时，对均值差异的假设检验，是利用 T 统计量得出的检验法，称为 t 检验法．

346 基础题 对某门课程进行统考，两所学校的考生成绩分别服从正态分布 $X\sim N(\mu_1,12^2),Y\sim N(\mu_2,14^2)$，现分别从这两所学校随机选取 36 名、49 名考生的成绩，算得平均值分别为 72 分和 78 分，问在显著性水平 $\alpha=0.05$ 下，这两所学校的考生的平均成绩是否有显著差异？

347 基础题 从甲和乙两个城市前五年的房价月环比上涨百分比中，各取样本容量分别为 9 与 8 的样本数据，得样本均值及样本方差，甲市：$\overline{x}=0.23,s_1^2=0.1337$；乙市：$\overline{y}=0.269,s_2^2=0.1736$．若甲和乙两个城市前五年的房价月环比上涨百分比都服从正态分布且方差相同，问甲和乙两个城市前五年的房价月环比上涨百分比的平均值是否可以看作一样（显著性水平 $\alpha=0.05$）？

348 基础题 为了对两种材料做强度试验，各取容量为 6 的样本，假设两种材料的测试总体 $X\sim N(\mu_1,\sigma_1^2),Y\sim N(\mu_2,\sigma_2^2)$，测试结果为 $\overline{x}=174,s_1^2=1575,\ \overline{y}=144,\ s_2^2=1923$．问测试总体 X 的均值 μ_1 是否比 Y 的均值 μ_2 大（显著性水平 $\alpha=0.05$）？

二、两个正态总体方差差异的假设检验

两个正态总体方差差异的假设检验分为两种情况．

1. 参数 μ_1,μ_2 已知

2. 参数 μ_1,μ_2 未知

对方差差异的假设检验使用**四步骤检验法**.

两个正态总体方差差异的检验法（显著性水平为 α ）具体见下表.

检验法	假　设	检验统计量	拒　绝　域
F 检验	$H_0:\sigma_1^2=\sigma_2^2,H_1:\sigma_1^2\neq\sigma_2^2$ $H_0:\sigma_1^2\leqslant\sigma_2^2,H_1:\sigma_1^2>\sigma_2^2$ $H_0:\sigma_1^2\geqslant\sigma_2^2,H_1:\sigma_1^2<\sigma_2^2$	μ_1,μ_2 已知，H_0 为真时， $F=\dfrac{\sum_{i=1}^{n_1}(X_i-\mu_1)^2/n_1}{\sum_{i=1}^{n_2}(Y_i-\mu_2)^2/n_2}\sim F(n_1,n_2)$	$F\leqslant F_{1-\frac{\alpha}{2}}(n_1,n_2)$ 或 $F\geqslant F_{\frac{\alpha}{2}}(n_1,n_2)$ $F\geqslant F_{\alpha}(n_1,n_2)$ $F\leqslant F_{1-\alpha}(n_1,n_2)$
F 检验	$H_0:\sigma_1^2=\sigma_2^2,H_1:\sigma_1^2\neq\sigma_2^2$ $H_0:\sigma_1^2\leqslant\sigma_2^2,H_1:\sigma_1^2>\sigma_2^2$ $H_0:\sigma_1^2\geqslant\sigma_2^2,H_1:\sigma_1^2<\sigma_2^2$	μ_1,μ_2 未知，H_0 为真时， $F=\dfrac{S_1^2}{S_2^2}\sim F(n_1-1,n_2-1)$	$F\leqslant F_{1-\frac{\alpha}{2}}(n_1-1,n_2-1)$ 或 $F\geqslant F_{\frac{\alpha}{2}}(n_1-1,n_2-1)$ $F\geqslant F_{\alpha}(n_1-1,n_2-1)$ $F\leqslant F_{1-\alpha}(n_1-1,n_2-1)$

评注

两个正态总体下，对方差差异的假设检验，是利用 F 统计量得出的检验法，称为 F 检验法.

349 基础题 两家银行分别对 21 户和 16 户储户的年存款余额进行抽样调查，测得其平均年存款余额及样本方差分别为 $\bar{x}=650,s_1^2=50^2,\bar{y}=800,s_2^2=70^2$. 假设年存款余额服从正态分布，问可否认为两家银行储户年存款余额的方差相等（显著性水平 $\alpha=0.1$）？

350 中等题 设有两个正态总体 $X\sim N(\mu_1,\sigma_1^2),Y\sim N(\mu_2,\sigma_2^2)$，$X$ 与 Y 相互独立，μ_1 与 μ_2 均未知，样本 $X_1,\cdots,X_{11}$ 和 $Y_1,\cdots,Y_9$ 分别来自总体 X 和 Y，两个样本的样本方差分别是 $s_1^2=0.064,s_2^2=0.03$. 显著性水平 $\alpha=0.05$，对假设 $H_0:\sigma_1^2=\sigma_2^2$，$H_1:\sigma_1^2\neq\sigma_2^2$ 进行检验时，正确的检验方法和结论是（　　）.

(A) 用 χ^2 检验法，$\chi_{0.025}^2(10)=20.5,\chi_{0.975}^2(8)=2.18$，接受 H_0

(B) 用 F 检验法，$F_{0.025}(10,8)=4.3,F_{0.975}(10,8)=0.26$，接受 H_0

(C) 用 t 检验法，$t_{0.025}(18)=2.101$，拒绝 H_0

(D) 用 F 检验法，$F_{0.025}(10,8)=4.3,F_{0.975}(10,8)=0.26$，拒绝 H_0

Contents
目录

答案与解析

第 1 章　随机事件及其概率

1 答案 (C).

解析 >> 设 B 表示“甲为正品”，C 表示“乙为次品”，则 $A=BC$，从而 $\overline{A}=\overline{BC}=\overline{B}\cup\overline{C}$，即 $\overline{A}$ 表示“甲为次品或乙为正品”. 故选 (C).

2 答案 (D).

解析 >> B 与 C 至多有一个发生，意味着 B 与 C 不能同时发生，即 $\overline{BC}$，从而 $A\subset\overline{BC}\Rightarrow$ $\overline{A}\supset BC$. 故选 (D).

3 答案 $\varnothing$.

解析 >> 由条件得 $A\cup(A\cup B)=A\cup(\overline{A}\cup\overline{B})\Rightarrow A\cup B=\Omega$. 由条件亦可得

$$A\cup B=\overline{A}\cup\overline{B}=\overline{AB}=\Omega\Rightarrow AB=\varnothing.$$

4 答案 (1) A；(2) $\varnothing$.

解析 >> (1) $(A\cup B)(A\cup\overline{B})=A\cup(B\cap\overline{B})=A\cup\varnothing=A$.

(2) $(A-\overline{B})(\overline{\overline{A}\cup B})=(AB)(\overline{A}\overline{B})=\varnothing$.

5 答案 0.4.

解析 >> 由对偶律及加法公式得

$$P(\overline{\overline{A}\,\overline{B}})=P(\overline{\overline{A+B}})=P(A+B)\xlongequal{\text{互斥}}P(A)+P(B)=0.3+0.1=0.4.$$

6 答案 0.35.

解析 >> 由 $P(\overline{A}+\overline{B})=P(\overline{AB})=1-P(AB)=0.75$ 得 $P(AB)=0.25$，从而

$$P(A-B)=P(A)-P(AB)=0.6-0.25=0.35.$$

7 答案 0.2.

解析 >> 由 $P(\overline{B})=0.7\Rightarrow P(B)=0.3$，由加法公式得

$$P(AB)=P(A)+P(B)-P(A+B)=0.4+0.3-0.6=0.1.$$

所以，$P(\overline{A}B)=P(B-A)=P(B)-P(AB)=0.3-0.1=0.2$.

8 答案 (1) 0.5；(2) 0.5.

解析 >> (1) 由 $ABC\subset AB$ 得 $P(ABC)\leqslant P(AB)=0$，因为 $P(ABC)\geqslant 0$，所以 $P(ABC)=0$. 事件 A,B,C 至少有一个发生，即 $A+B+C$，由加法公式得

$$P(A+B+C)=P(A)+P(B)+P(C)-P(AB)-P(AC)-P(BC)+P(ABC)$$
$$=0.3+0.3+0.3-0-0.2-0.2+0=0.5.$$

(2) 事件 A,B,C 都不发生，即 $\overline{A}\overline{B}\overline{C}$，得

$$P(\overline{A}\overline{B}\overline{C})=P(\overline{A+B+C})=1-P(A+B+C)=1-0.5=0.5.$$

在本题中，有的同学会这样推导得出 $P(ABC)=0$，

$$P(AB)=0\Rightarrow AB=\varnothing\Rightarrow ABC=\varnothing\Rightarrow P(ABC)=0.$$

这就犯了典型错误：概率是零的事件未必是不可能事件！！！

9 答案 (1) 0.4；(2) 0.6.

解析 >> (1) 因为事件 A 与 B 互不相容，所以

$$P(A+B)=P(A)+P(B)=0.4+0.2=0.6,$$

从而 $P(\overline{A}\overline{B})=P(\overline{A+B})=1-P(A+B)=1-0.6=0.4$.

(2) 因为事件 A 与 B 互不相容，所以 $B\subset\overline{A}$，从而

$$P(\overline{A}+B)=P(\overline{A})=1-0.4=0.6.$$

10 答案 0.15.

解析 >> 因为 $C\subset A$，所以

$$P(A\quad C)=P(A)\quad P(C)=0.6\quad P(C)=0.3,$$

解得 $P(C)=0.3$．又因为 $C\subset A,C\subset B$，所以 $C\subset AB$，从而

$$P(AB\overline{C})=P(AB-C)=P(AB)-P(C)=0.45-0.3=0.15.$$

11 答案 (1) 0.1；(2) 0.4；(3) 0.6.

解析 >> 设 A_i 表示“第 i 天下雨”，$i=1,2$．由题设知 $P(A_1)=0.2, P(A_2)=0.3, P(A_1A_2)=0.1$.

(1) 设 A 表示“第一天下雨而第二天不下雨”，则 $A=A_1\overline{A}_2$，从而

$$P(A)=P(A_1\overline{A}_2)=P(A_1-A_2)=P(A_1)-P(A_1A_2)=0.2-0.1=0.1.$$

(2) 设 B 表示“至少有一天下雨”，则 $B=A_1+A_2$，从而

$$P(B)=P(A_1+A_2)=P(A_1)+P(A_2)-P(A_1A_2)=0.2+0.3-0.1=0.4.$$

(3) 设 C 表示“两天都不下雨”，则 $C=\overline{A}_1\overline{A}_2$，从而

$$P(C)=P(\overline{A}_1\overline{A}_2)=P(\overline{A_1+A_2})=1-P(A_1+A_2)=1-0.4=0.6.$$

12 答案 0.85.

解析 >> 事件 A,B 仅发生一个 $\Leftrightarrow\overline{A}B+A\overline{B}$，因为 $\overline{A}B$ 与 $A\overline{B}$ 互不相容，所以

$$P(\overline{A}B+A\overline{B})=P(\overline{A}B)+P(A\overline{B})=P(B-A)+P(A-B)$$
$$=P(B)-P(AB)+P(A)-P(AB)=0.6-2P(AB)=0.3,$$

解得 $P(AB)=0.15$．因此，A,B 至少有一个不发生的概率

$$P(\overline{A}+\overline{B})=P(\overline{AB})=1-P(AB)=1-0.15=0.85.$$

13 答案 0．

解析 >> 由条件得

$$2P(AB)\geqslant P(A)+P(B)\Rightarrow P(AB)\geqslant P(A)+P(B)-P(AB)=P(A+B),$$

因为 $AB\subset A+B\Rightarrow P(AB)\leqslant P(A+B)$，所以 $P(AB)=P(A+B)$．由于

$$AB\subset A\subset A+B\Rightarrow P(AB)\leqslant P(A)\leqslant P(A+B)\Rightarrow P(AB)=P(A)=P(A+B),$$

因此 $P(A-B)=P(A)-P(AB)=0$．

14 答案 $\dfrac{8}{15}$．

解析 >> 本题属于古典概型．样本空间 Ω 包含的样本点总数为 $n=\mathrm{C}_{10}^{2}=45$．设 A 表示“任取 2 把钥匙，能打开门”，则 $A=$“2 把钥匙都能打开门（C_3^2 种取法）”或“1 把钥匙能打开门，1 把钥匙打不开门（$\mathrm{C}_3^1\mathrm{C}_7^1$ 种取法）”，故 A 中样本点的个数为 $m=\mathrm{C}_3^2+\mathrm{C}_3^1\mathrm{C}_7^1=24$，从而

$$P(A)=\frac{m}{n}=\frac{24}{45}=\frac{8}{15}.$$

评注

对于上题，有的同学会这样分析：2 把钥匙中只要保证一把钥匙能打开门，另一把钥匙能不能打开门都可以，故 A 中样本点的个数为 $\mathrm{C}_3^1\mathrm{C}_9^1=27$ 个．请读者考虑，这种分析错在哪里？为什么多了 3 种取法？

15 答案 (1) $\dfrac{10}{21}$；(2) $\dfrac{5}{42}$；(3) $\dfrac{7}{42}$．

解析 >> 本题属于古典概型．样本空间 Ω 包含的样本点总数为 $n=\mathrm{C}_9^3=84$．

(1) 设 A 表示“任取 3 个球，恰有 2 个白球和 1 个黑球”，则 A 中样本点的个数为 $m_1=\mathrm{C}_5^2\mathrm{C}_4^1=40$，从而 $P(A)=\dfrac{m_1}{n}=\dfrac{40}{84}=\dfrac{10}{21}$．

(2) 设 B 表示“任取 3 个球，没有黑球”，则 B 中样本点的个数为 $m_2=\mathrm{C}_5^3=10$，从而 $P(B)=\dfrac{m_2}{n}=\dfrac{10}{84}=\dfrac{5}{42}$．

(3) 设 C 表示“任取 3 个球，球的颜色相同”，则 C 中样本点的个数为 $m_3=\mathrm{C}_5^3+\mathrm{C}_4^3=14$，从而 $P(C)=\dfrac{m_3}{n}=\dfrac{14}{84}=\dfrac{7}{42}$．

16 答案 $\dfrac{13}{21}$．

解析 >> 设 A 表示“4 只鞋子至少有两只配成一双”，样本空间 Ω 包含的样本点总数为 $n=\mathrm{C}_{10}^4$．

方法一：$A=$“4 只鞋子配成两双（C_5^2 种取法）”或“4 只鞋子恰有两只配成一双（$C_5^1C_2^2\cdot C_4^2C_2^1C_2^1$ 种取法）”，从而

$$P(A)=\frac{C_5^2+C_5^1C_2^2C_4^2C_2^1C_2^1}{C_{10}^4}=\frac{13}{21}.$$

方法二：$\overline{A}$ 表示“4 只鞋子各不相同”，则

$$P(A)=1-P(\overline{A})=1-\frac{C_5^4C_2^1C_2^1C_2^1C_2^1}{C_{10}^4}=\frac{13}{21}.$$

17 答案　$\frac{15}{19}\approx 0.789$.

解析 >> 设 A 表示“任取 3 件产品，至少有 2 件产品等级相同”，样本空间 Ω 包含的样本点总数为 $n=C_{20}^3=1140$．若直接考虑事件 A 的发生会比较烦琐，故考虑其对立事件 $\overline{A}$：“3 件产品等级各不相同”，则 $\overline{A}$ 中样本点的个数为 $m=C_{10}^1C_4^1C_6^1=240$，从而

$$P(A)=1-P(\overline{A})=1-\frac{240}{1140}=\frac{15}{19}\approx 0.789.$$

【计算器操作】以卡西欧 fx-999CN CW 为例，使用计算器的组合数功能．按开机打开主屏幕，选择计算应用，按进入．

输入计算式：分号按输入，组合 C 按输入，如图 1-1 所示．

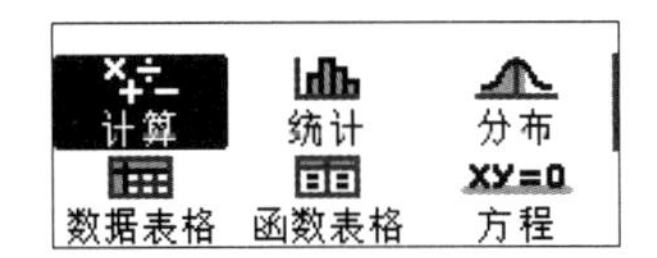

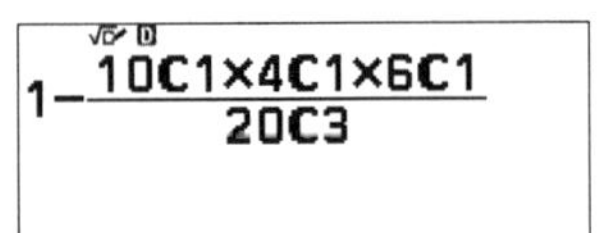

图 1-1

计算得出答案：按计算得出结果．如需得出小数结果，按将结果转换为小数，如图 1-2 所示．

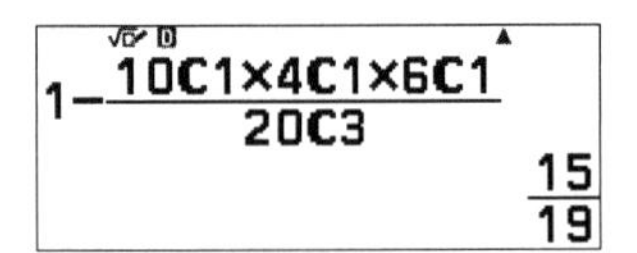

图 1-2

评注

14 题～17 题为古典概型中的“一把抓”问题，其特征在于不讲顺序，通过组合数来计算概率．

18 答案　$\frac{1}{15}$.

解析 >> 10 本书任意放在书架上，共有 $n=10!$ 种排列方法．设 A 表示“指定的 3 本书放在

一起”，采用捆绑法，把指定的 3 本书看作一本，相当于 8 本书在排，共有 8! 种排列方法，而指定的 3 本书本身还有 3! 种排列方法，故 A 中样本点的个数为 $m=8!\times 3!$，从而

$$P(A)=\frac{m}{n}=\frac{8!\times 3!}{10!}=\frac{1}{15}.$$

19 答案 (1) $\frac{1}{5}$；(2) $\frac{4}{15}$.

解析 >> 6 个人随机站成一排，共有 $n=6!$ 种排列方法.

(1) 设 A 表示“甲、乙、丙三人站在一起”，则 A 中样本点的个数为 $m_1=4!\times 3!$，从而

$P(A)=\frac{m_1}{n}=\frac{4!\times 3!}{6!}=\frac{1}{5}$.

(2) 设 B 表示“甲和乙中间恰好有一人”，则 B 中样本点的个数为 $m_2=\mathrm{C}_4^1 4!\times 2!$，从而

$P(B)=\frac{m_2}{n}=\frac{\mathrm{C}_4^1 4!\times 2!}{6!}=\frac{4}{15}$.

评注

18 题和 19 题为古典概型中的“排队”问题，常通过排列数来计算概率.

20 答案 $\frac{3}{8}$.

解析 >> 将 3 个球随机放入 4 个盒子中，共有 $n=4^3$ 种放法. 设 A 表示“恰有 3 个盒子中各放一球”，则 A 中样本点的个数为 $m=\mathrm{A}_4^3$，从而

$$P(A)=\frac{m}{n}=\frac{\mathrm{A}_4^3}{4^3}=\frac{3}{8}.$$

21 答案 (1) $\frac{n!}{N^n}$；(2) $\frac{\mathrm{C}_N^n n!}{N^n}$；(3) $\frac{\mathrm{C}_n^m (N-1)^{n-m}}{N^n}$.

解析 >> 样本空间 Ω 包含的样本点总数为 N^n.

(1) 设 A 表示“指定的 n 个房间各有一人住”，则 A 中样本点的个数为 $n!$，从而 $P(A)=\frac{n!}{N^n}$.

(2) 设 B 表示“恰有 n 个房间，每个房间各住一人”，则 B 中样本点的个数为 $\mathrm{C}_N^n n!$，从而

$P(B)=\frac{\mathrm{C}_N^n n!}{N^n}$.

(3) 设 C 表示“指定某间房恰有 $m(m\leqslant n)$ 个人住”，则 C 中样本点的个数为 $\mathrm{C}_n^m (N-1)^{n-m}$，从而 $P(C)=\frac{\mathrm{C}_n^m (N-1)^{n-m}}{N^n}$.

评注

20 题和 21 题为古典概型中的“分房”问题，与排列问题相比，它的特点是可重复.

22 答案 $\dfrac{a}{a+b}$.

解析 >> 设 A 表示"王某抽到会答考签".

方法一：考虑所有人的抽签结果是一个基本事件，则基本事件的总数为 $n=(a+b)!$，从而

$$P(A)=\frac{C_a^1\cdot(a+b-1)!}{(a+b)!}=\frac{a}{a+b}.$$

方法二：考虑前 k 个人的抽签结果是一个基本事件，则基本事件的总数为 $n=A_{a+b}^k$，从而

$$P(A)=\frac{C_a^1\cdot A_{a+b-1}^{k-1}}{A_{a+b}^k}=\frac{a}{a+b}.$$

本题为古典概型中的"抽签"问题，其本质是"机会均等，与抽签的次序无关".

23 答案 $\dfrac{2}{3}$.

解析 >> 设 A 表示"张三等车不超过4分钟"，则 $A=[2,6],\Omega=[0,6]$，所以

$$P(A)=\frac{\mu(A)}{\mu(\Omega)}=\frac{4}{6}=\frac{2}{3}.$$

24 答案 $\dfrac{15}{32}-\dfrac{1}{2}\ln 2$.

解析 >> 设从 $[0,1]$ 中随机取两个数分别为 x 和 y，则

$$\Omega=\{(x,y)\mid 0\leqslant x\leqslant 1,0\leqslant y\leqslant 1\},A=\left\{(x,y)\middle| xy>\frac{1}{4},x+y<\frac{5}{4},(x,y)\in\Omega\right\},$$

从而

$$P(A)=\frac{\mu(A)}{\mu(\Omega)}=\frac{\int_{\frac{1}{4}}^{1}\left(\frac{5}{4}-x-\frac{1}{4x}\right)dx}{1}=\left(\frac{5}{4}x-\frac{x^2}{2}-\frac{1}{4}\ln x\right)\Bigg|_{\frac{1}{4}}^{1}=\frac{15}{32}-\frac{1}{2}\ln 2.$$

25 答案 (C).

解析 >> 由 $P(A\mid B)=\dfrac{P(AB)}{P(B)}=1$ 得 $P(AB)=P(B)$，从而

$$P(A\cup B)=P(A)+P(B)-P(AB)=P(A).$$

故选 (C).

26 答案 $\dfrac{2}{3}$，$\dfrac{1}{7}$.

解析 >> 由加法公式得

$$P(AB)=P(A)+P(B)-P(A+B)=0.3+0.3-0.4=0.2.$$

由条件概率的计算公式知

$$P(A\mid B)=\frac{P(AB)}{P(B)}=\frac{0.2}{0.3}=\frac{2}{3},$$

$$P(A\mid\overline{B})=\frac{P(A\overline{B})}{P(\overline{B})}=\frac{P(A)-P(AB)}{1-P(B)}=\frac{0.3-0.2}{1-0.3}=\frac{1}{7}.$$

$$P(A\mid B)+P(\overline{A}\mid B)=1,P(A\mid B)+P(A\mid\overline{B})\neq 1.$$

27 答案 $\frac{1}{4}$.

解析 >> 设 A_i 表示“取到 i 等品”，$i=1,2,3$．由题设知 $P(A_1)=0.6,P(A_2)=0.3,P(A_3)=0.1$，且 A_1 与 A_3 互不相容，从而 $A_3\subset\overline{A}_1\Rightarrow\overline{A}_1A_3=A_3$，故所求的概率

$$P(A_3\mid\overline{A}_1)=\frac{P(\overline{A}_1A_3)}{P(\overline{A}_1)}=\frac{P(A_3)}{1-P(A_1)}=\frac{0.1}{1-0.6}=\frac{1}{4}.$$

28 答案 (D).

解析 >> 由条件知 $P(A\overline{B})=P(\overline{A}B)\Rightarrow P(A-B)=P(B-A)$，故选项 (A) 正确．因为

$$P(A-B)=P(B-A)\Rightarrow P(A)-P(AB)=P(B)-P(AB)\Rightarrow P(A)=P(B),$$

所以

$$P(A\mid B)=\frac{P(AB)}{P(B)}=\frac{P(AB)}{P(A)}=P(B\mid A),$$

故选项 (B) 正确．又因为

$$P(A\mid\overline{B})=\frac{P(A\overline{B})}{P(\overline{B})}=\frac{P(\overline{A}B)}{P(\overline{A})}=P(B\mid\overline{A}),$$

所以选项 (C) 正确．而

$$P(A\mid\overline{B})=\frac{P(A\overline{B})}{P(\overline{B})},P(\overline{A}\mid B)=\frac{P(\overline{A}B)}{P(B)},$$

要使选项 (D) 正确，需满足 $P(\overline{B})=P(B)$，即 $P(B)=\frac{1}{2}$，因此 (D) 未必正确．故选 (D).

29 答案 0.25.

解析 >> 由条件概率的计算公式知 $P(B\mid(A\cup\overline{B}))=\frac{P(B\cap(A\cup\overline{B}))}{P(A\cup\overline{B})}=\frac{P(AB)}{P(A\cup\overline{B})}$，由题设得

$$P(\overline{A})=0.3\Rightarrow P(A)=0.7,P(B)=0.4\Rightarrow P(\overline{B})=0.6,$$

$$P(A-B)=P(A)-P(AB)=0.7-P(AB)=0.5\Rightarrow P(AB)=0.2,$$

$$P(A\cup\overline{B})=P(A)+P(\overline{B})-P(A\overline{B})=P(A)+P(\overline{B})-P(A-B)=0.7+0.6-0.5=0.8,$$

所以

$$P(B\mid(A\cup\overline{B}))=\frac{P(AB)}{P(A\cup\overline{B})}=\frac{0.2}{0.8}=0.25.$$

30 答案 $\frac{1}{5}$.

解析 >> 方法一：设 A 表示“两件产品中至少有一件是不合格品”，B 表示“两件产品都是不合格品”，C 表示“两件产品中一件是不合格品，另一件是合格品”，则 $A=B+C$ 且 B 与 C 互不相容，从而

$$P(A)=P(B+C)=P(B)+P(C)=\frac{C_4^2}{C_{10}^2}+\frac{C_4^1C_6^1}{C_{10}^2}=\frac{2}{15}+\frac{8}{15}=\frac{2}{3}.$$

所求的概率

$$P(B|A)=\frac{P(AB)}{P(A)}=\frac{P(B)}{P(A)}=\frac{\frac{2}{15}}{\frac{2}{3}}=\frac{1}{5}.$$

方法二：设 A 表示“两件产品中至少有一件是不合格品”，B 表示“两件产品都是不合格品”．将样本空间缩小至 Ω_A，其含有的样本点个数为 $n_A=C_{10}^2-C_6^2=30$，AB 含有的样本点个数为 $n_{AB}=C_4^2=6$，从而

$$P(B|A)=\frac{n_{AB}}{n_A}=\frac{6}{30}=\frac{1}{5}.$$

31 答案 0.3.

解析 >> 由乘法公式及加法公式得

$$P(AB)=P(A)P(B|A)=0.5\times0.8=0.4,$$

$$P(A+B)=P(A)+P(B)-P(AB)=0.5+0.6-0.4=0.7,$$

因此，$P(\overline{A}\overline{B})=P(\overline{A+B})=1-P(A+B)=1-0.7=0.3$.

32 答案 (1) $\frac{28}{45}$；(2) $\frac{1}{45}$；(3) $\frac{16}{45}$.

解析 >> 设 A_i 表示“第 i 次取到正品”，$i=1,2$，则

(1) $P(A_1A_2)=P(A_1)P(A_2|A_1)=\frac{8}{10}\times\frac{7}{9}=\frac{28}{45}$.

(2) $P(\overline{A}_1\overline{A}_2)=P(\overline{A}_1)P(\overline{A}_2|\overline{A}_1)=\frac{2}{10}\times\frac{1}{9}=\frac{1}{45}$.

(3) $P(A_1\overline{A}_2+\overline{A}_1A_2)=P(A_1)P(\overline{A}_2|A_1)+P(\overline{A}_1)P(A_2|\overline{A}_1)=\frac{8}{10}\times\frac{2}{9}+\frac{2}{10}\times\frac{8}{9}=\frac{16}{45}$.

33 答案 $\frac{1}{30}$.

解析 >> 设 A、B、C 分别表示甲、乙、丙抽到难签，则

$$P(ABC)=P(A)P(B|A)P(C|AB)=\frac{4}{10}\times\frac{3}{9}\times\frac{2}{8}=\frac{1}{30}.$$

34 答案 $\frac{8}{15}$.

解析 >> 设 A 表示“从甲袋中取出的球是白球”，$\overline{A}$ 表示“从甲袋中取出的球是黑球”，则 A 和 $\overline{A}$ 构成完备事件组．B 表示“甲袋中白球个数不变”，由全概率公式得

$$P(B)=P(A)P(B\mid A)+P(\overline{A})P(B\mid \overline{A})$$
$$=\frac{3}{9}\times\frac{6}{10}+\frac{6}{9}\times\frac{5}{10}=\frac{8}{15}.$$

35 答案 $\frac{13}{48}$.

解析 >> 设 $A_i=\{X=i\},i=1,2,3,4$，则 A_1,A_2,A_3,A_4 构成完备事件组，且 $P(A_i)=\frac{1}{4},i=1,2,3,4$，由全概率公式得

$$P\{Y=2\}=P(A_1)P(Y=2\mid A_1)+P(A_2)P(Y=2\mid A_2)+$$
$$P(A_3)P(Y=2\mid A_3)+P(A_4)P(Y=2\mid A_4)$$
$$=\frac{1}{4}\times0+\frac{1}{4}\times\frac{1}{2}+\frac{1}{4}\times\frac{1}{3}+\frac{1}{4}\times\frac{1}{4}=\frac{13}{48}.$$

36 答案 0.887.

解析 >> 设 A_i 表示“这箱产品中恰有 i 件次品”，$i=0,1,2$，B 表示“取出的产品是正品”，C 表示“该箱产品通过验收”，由全概率公式得

$$P(B)=\sum_{i=0}^{2}P(A_i)P(B\mid A_i)=\frac{1}{3}\times1+\frac{1}{3}\times\frac{9}{10}+\frac{1}{3}\times\frac{8}{10}=0.9.$$

再由全概率公式得

$$P(C)=P(B)P(C\mid B)+P(\overline{B})P(C\mid \overline{B})$$
$$=0.9\times(1-0.02)+(1-0.9)\times0.05=0.887.$$

通过验收 ≠ 取出的产品是正品，因为检验的误差，通过验收 = 检验的结果是正品.

37 答案 0.5328.

解析 >> 设 A_i 表示“三人中恰有 i 人击中飞机模型”，$i=0,1,2,3$，B 表示“飞机模型被击落”，则 A_0,A_1,A_2,A_3 构成完备事件组，且

$$P(A_0)=(1-0.6)^3=0.064,P(A_1)=C_3^1\times0.6\times(1-0.6)^2=0.288,$$
$$P(A_2)=C_3^2\times0.6^2\times(1-0.6)=0.432,P(A_3)=0.6^3=0.216,$$

由全概率公式得

$$P(B)=\sum_{i=0}^{3}P(A_i)P(B\mid A_i)$$
$$=0.064\times0+0.288\times0.2+0.432\times0.6+0.216\times1=0.5328.$$

评注

(1) 在本题中，事件的设法非常关键. 若设 A_1, A_2, A_3 分别表示甲、乙、丙击中飞机模型，则问题处理起来会比较麻烦.

(2) 在计算中，我们可以不考虑 A_0，利用 $P(B)=\sum_{i=1}^{3}P(A_i)P(B|A_i)$ 来计算. 虽然 A_1, A_2, A_3 不构成完备事件组，但它们已经是导致 B 发生的所有原因.

(3) 本题是伯努利概型和全概率公式两大知识点的综合应用.

38 答案 (1) 0.943；(2) 0.848.

解析>> 令 A_i 表示"箱内恰有 i 根次品"，$i=0,1,2$，B 表示"取出的4根都是正品".

(1) 由全概率公式得

$$P(B)=\sum_{i=0}^{2}P(A_i)P(B|A_i)=0.8\times1+0.1\times\frac{C_{19}^4}{C_{20}^4}+0.1\times\frac{C_{18}^4}{C_{20}^4}\approx0.943.$$

(2) 由贝叶斯公式得

$$P(A_0|B)=\frac{P(A_0)P(B|A_0)}{P(B)}=\frac{0.8\times1}{0.943}\approx0.848.$$

39 答案 0.0476.

解析>> 令 A 表示"挑选到女性"，B 表示"挑选到色盲患者"，由题设知

$$P(A)=0.5, P(\bar{A})=0.5, P(B|A)=0.25\%, P(B|\bar{A})=5\%.$$

根据贝叶斯公式，得

$$P(A|B)=\frac{P(AB)}{P(B)}=\frac{P(A)P(B|A)}{P(A)P(B|A)+P(\bar{A})P(B|\bar{A})}=\frac{0.5\times0.25\%}{0.5\times0.25\%+0.5\times5\%}\approx0.0476.$$

40 答案 $\frac{8}{23}$.

解析>> 令 A_i 表示"i 等麦种"，$i=1,2,3$，B 表示"麦种发芽"，根据全概率公式，得

$$P(B)=\sum_{i=1}^{3}P(A_i)P(B|A_i)=80\%\times0.9+15\%\times0.3+5\%\times0.1=0.77.$$

再根据贝叶斯公式，得

$$P(A_1|\bar{B})=\frac{P(A_1\bar{B})}{P(\bar{B})}=\frac{P(A_1)P(\bar{B}|A_1)}{1-P(B)}=\frac{0.8\times0.1}{1-0.77}=\frac{8}{23}.$$

41 答案 (1) $\frac{7}{12}$；(2) $\frac{6}{7}$.

解析>> 设 A_i 表示"从第 i 个盒子中取出一个红球"，$i=1,2$，B 表示"最后取出的是红球".

(1) 由题设知

$$P(A_1A_2)=P(A_1)P(A_2)=\frac{2}{3}\times\frac{1}{2}=\frac{1}{3}, P(B|A_1A_2)=1,$$

$$P(A_1\bar{A}_2)=P(A_1)P(\bar{A}_2)=\frac{2}{3}\times\frac{1}{2}=\frac{1}{3}, P(B|A_1\bar{A}_2)=\frac{1}{2},$$

$$P(\overline{A}_1A_2)=P(\overline{A}_1)P(A_2)=\frac{1}{3}\times\frac{1}{2}=\frac{1}{6},P(B\mid\overline{A}_1A_2)=\frac{1}{2},$$

$$P(\overline{A}_1\overline{A}_2)=P(\overline{A}_1)P(\overline{A}_2)=\frac{1}{3}\times\frac{1}{2}=\frac{1}{6},P(B\mid\overline{A}_1\overline{A}_2)=0.$$

由全概率公式得

$$\begin{aligned}P(B)=&P(A_1A_2)P(B\mid A_1A_2)+P(A_1\overline{A}_2)P(B\mid A_1\overline{A}_2)+\\&P(\overline{A}_1A_2)P(B\mid\overline{A}_1A_2)+P(\overline{A}_1\overline{A}_2)P(B\mid\overline{A}_1\overline{A}_2)\\=&\frac{1}{3}\times1+\frac{1}{3}\times\frac{1}{2}+\frac{1}{6}\times\frac{1}{2}+\frac{1}{6}\times0=\frac{7}{12}.\end{aligned}$$

(2) 所求概率

$$\begin{aligned}P(A_1\mid B)&=P((A_1A_2\cup A_1\overline{A}_2)\mid B)=P(A_1A_2\mid B)+P(A_1\overline{A}_2\mid B)\text{（贝叶斯公式）}\\&=\frac{P(A_1A_2)P(B\mid A_1A_2)+P(A_1\overline{A}_2)P(B\mid A_1\overline{A}_2)}{P(B)}\\&=\frac{\frac{1}{3}\times1+\frac{1}{3}\times\frac{1}{2}}{\frac{7}{12}}=\frac{6}{7}.\end{aligned}$$

42 答案　(1) 0.5；(2) $\frac{5}{6}$.

解析 >> (1) 当 A 与 B 互不相容时，有

$$P(B)=P(A+B)-P(A)=0.9-0.4=0.5.$$

(2) 当 A 与 B 相互独立时，有

$$P(A+B)=1-P(\overline{A})P(\overline{B})\Rightarrow1-0.6P(\overline{B})=0.9\Rightarrow P(\overline{B})=\frac{1}{6},$$

则 $P(B)=\frac{5}{6}$.

43 答案　$\frac{1}{2}$.

解析 >> 因为 A 与 B 相互独立，所以 A 与 $\overline{B}$、$\overline{A}$ 与 B 也相互独立. 由题设知

$$P(A\overline{B})=P(\overline{A}B)\Rightarrow P(A)P(\overline{B})=P(\overline{A})P(B)\Rightarrow P(A)[1-P(B)]=[1-P(A)]P(B),$$

故 $P(A)=P(B)$，从而

$$P(A)P(\overline{B})=P(A)[1-P(A)]=\frac{1}{4},$$

解得 $P(A)=\frac{1}{2}$.

44 答案　(1) 0.168；(2) 0.12；(3) 0.928.

解析 >> 设 A 表示“甲投中”，B 表示“乙投中”，C 表示“丙投中”. 显然，A,B,C 相互独立.

(1) 甲、乙、丙三人都投中的概率

$$P(ABC)=P(A)P(B)P(C)=0.6\times 0.7\times 0.4=0.168.$$

(2) 甲和乙两人都没投中的概率

$$P(\overline{A}\overline{B})=P(\overline{A})P(\overline{B})=(1-0.6)\times(1-0.7)=0.12.$$

(3) 有人投中的概率

$$P(A+B+C)=1-P(\overline{A})P(\overline{B})P(\overline{C})=1-(1-0.6)\times(1-0.7)\times(1-0.4)=0.928.$$

45 答案 (B).

解析 >> 利用古典概型及 $B\subset C$，得

$$P(A)=P(B)=\frac{1}{2},P(C)=\frac{3}{4},P(AC)=\frac{1}{4},$$

$$P(BC)=P(B)=\frac{1}{2},P(ABC)=P(AB)=\frac{1}{4},$$

显然，A 与 B 相互独立，而 $P(BC)=\frac{1}{2}\neq P(B)P(C)=\frac{3}{8}$，所以 B 与 C 不相互独立，选项 (A) 错误．由于 $P(A)P(BC)=\frac{1}{2}\times\frac{1}{2}=\frac{1}{4}=P(ABC)\Rightarrow A$ 与 BC 相互独立，选项 (B) 正确．$P(B)P(AC)=\frac{1}{2}\times\frac{1}{4}=\frac{1}{8}\neq P(ABC)\Rightarrow B$ 与 AC 不相互独立，选项 (C) 错误．$P(C)P(AB)=\frac{3}{4}\times\frac{1}{4}=\frac{3}{16}\neq P(ABC)\Rightarrow C$ 与 AB 不相互独立，选项 (D) 错误．故选 (B).

46 答案 (C).

解析 >> $A\cup B$ 与 C 相互独立 $\Leftrightarrow P[(A\cup B)C]=P(A\cup B)P(C)$

$\Leftrightarrow P(AC+BC)=[P(A)+P(B)-P(AB)]P(C)$

$\Leftrightarrow P(AC)+P(BC)-P(ABC)=P(A)P(C)+P(B)P(C)-P(AB)P(C)$

$\Leftrightarrow P(ABC)=P(AB)P(C)$,

即 AB 与 C 相互独立．故选 (C).

47 答案 【证明】(必要性) 由 A 与 B 相互独立知 $\overline{A}$ 与 B 也相互独立，所以

$$P(B\mid A)=P(B),P(B\mid\overline{A})=P(B),$$

从而 $P(B\mid A)=P(B\mid\overline{A})$.

(充分性) 由 $P(B\mid A)=P(B\mid\overline{A})$ 得

$$\frac{P(AB)}{P(A)}=\frac{P(\overline{A}B)}{P(\overline{A})}=\frac{P(B-A)}{P(\overline{A})}=\frac{P(B)-P(AB)}{1-P(A)},$$

即

$$P(AB)[1-P(A)]=P(A)[P(B)-P(AB)]\Rightarrow P(AB)=P(A)P(B).$$

因此 A 与 B 相互独立.

48 答案 (D).

解析 >> 对于选项 (D)，由于

$$P(A\mid(A\cup B))>P(\bar{A}\mid(A\cup B))\Leftrightarrow\frac{P(A(A\cup B))}{P(A\cup B)}>\frac{P(\bar{A}(A\cup B))}{P(A\cup B)}$$

$$\Leftrightarrow P(A)>P(\bar{A}B)\Leftrightarrow P(A)>P(B)-P(AB),$$

而 $P(AB)$ 不一定为 0，因此不能得出 $P(A)>P(B)$．故选 (D).

49 答案 (1) 0.027；(2) 0.243；(3) 0.001.

解析 >> 设 A 表示“取到正品”，则 $P(A)=0.9$．由伯努利定理得

(1) 三次恰有一次取到正品的概率

$$P_3(1)=\mathrm{C}_3^1\times0.9\times0.1^2=0.027.$$

(2) 三次恰有两次取到正品的概率

$$P_3(2)=\mathrm{C}_3^2\times0.9^2\times0.1=0.243.$$

(3) 三次都取到次品的概率

$$P_3(0)=0.1^3=0.001.$$

50 答案 $\frac{1}{2}$.

解析 >> 设每次射击命中的概率为 p，这是一个三重伯努利试验，且由题设知

$$1-P_3(0)=\frac{7}{8}，即 1-(1-p)^3=\frac{7}{8},$$

解得 $p=\frac{1}{2}$.

51 答案 $3p^2(1-p)^2$.

解析 >> 由题意知 4 次射击中，前三次恰好命中目标一次且第四次射击命中目标，故所求概率为

$$\mathrm{C}_3^1\times p\times(1-p)^2\times p=3p^2(1-p)^2.$$

评注

好多同学认为该题所求的概率为 $\mathrm{C}_4^2\times p^2\times(1-p)^2$ 或 $\mathrm{C}_3^1\times p\times(1-p)^2$，这两个答案都不对，一定注意审题.

第2章　随机变量及其分布

52 答案　(1) $\{X=3\}$，$\dfrac{1}{6}$；(2) $\{X\leqslant 3\}$，$\dfrac{1}{2}$.

解析 >>　设随机变量 X 表示“取到球的编号为 i”，则 X 的全部取值为 $X=1,2,\cdots,6$.

(1) $\{X=3\}$ 表示“编号等于 3”，且 $P\{X=3\}=\dfrac{1}{6}$.

(2) $\{X\leqslant 3\}$ 表示“编号不大于 3”，且 $P\{X\leqslant 3\}=\dfrac{1}{2}$.

53 答案　(1) 不是；(2) 是.

解析 >> (1) 显然，$p_k\geqslant 0$，非负性满足.

$$\sum_k p_k=\sum_{k=0}^{+\infty}\left(\frac{1}{2}\right)^k=\frac{1}{1-\frac{1}{2}}=2\neq 1,$$

不满足归一性，故其不是某个随机变量的概率分布.

(2) 显然，$p_k\geqslant 0$，非负性满足.

$$\sum_k p_k=\sum_{k=1}^{+\infty}2\times\left(\frac{1}{3}\right)^k=2\times\frac{\frac{1}{3}}{1-\frac{1}{3}}=1,$$

满足归一性，故其是某个随机变量的概率分布.

54 答案　(1) 0.34；(2) 0.9，0.9.

解析 >> (1) 由归一性得

$$0.1+0.26+C+0.3=1\Rightarrow C=0.34.$$

(2) $P\{-1<X\leqslant 2.5\}=P\{X=0\}+P\{X=1\}+P\{X=2\}=0.26+0.34+0.3=0.9$,

$$P\{X\geqslant 0\}=P\{X=0\}+P\{X=1\}+P\{X=2\}=0.26+0.34+0.3=0.9.$$

55 答案　e^2.

解析 >> 由归一性得

$$1=\sum_{k=0}^{+\infty}\frac{C}{k!}e^{-3}=Ce^{-3}\sum_{k=0}^{+\infty}\frac{1}{k!}=Ce^{-3}\cdot e=Ce^{-2},$$

解得 $C=e^2$.

评注

在本题中，我们用到了指数函数的泰勒展开公式 $e^x=\sum\limits_{k=0}^{+\infty}\dfrac{x^k}{k!}$ 和 $e=\sum\limits_{k=0}^{+\infty}\dfrac{1}{k!}$.

56 答案 (1)

X	0	1	2
P	$\frac{3}{5}$	$\frac{3}{10}$	$\frac{1}{10}$

(2) $\frac{9}{10}$.

解析 >> (1) 由题意知 X 的可能取值为 0,1,2，且

$$P\{X=0\}=\frac{C_3^1}{C_5^1}=\frac{3}{5}, P\{X=1\}=\frac{2\times3}{5\times4}=\frac{3}{10}, P\{X=2\}=\frac{2\times1\times3}{5\times4\times3}=\frac{1}{10},$$

所以，X 的概率分布为

X	0	1	2
P	$\frac{3}{5}$	$\frac{3}{10}$	$\frac{1}{10}$

(2) $P\{X\leqslant1\}=P\{X=0\}+P\{X=1\}=\frac{3}{5}+\frac{3}{10}=\frac{9}{10}$.

57 答案

X	0	1
P	$\frac{1}{5}$	$\frac{4}{5}$

解析 >> 由题设及归一性知

$$P\{X=0\}+P\{X=1\}=P\{X=0\}+4P\{X=0\}=5P\{X=0\}=1,$$

解得 $P\{X=0\}=\frac{1}{5}, P\{X=1\}=\frac{4}{5}$，从而 X 的概率分布为

X	0	1
P	$\frac{1}{5}$	$\frac{4}{5}$

58 答案 $P\{X=k\}=0.7\times0.3^{k-1}, k=1,2,\cdots$，0.0189.

解析 >> 设 X 表示“命中目标时射击的次数”，则 $X=1,2,\cdots$，$\{X=k\}$ 表示第 k 次才命中目标，即前 $k-1$ 次都不中，第 k 次命中．由独立性得

$$P\{X=k\}=(1-0.7)^{k-1}\times0.7=0.7\times0.3^{k-1}, k=1,2,\cdots.$$

命中时恰好射击 4 次的概率为 $p=P\{X=4\}=0.7\times0.3^3=0.0189$.

59 答案 (1) $P\{X=k\}=\frac{3}{4^k}, k=1,2,\cdots$；(2) $\frac{4}{5}$.

解析 >> (1) 设 X 表示“取到正品时抽取的次数”，则 $X=1,2,\cdots$，且

$$P\{X=k\}=\left(\frac{5}{20}\right)^{k-1}\times\frac{15}{20}=\frac{3}{4^k}, k=1,2,\cdots.$$

(2) 抽取次数是奇数的概率为

$$P\{X=1\}+P\{X=3\}+\cdots=\frac{3}{4}+\frac{3}{4^3}+\cdots=\frac{\frac{3}{4}}{1-\frac{1}{4^2}}=\frac{4}{5}.$$

60 答案 $\frac{5}{8}$.

解析 >> 设 X 表示“正面出现的次数”，则 $5-X$ 为“反面出现的次数”，且 $X\sim B(5,0.5)$．令 A 表示“正面和反面都至少出现两次”，则

$$A=\{2\leqslant X\leqslant 5\}\cap\{2\leqslant 5-X\leqslant 5\}=\{2\leqslant X\leqslant 5\}\cap\{0\leqslant X\leqslant 3\}=\{X=2\}\cup\{X=3\},$$

所以

$$P(A)=P\{X=2\}+P\{X=3\}$$
$$=C_5^2 0.5^2(1-0.5)^{5-2}+C_5^3 0.5^3(1-0.5)^{5-3}=\frac{5}{8}.$$

【计算器操作】以卡西欧 fx-999CN CW 为例，使用计算器的组合数功能．按开机打开主屏幕，选择计算应用，按进入．

输入计算式：组合 C 按输入，平方按输入，立方按输入，如图 2-1 所示．

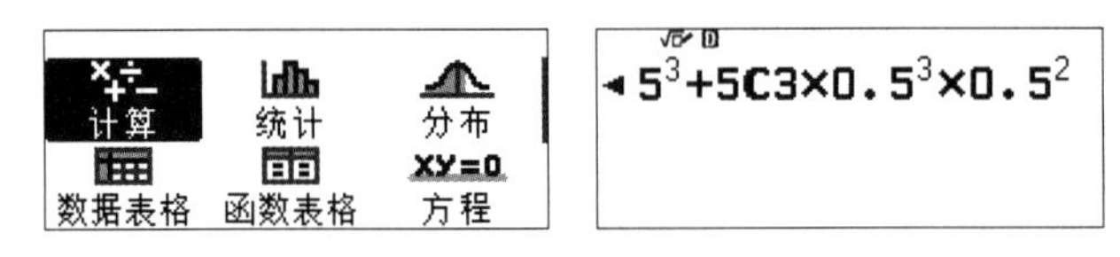

图 2-1

计算得出答案：按计算得到结果，如图 2-2 所示．

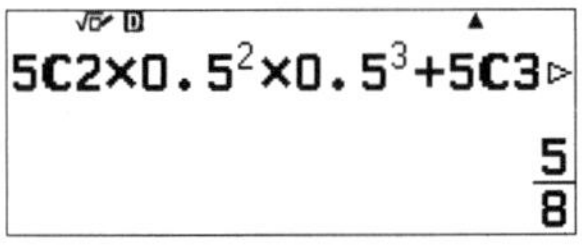

图 2-2

61 答案 $\frac{65}{81}$.

解析 >> 由题设及二项分布的计算公式得

$$P\{X\geqslant 1\}=1-P\{X=0\}=1-(1-p)^2=\frac{5}{9},$$

解得 $p=\frac{1}{3}$，从而

$$P\{Y\geqslant 1\}=1-P\{Y=0\}=1-\left(1-\frac{1}{3}\right)^4=\frac{65}{81}.$$

62 答案 (1) $P\{X=k\}=C_6^k\left(\frac{3}{4}\right)^k\left(\frac{1}{4}\right)^{6-k},k=0,1,\cdots,6$；(2) 5．

解析 >> (1) 设 X 表示“最近 6 天内用水量正常的天数”，则 $X \sim B\left(6,\frac{3}{4}\right)$，其概率分布为

$$P\{X=k\}=\mathrm{C}_6^k\left(\frac{3}{4}\right)^k\left(\frac{1}{4}\right)^{6-k},k=0,1,\cdots,6.$$

(2) 因为 $(n+1)p=7\times\frac{3}{4}=\frac{21}{4}$，所以用水量最可能正常的天数为 $k_0=\left[\frac{21}{4}\right]=5$.

63 答案 $P\{X=k\}=\frac{2^k}{k!}\mathrm{e}^{-2},k=0,1,2,\cdots$，$\frac{4}{15}\mathrm{e}^{-2}$.

解析 >> X 的概率分布为

$$P\{X=k\}=\frac{2^k}{k!}\mathrm{e}^{-2},k=0,1,2,\cdots.$$

一分钟内呼唤 5 次的概率为

$$P\{X=5\}=\frac{2^5}{5!}\mathrm{e}^{-2}=\frac{4}{15}\mathrm{e}^{-2}.$$

64 答案 (1) $P\{X=k\}=\frac{3^k}{k!}\mathrm{e}^{-3},k=0,1,2,\cdots$；(2) $\frac{63}{8}\mathrm{e}^{-3}$.

解析 >> (1) 因为 X 服从参数为 λ 的泊松分布，所以

$$P\{X=k\}=\frac{\lambda^k}{k!}\mathrm{e}^{-\lambda},k=0,1,2,\cdots.$$

由于 $P\{X=2\}=P\{X=3\}$，因此

$$\frac{\lambda^2}{2!}\mathrm{e}^{-\lambda}=\frac{\lambda^3}{3!}\mathrm{e}^{-\lambda},$$

解得 $\lambda=3$，从而 X 的概率分布为

$$P\{X=k\}=\frac{3^k}{k!}\mathrm{e}^{-3},k=0,1,2,\cdots.$$

(2) $P\{2<X\leqslant 4\}=P\{X=3\}+P\{X=4\}=\frac{3^3}{3!}\mathrm{e}^{-3}+\frac{3^4}{4!}\mathrm{e}^{-3}=\frac{63}{8}\mathrm{e}^{-3}$.

65 答案 $\frac{25}{2}\mathrm{e}^{-5}$.

解析 >> 设 X 表示“500 件产品中次品的件数”，则 $X\sim B(500,0.01)$. 因为 $n=500$ 较大，$p=0.01$ 较小，$np=5$，所以近似的有 $X\sim P(5)$，从而次品为 2 件的概率为

$$P\{X=2\}\approx\frac{5^2}{2!}\mathrm{e}^{-5}=\frac{25}{2}\mathrm{e}^{-5}.$$

66 答案 (1) $P\{X=k\}=\frac{\mathrm{C}_3^k\mathrm{C}_{17}^{4-k}}{\mathrm{C}_{20}^4},k=0,1,2,3$；(2) $\frac{284}{285}$.

解析 >> (1) 由题意知 X 服从超几何分布，其概率分布为

$$P\{X=k\}=\frac{\mathrm{C}_3^k\mathrm{C}_{17}^{4-k}}{\mathrm{C}_{20}^4},k=0,1,2,3.$$

(2) 次品数不多于2件的概率为

$$P\{X \leqslant 2\}=1-P\{X=3\}=1-\frac{C_3^3 C_{17}^{4-3}}{C_{20}^4}=\frac{284}{285}.$$

67 答案 (A).

解析>> $F(x)$为随机变量X的分布函数的充要条件是满足分布函数的4条性质．因为

$$\lim_{x\to-\infty} F(2-x)=F(+\infty)=1\neq 0,\ \lim_{x\to-\infty} F(x^2)=F(+\infty)=1\neq 0,$$

所以排除选项(B)和选项(C)．$1-F(-x)$不一定处处右连续，排除选项(D)．可以验证$F(2x+1)$满足分布函数的4条性质．故选(A)．

68 答案 $\frac{1}{2}$，$\frac{1}{\pi}$.

解析>> 由分布函数的性质$F(-\infty)=0, F(+\infty)=1$得

$$\begin{cases}\lim\limits_{x\to-\infty}(A+B\arctan x)=A-B\cdot\dfrac{\pi}{2}=0 \\ \lim\limits_{x\to+\infty}(A+B\arctan x)=A+B\cdot\dfrac{\pi}{2}=1\end{cases},$$

解得$A=\frac{1}{2}, B=\frac{1}{\pi}$.

69 答案 1，-1.

解析>> 由分布函数的性质$F(+\infty)=1$得

$$\lim_{x\to+\infty}(A+Be^{-\lambda x})=A=1.$$

又由$F(x)$在$x=0$处右连续得

$$\lim_{x\to0^+}(A+Be^{-\lambda x})=F(0)=0\Rightarrow A+B=0\Rightarrow B=-1.$$

故$A=1, B=-1$.

70 答案 (B).

解析>> 由公式2得

$$P\{a<X<b\}=P\{a<X\leqslant b\}-P\{X=b\}=F(b)-F(a)-P\{X=b\},$$

故$P\{a<X<b\}=F(b)-F(a)$成立的充要条件是$P\{X=b\}=0$．又由公式4知

$$P\{X=b\}=F(b)-F(b-0),$$

从而$F(b)=F(b-0)$，即$F(x)$在b处左连续．由分布函数的性质知$F(x)$在b处右连续，因此$F(x)$在b处连续．故选(B)．

71 答案 (1) $\frac{1}{2}-e^{-2}$；(2) $\frac{1}{2}$；(3) $\frac{1}{2}-e^{-1}$.

解析>> 由公式得

(1) $P\left\{\frac{1}{2}<X\leqslant 2\right\}=F(2)-F\left(\frac{1}{2}\right)=(1-e^{-2})-\frac{1}{2}=\frac{1}{2}-e^{-2}.$

(2) $P\left\{X>\frac{1}{2}\right\}=1-F\left(\frac{1}{2}\right)=1-\frac{1}{2}=\frac{1}{2}$.

(3) $P\{X=1\}=F(1)-F(1-0)=(1-\mathrm{e}^{-1})-\frac{1}{2}=\frac{1}{2}-\mathrm{e}^{-1}$.

72 答案 (1) 0.3；(2) $F(x)=\begin{cases}0, & x<-1\\ 0.5, & -1\leqslant x<1\\ 0.8, & 1\leqslant x<2\\ 1, & x\geqslant 2\end{cases}$；(3) 0.8，0.5.

解析 >> (1) 由概率分布的归一性得

$$C=1-0.5-0.2=0.3.$$

(2) X 的三个取值 $-1,1,2$ 将 $F(x)$ 的定义域 $(-\infty,+\infty)$ 分成四个区间.

当 $x<-1$ 时，$F(x)=P\{X\leqslant x\}=P\{\varnothing\}=0$；

当 $-1\leqslant x<1$ 时，$F(x)=P\{X\leqslant x\}=P\{X=-1\}=0.5$；

当 $1\leqslant x<2$ 时，$F(x)=P\{X\leqslant x\}=P\{X=-1\}+P\{X=1\}=0.5+0.3=0.8$；

当 $x\geqslant 2$ 时，$F(x)=P\{X\leqslant x\}=P\{X=-1\}+P\{X=1\}+P\{X=2\}=1$.

所以，X 的分布函数为

$$F(x)=\begin{cases}0, & x<-1\\ 0.5, & -1\leqslant x<1\\ 0.8, & 1\leqslant x<2\\ 1, & x\geqslant 2\end{cases}.$$

(3) $P\{X\leqslant 1\}=F(1)=0.8$，或

$$P\{X\leqslant 1\}=P\{X=-1\}+P\{X=1\}=0.5+0.3=0.8.$$

$P\{0\leqslant X\leqslant 2\}=F(2)-F(0)+P\{X=0\}=1-0.5+0=0.5$，或

$$P\{0\leqslant X\leqslant 2\}=P\{X=1\}+P\{X=2\}=0.3+0.2=0.5.$$

73 答案 (1)

X	-2	0	3
P	0.1	0.3	0.6

(2) $\frac{1}{7}$.

解析 >> (1) 由分布函数知随机变量 X 的取值为 $-2,0,3$，且

$$P\{X=-2\}=F(-2)-F(-2-0)=0.1-0=0.1,$$

$$P\{X=0\}=F(0)-F(0-0)=0.4-0.1=0.3,$$

$$P\{X=3\}=F(3)-F(3-0)=1-0.4=0.6,$$

所以，X 的概率分布为

X	-2	0	3
P	0.1	0.3	0.6

(2) $P\{X<2\mid X\neq 0\}=\dfrac{P\{X<2,X\neq 0\}}{P\{X\neq 0\}}=\dfrac{P\{X=-2\}}{1-P\{X=0\}}=\dfrac{1}{7}$.

74 答案 (1)

X	0	1	2	4
P	$\frac{7}{16}$	$\frac{1}{4}$	$\frac{1}{4}$	$\frac{1}{16}$

(2) $F(x)=\begin{cases}0, & x<0\\ \dfrac{7}{16}, & 0\leqslant x<1\\ \dfrac{11}{16}, & 1\leqslant x<2\\ \dfrac{15}{16}, & 2\leqslant x<4\\ 1, & x\geqslant 4\end{cases}$.

解析>> (1) 设 X_1,X_2 分别表示两次取到的球上的号码数，则 $X=X_1X_2$. 由 $X_i=0,1,2$ $(i=1,2)$ 知 X 的取值为 $0,1,2,4$，且

$$P\{X=0\}=P\{(X_1=0)\cup(X_2=0)\}=P\{X_1=0\}+P\{X_2=0\}-P\{X_1=0\}P\{X_2=0\}$$
$$=\frac{1}{4}+\frac{1}{4}-\frac{1}{4}\times\frac{1}{4}=\frac{7}{16},$$
$$P\{X=1\}=P\{X_1=1,X_2=1\}=P\{X_1=1\}P\{X_2=1\}=\frac{2}{4}\times\frac{2}{4}=\frac{1}{4},$$
$$P\{X=2\}=P\{(X_1=1,X_2=2)\cup(X_1=2,X_2=1)\}$$
$$=P\{X_1=1\}P\{X_2=2\}+P\{X_1=2\}P\{X_2=1\}=\frac{2}{4}\times\frac{1}{4}+\frac{1}{4}\times\frac{2}{4}=\frac{1}{4},$$
$$P\{X=4\}=P\{X_1=2,X_2=2\}=P\{X_1=2\}P\{X_2=2\}=\frac{1}{4}\times\frac{1}{4}=\frac{1}{16}.$$

所以，X 的概率分布为

X	0	1	2	4
P	$\frac{7}{16}$	$\frac{1}{4}$	$\frac{1}{4}$	$\frac{1}{16}$

(2) X 的四个取值 $0,1,2,4$ 将 $F(x)$ 的定义域 $(-\infty,+\infty)$ 分成五个区间.

当 $x<0$ 时，$F(x)=P\{X\leqslant x\}=P\{\varnothing\}=0$；

当 $0\leqslant x<1$ 时，$F(x)=P\{X\leqslant x\}=P\{X=0\}=\dfrac{7}{16}$；

当 $1\leqslant x<2$ 时，$F(x)=P\{X\leqslant x\}=P\{X=0\}+P\{X=1\}=\dfrac{7}{16}+\dfrac{1}{4}=\dfrac{11}{16}$；

当 $2\leqslant x<4$ 时，$F(x)=P\{X\leqslant x\}=P\{X=0\}+P\{X=1\}+P\{X=2\}=\dfrac{7}{16}+\dfrac{1}{4}+\dfrac{1}{4}=\dfrac{15}{16}$；

当 $x\geqslant 4$ 时，$F(x)=P\{X\leqslant x\}=P\{X=0\}+P\{X=1\}+P\{X=2\}+P\{X=4\}=1$.

所以，X 的分布函数为

$$F(x)=\begin{cases}0, & x<0\\ \dfrac{7}{16}, & 0\leqslant x<1\\ \dfrac{11}{16}, & 1\leqslant x<2\\ \dfrac{15}{16}, & 2\leqslant x<4\\ 1, & x\geqslant 4\end{cases}.$$

75 答案 (B).

解析 >> $f(x)$ 为连续型随机变量 X 的密度函数的充要条件是 $f(x)\geqslant 0$ 且 $\int_{-\infty}^{+\infty}f(x)\mathrm{d}x=1$.

对于选项 (A)，$\int_{-\infty}^{+\infty}f(2x)\mathrm{d}x=\dfrac{1}{2}\int_{-\infty}^{+\infty}f(2x)\mathrm{d}(2x)=\dfrac{1}{2}\neq 1$，排除 (A).

对于选项 (B)，$f(-x)\geqslant 0,\int_{-\infty}^{+\infty}f(-x)\mathrm{d}x\xlongequal{\text{令}-x=t}-\int_{-\infty}^{+\infty}f(t)\mathrm{d}t=\int_{-\infty}^{+\infty}f(t)\mathrm{d}t=1$，所以 (B) 正确.

对于选项 (C)，$\int_{-\infty}^{+\infty}2f(x)\mathrm{d}x=2\int_{-\infty}^{+\infty}f(x)\mathrm{d}x=2\neq 1$，排除 (C).

对于选项 (D)，$-f(x)\leqslant 0$，排除 (D). 故选 (B).

76 答案 (C).

解析 >> 由于 $F(x)$ 是不减的非负函数，因此选项 (A) 和选项 (B) 不成立. 由 $f(x)$ 为偶函数得 $F(-x)=\int_{-\infty}^{-x}f(t)\mathrm{d}t=\int_{x}^{+\infty}f(t)\mathrm{d}t$，所以

$$F(x)+F(-x)=\int_{-\infty}^{x}f(t)\mathrm{d}t+\int_{x}^{+\infty}f(t)\mathrm{d}t=\int_{-\infty}^{+\infty}f(t)\mathrm{d}t=1,$$

故选 (C).

77 答案 (C).

解析 >> 条件未指明 X 是哪种类型的随机变量，故只有选项 (C) 一定正确.

78 答案 (1) $f(x)=\begin{cases}\dfrac{1}{\pi\sqrt{1-x^2}}, & -1<x<1\\ 0, & \text{其他}\end{cases}$；(2) $\dfrac{1}{2}$.

解析 >> (1) X 的密度函数为

$$f(x)=F'(x)=\begin{cases}\dfrac{1}{\pi\sqrt{1-x^2}}, & -1<x<1\\ 0, & \text{其他}\end{cases}.$$

(2) 由公式 3 得 $P\{0<X<2\}=F(2)-F(0)=1-\dfrac{1}{2}=\dfrac{1}{2}$，或

$$P\{0<X<2\}=\int_0^2 f(x)\mathrm{d}x=\int_0^1\frac{1}{\pi\sqrt{1-x^2}}\mathrm{d}x=\frac{1}{\pi}\arcsin x\Big|_0^1=\frac{1}{2}.$$

79 答案 $\frac{21}{25}$.

解析 >> 方程 $x^2+Xx+\frac{1}{4}(X+2)=0$ 有实根的充要条件为

$$\Delta=X^2-4\times1\times\frac{1}{4}(X+2)=(X-2)(X+1)\geqslant0,$$

解得 $X\geqslant2$ 或 $X\leqslant-1$．因此，所求概率为

$$p=P\{(X\geqslant2)\cup(X\leqslant-1)\}=P\{X\geqslant2\}+P\{X\leqslant-1\}$$
$$=1-F(2)+F(-1)=1-\frac{4}{25}+0=\frac{21}{25}.$$

80 答案 (1) 1；(2) 0.75．

解析 >> (1) 由密度函数的归一性得

$$1=\int_{-\infty}^{+\infty}f(x)\mathrm{d}x=\int_0^a2x\mathrm{d}x=a^2,$$

因为 $a>0$，所以 $a=1$．

(2) 由于 $f(x)=\begin{cases}2x, & 0<x<1\\0, & 其他\end{cases}$，因此

$$P\{0.5\leqslant X<1.5\}=\int_{0.5}^{1.5}f(x)\mathrm{d}x=\int_{0.5}^{1}2x\mathrm{d}x=0.75.$$

81 答案 $-\frac{3}{2}$，$\frac{7}{4}$.

解析 >> 由密度函数的归一性得

$$\int_{-\infty}^{+\infty}f(x)\mathrm{d}x=\int_0^1(ax+b)\mathrm{d}x=\frac{a}{2}+b=1 \quad ①$$

由于 X 为连续型随机变量，因此

$$1=P\left\{X<\frac{1}{3}\right\}+P\left\{X\geqslant\frac{1}{3}\right\}=P\left\{X<\frac{1}{3}\right\}+P\left\{X>\frac{1}{3}\right\}=2P\left\{X<\frac{1}{3}\right\},$$

解得 $P\left\{X<\frac{1}{3}\right\}=\frac{1}{2}$．而

$$P\left\{X<\frac{1}{3}\right\}=\int_{-\infty}^{\frac{1}{3}}f(x)\mathrm{d}x=\int_0^{\frac{1}{3}}(ax+b)\mathrm{d}x=\frac{a}{18}+\frac{b}{3}=\frac{1}{2} \quad ②$$

联立①式和②式，解得 $a=-\frac{3}{2},b=\frac{7}{4}$.

82 答案 (1) $1-\mathrm{e}^{-1}$；(2) $1-\mathrm{e}^{-1}$.

解析 >> (1) $P\{X\leqslant1\}=\int_{-\infty}^{1}f(x)\mathrm{d}x=\int_0^1\mathrm{e}^{-x}\mathrm{d}x=-\mathrm{e}^{-x}\Big|_0^1=1-\mathrm{e}^{-1}$.

(2) $P\{X\leqslant2\mid X>1\}=\dfrac{P\{1<X\leqslant2\}}{P\{X>1\}}=\dfrac{\int_1^2\mathrm{e}^{-x}\mathrm{d}x}{\int_1^{+\infty}\mathrm{e}^{-x}\mathrm{d}x}=\dfrac{\mathrm{e}^{-1}-\mathrm{e}^{-2}}{\mathrm{e}^{-1}}=1-\mathrm{e}^{-1}$.

83 答案 0.15.

解析 >> 由条件知 $f(x)$ 关于 $x=1$ 对称，所以

$$\int_{-\infty}^{1} f(x)\mathrm{d}x=\frac{1}{2}\int_{-\infty}^{+\infty} f(x)\mathrm{d}x=0.5,\int_{0}^{1} f(x)\mathrm{d}x=\frac{1}{2}\int_{0}^{2} f(x)\mathrm{d}x=0.35,$$

从而

$$F(0)=\int_{-\infty}^{0} f(x)\mathrm{d}x=\int_{-\infty}^{1} f(x)\mathrm{d}x-\int_{0}^{1} f(x)\mathrm{d}x=0.5-0.35=0.15.$$

84 答案 (1) 1，0；(2) $f(x)=\begin{cases}\dfrac{1}{x}, & 1\leqslant x<\mathrm{e} \\ 0, & \text{其他}\end{cases}$；(3) $\ln 2$.

解析 >> (1) 由 $F(x)$ 在 $x=1$ 及 $x=\mathrm{e}$ 处连续得

$$\begin{cases}\lim\limits_{x\to 1^-} F(x)=\lim\limits_{x\to 1^+} F(x)=F(1)=b \\ \lim\limits_{x\to \mathrm{e}^-} F(x)=\lim\limits_{x\to \mathrm{e}^+} F(x)=F(\mathrm{e})=1\end{cases}，即\begin{cases}b=0 \\ a+b=1\end{cases},$$

解得 $a=1,b=0$.

(2) X 的密度函数为

$$f(x)=F'(x)=\begin{cases}\dfrac{1}{x}, & 1\leqslant x<\mathrm{e} \\ 0, & \text{其他}\end{cases}.$$

(3) $P\{X<2\}=P\{X\leqslant 2\}=F(2)=\ln 2$，或

$$P\{X<2\}=\int_{-\infty}^{2} f(x)\mathrm{d}x=\int_{1}^{2}\frac{1}{x}\mathrm{d}x=\ln x\Big|_1^2=\ln 2.$$

85 答案 $P\{Y=m\}=\mathrm{C}_n^m(0.04)^m(0.96)^{n-m},m=0,1,2,\cdots,n$.

解析 >> 设 A 表示事件“观测值不大于 0.2”，即 $A=\{X\leqslant 0.2\}$，则

$$P(A)=P\{X\leqslant 0.2\}=\int_{-\infty}^{0.2} f(x)\mathrm{d}x=2\int_{0}^{0.2} x\mathrm{d}x=0.04.$$

由题意知 $Y\sim B(n,0.04)$，从而 Y 的概率分布为

$$P\{Y=m\}=\mathrm{C}_n^m(0.04)^m(0.96)^{n-m},m=0,1,2,\cdots,n.$$

本题涉及的随机变量既有离散型的又有连续型的，注意区分.

86 答案 $\sqrt[3]{4}$.

解析 >> 由题设 X 和 Y 同分布知 $P\{X>a\}=P\{Y>a\}$，故设 $P(A)=P(B)=p$，因为事件 A 与 B 相互独立，所以

$$P(A+B)=1-P(\overline{A})P(\overline{B})=1-(1-p)^2=\frac{3}{4},$$

解得 $p=\dfrac{1}{2}$，即 $P\{X>a\}=\int_{a}^{+\infty} f(x)\mathrm{d}x=\dfrac{1}{2}$，必有 $0<a<2$. 由于

$$p=P\{X>a\}=\int_a^{+\infty}f(x)\mathrm{d}x=\int_a^2\frac{3}{8}x^2\mathrm{d}x=1-\frac{a^3}{8},$$

因此$1-\frac{a^3}{8}=\frac{1}{2}$，解得$a=\sqrt[3]{4}$.

评注

在本题中，为什么$0<a<2$？若$a\leqslant 0$，则

$$P\{X>a\}=\int_a^{+\infty}f(x)\mathrm{d}x=\int_0^2\frac{3}{8}x^2\mathrm{d}x=1\neq\frac{1}{2}.$$

若$a\geqslant 2$，则$P\{X>a\}=\int_a^{+\infty}0\mathrm{d}x=0\neq\frac{1}{2}$.

87 答案 (1) $\frac{1}{2}$；(2) $F(x)=\begin{cases}0, & x<-\frac{\pi}{2}\\ \frac{1}{2}(\sin x+1), & -\frac{\pi}{2}\leqslant x<\frac{\pi}{2}.\\ 1, & x\geqslant\frac{\pi}{2}\end{cases}$

解析 >> (1) 由密度函数的归一性得

$$1=\int_{-\infty}^{+\infty}f(x)\mathrm{d}x=\int_{-\frac{\pi}{2}}^{\frac{\pi}{2}}A\cos x\mathrm{d}x=2A,$$

解得$A=\frac{1}{2}$.

(2) 当$x<-\frac{\pi}{2}$时，

$$F(x)=\int_{-\infty}^{x}f(t)\mathrm{d}t=\int_{-\infty}^{x}0\mathrm{d}t=0;$$

当$-\frac{\pi}{2}\leqslant x<\frac{\pi}{2}$时，

$$F(x)=\int_{-\infty}^{x}f(t)\mathrm{d}t=\int_{-\infty}^{-\frac{\pi}{2}}0\mathrm{d}t+\int_{-\frac{\pi}{2}}^{x}\frac{1}{2}\cos t\mathrm{d}t=\frac{1}{2}(\sin x+1);$$

当$x\geqslant\frac{\pi}{2}$时，

$$F(x)=\int_{-\infty}^{x}f(t)\mathrm{d}t=\int_{-\infty}^{-\frac{\pi}{2}}0\mathrm{d}t+\int_{-\frac{\pi}{2}}^{\frac{\pi}{2}}\frac{1}{2}\cos t\mathrm{d}t+\int_{\frac{\pi}{2}}^{x}0\mathrm{d}t=1.$$

所以，X的分布函数为

$$F(x)=\begin{cases}0, & x<-\frac{\pi}{2}\\ \frac{1}{2}(\sin x+1), & -\frac{\pi}{2}\leqslant x<\frac{\pi}{2}.\\ 1, & x\geqslant\frac{\pi}{2}\end{cases}$$

评注

由密度函数求分布函数是一个难点，在分段讨论时应注意：

(1) 有必要写定义式，$F(x)=\int_{-\infty}^{x}f(t)\mathrm{d}t$，切记积分下限是 $-\infty$，积分上限是 x；

(2) 积分上限 x 的分段情况取决于密度函数 $f(x)$ 的分段区间.

88 答案　(1) $\frac{1}{2}$；(2) $F(x)=\begin{cases}\frac{1}{2}\mathrm{e}^{x}, & x<0\\ 1-\frac{1}{2}\mathrm{e}^{-x}, & x\geqslant 0\end{cases}$；(3) $1-\mathrm{e}^{-1}$.

解析 >> (1) 由密度函数的归一性得

$$1=\int_{-\infty}^{+\infty}f(x)\mathrm{d}x=2\int_{0}^{+\infty}A\mathrm{e}^{-x}\mathrm{d}x=2A,$$

解得 $A=\frac{1}{2}$.

(2) 当 $x<0$ 时，

$$F(x)=\int_{-\infty}^{x}f(t)\mathrm{d}t=\int_{-\infty}^{x}\frac{1}{2}\mathrm{e}^{t}\mathrm{d}t=\frac{1}{2}\mathrm{e}^{x};$$

当 $x\geqslant 0$ 时，

$$F(x)=\int_{-\infty}^{x}f(t)\mathrm{d}t=\int_{-\infty}^{0}\frac{1}{2}\mathrm{e}^{t}\mathrm{d}t+\int_{0}^{x}\frac{1}{2}\mathrm{e}^{-t}\mathrm{d}t=1-\frac{1}{2}\mathrm{e}^{-x}.$$

所以，X 的分布函数为

$$F(x)=\begin{cases}\frac{1}{2}\mathrm{e}^{x}, & x<0\\ 1-\frac{1}{2}\mathrm{e}^{-x}, & x\geqslant 0\end{cases}.$$

(3) $P\{-1\leqslant X<1\}=\int_{-1}^{1}f(x)\mathrm{d}x=2\int_{0}^{1}\frac{1}{2}\mathrm{e}^{-x}\mathrm{d}x=1-\mathrm{e}^{-1}$，或

$$P\{-1\leqslant X<1\}=P\{-1<X\leqslant 1\}=F(1)-F(-1)=1-\frac{1}{2}\mathrm{e}^{-1}-\frac{1}{2}\mathrm{e}^{-1}=1-\mathrm{e}^{-1}.$$

89 答案　(1) $F(x)=\begin{cases}0, & x<-2\\ \frac{x+2}{8}, & -2\leqslant x<6\\ 1, & x\geqslant 6\end{cases}$；(2) $\frac{1}{2}$.

解析 >> (1) 由题设知 X 的密度函数为 $f(x)=\begin{cases}\frac{1}{8}, & -2\leqslant x\leqslant 6\\ 0, & 其他\end{cases}$.

当 $x<-2$ 时，

$$F(x)=\int_{-\infty}^{x}f(t)\mathrm{d}t=\int_{-\infty}^{x}0\mathrm{d}t=0;$$

当$-2\leqslant x<6$时，

$$F(x)=\int_{-\infty}^{x}f(t)\mathrm{d}t=\int_{-\infty}^{-2}0\mathrm{d}t+\int_{-2}^{x}\frac{1}{8}\mathrm{d}t=\frac{x+2}{8};$$

当$x\geqslant 6$时，

$$F(x)=\int_{-\infty}^{x}f(t)\mathrm{d}t=\int_{-\infty}^{-2}0\mathrm{d}t+\int_{-2}^{6}\frac{1}{8}\mathrm{d}t+\int_{6}^{x}0\mathrm{d}t=1.$$

所以，X的分布函数为

$$F(x)=\begin{cases}0, & x<-2\\ \dfrac{x+2}{8}, & -2\leqslant x<6\\ 1, & x\geqslant 6\end{cases}.$$

(2) $P\{-3\leqslant X\leqslant 2\}=P\{-2\leqslant X\leqslant 2\}=\dfrac{2-(-2)}{6-(-2)}=\dfrac{1}{2}$，或

$$P\{-3\leqslant X\leqslant 2\}=\int_{-3}^{2}f(x)\mathrm{d}x=\int_{-2}^{2}\frac{1}{8}\mathrm{d}x=\frac{1}{2},$$

或$P\{-3\leqslant X\leqslant 2\}=P\{-3<X\leqslant 2\}=F(2)-F(-3)=\dfrac{1}{2}-0=\dfrac{1}{2}$.

90 答案 $\dfrac{44}{125}$.

解析 >> 设一个人等车的时间为随机变量X，则$X\sim U[0,5]$. 一个人等车时间不超过2分钟的概率为

$$P\{X\leqslant 2\}=\frac{2-0}{5-0}=\frac{2}{5}.$$

设三人中等车时间不超过2分钟的人数为Y，则$Y\sim B\left(3,\dfrac{2}{5}\right)$，所求概率为

$$P\{Y\geqslant 2\}=P\{Y=2\}+P\{Y=3\}=\mathrm{C}_3^2\left(\frac{2}{5}\right)^2\times\frac{3}{5}+\left(\frac{2}{5}\right)^3=\frac{44}{125}.$$

91 答案 $1-\mathrm{e}^{-1}$.

解析 >> 由$X\sim E(1)$知其分布函数为

$$F(x)=\begin{cases}1-\mathrm{e}^{-x}, & x>0\\ 0, & x\leqslant 0\end{cases},$$

故

$$\begin{aligned}P\{X\leqslant a+1\mid X>a\}&=\frac{P\{a<X\leqslant a+1\}}{P\{X>a\}}=\frac{F(a+1)-F(a)}{1-F(a)}\\&=\frac{(1-\mathrm{e}^{-a-1})-(1-\mathrm{e}^{-a})}{1-(1-\mathrm{e}^{-a})}=\frac{\mathrm{e}^{-a}-\mathrm{e}^{-a-1}}{\mathrm{e}^{-a}}=1-\mathrm{e}^{-1}.\end{aligned}$$

评注

本题也可以利用指数分布的无记忆性来计算：

$$P\{X \leqslant a+1 \mid X > a\} = 1 - P\{X > a+1 \mid X > a\} = 1 - P\{X > 1\}$$
$$= P\{X \leqslant 1\} = F(1) = 1 - \mathrm{e}^{-1}.$$

92 答案 (1) 0.04648；(2) 0.95；(3) 0.06558.

解析 >> (1) $P\{X \leqslant -1.68\} = \Phi(-1.68) = 1 - \Phi(1.68) = 1 - 0.95352 = 0.04648$.

(2) $P\{|X| < 1.96\} = 2\Phi(1.96) - 1 = 2 \times 0.975 - 1 = 0.95$.

(3) $P\{|X| \geqslant 1.84\} = 2[1 - \Phi(1.84)] = 2(1 - 0.96721) = 0.06558$.

93 答案 (1) 0.3094；(2) 0.6247.

解析 >> 由 $X \sim N(1,4)$ 得 $\mu = 1, \sigma = 2$.

(1) $$P\{0 < X \leqslant 1.6\} = F(1.6) - F(0) = \Phi\left(\frac{1.6-1}{2}\right) - \Phi\left(\frac{0-1}{2}\right)$$
$$= \Phi(0.3) - \Phi(-0.5) = \Phi(0.3) + \Phi(0.5) - 1 = 0.3094.$$

(2) $$P\{|X| < 2\} = P\{-2 < X < 2\} = F(2) - F(-2) = \Phi\left(\frac{2-1}{2}\right) - \Phi\left(\frac{-2-1}{2}\right)$$
$$= \Phi(0.5) - \Phi(-1.5) = \Phi(0.5) + \Phi(1.5) - 1 = 0.6247.$$

评注

本题的计算过程中常犯的两个错误：

$$F(0) = 0.5 \text{ 和 } P\{|X| \leqslant 2\} = 2F(2) - 1.$$

一定要注意公式成立的条件.

94 答案 (A).

解析 >> 设 X 的分布函数为 $F_1(x)$，Y 的分布函数为 $F_2(y)$，则

$$p_1 = P\{X \leqslant \mu - 5\} = F_1(\mu - 5) = \Phi\left(\frac{\mu - 5 - \mu}{5}\right) = \Phi(-1) = 1 - \Phi(1),$$

$$p_2 = P\{Y \geqslant \mu + 10\} = 1 - F_2(\mu + 10) = 1 - \Phi\left(\frac{\mu + 10 - \mu}{10}\right) = 1 - \Phi(1),$$

所以，$p_1 = p_2$. 故选 (A).

95 答案 (1) $f(x) = \begin{cases} \dfrac{1}{4}, & 2 \leqslant x \leqslant 6 \\ 0, & 其他 \end{cases}$；(2) $\dfrac{3}{4}$.

解析 >> (1) 由 $X \sim U[a,b]$ 知 $P\left\{X > \dfrac{a+b}{2}\right\} = \dfrac{b - \dfrac{a+b}{2}}{b-a} = \dfrac{1}{2}$，因为 $P\{X > 4\} = \dfrac{1}{2}$，所以 $\dfrac{a+b}{2} = 4$，即

$$a+b=8 \quad ①$$

由于$P\{0<X<3\}=P\{a\leqslant X<3\}=\dfrac{3-a}{b-a}=\dfrac{1}{4}$，因此

$$3a+b=12 \quad ②$$

联立①式和②式，解得$a=2,b=6$．所以，X的密度函数为

$$f(x)=\begin{cases}\dfrac{1}{4}, & 2\leqslant x\leqslant 6\\ 0, & 其他\end{cases}.$$

(2) $P\{1<X<5\}=P\{2\leqslant X<5\}=\dfrac{5-2}{6-2}=\dfrac{3}{4}$.

96 答案 $\dfrac{1}{2}\ln 2$.

解析>> 因为X服从参数为λ的指数分布，所以X的分布函数为

$$F(x)=\begin{cases}1-\mathrm{e}^{-\lambda x}, & x>0\\ 0, & x\leqslant 0\end{cases},$$

且$P\{X>2\}=1-F(2)=\mathrm{e}^{-2\lambda}$.

令Y表示3次独立重复观测中观测值大于2的次数，则$Y\sim B(3,\mathrm{e}^{-2\lambda})$．由题设知

$$P\{Y\geqslant 1\}=1-P\{Y=0\}=1-(1-\mathrm{e}^{-2\lambda})^3=\frac{7}{8},$$

解得$\lambda=\dfrac{1}{2}\ln 2$.

97 答案 $2a+3b=4$.

解析>> $f(x)$是密度函数的充要条件是$f(x)\geqslant 0$且$\int_{-\infty}^{+\infty}f(x)\mathrm{d}x=1$．显然，$f(x)\geqslant 0$．因为

$$\int_{-\infty}^{+\infty}f(x)\mathrm{d}x=a\int_{-\infty}^{0}f_1(x)\mathrm{d}x+b\int_{0}^{+\infty}f_2(x)\mathrm{d}x=\frac{a}{2}+b\int_0^3\frac{1}{4}\mathrm{d}x=\frac{a}{2}+\frac{3b}{4}=1,$$

所以$2a+3b=4$.

98 答案 0.2，0.3.

解析>> 由

$$P\{2<X<4\}=F(4)-F(2)=\Phi\left(\frac{4-2}{\sigma}\right)-0.5=0.3$$

得$\Phi\left(\dfrac{2}{\sigma}\right)=0.8$，从而

$$P\{X<0\}=P\{X\leqslant 0\}=F(0)=\Phi\left(\frac{0-2}{\sigma}\right)=\Phi\left(-\frac{2}{\sigma}\right)=1-\Phi\left(\frac{2}{\sigma}\right)=1-0.8=0.2,$$

$$P\{0<X<2\}=P\{X<2\}-P\{X\leqslant 0\}=0.5-0.2=0.3.$$

或由 $X\sim N(2,\sigma^2)$，$f(x)$ 关于 $x=\mu=2$ 对称得

$$P\{0<X<2\}=P\{2<X<4\}=0.3.$$

99 答案　$F_Y(y)=\begin{cases}0, & y<0\\ \dfrac{3y}{4}, & 0\leqslant y<1\\ \dfrac{1}{2}+\dfrac{y}{4}, & 1\leqslant y<2\\ 1, & y\geqslant 2\end{cases}$，$f_Y(y)=\begin{cases}\dfrac{3}{4}, & 0\leqslant y<1\\ \dfrac{1}{4}, & 1\leqslant y<2\\ 0, & 其他\end{cases}$.

解析 >> 由题设知在 $X=1$ 的条件下，

$$f_{Y|X=1}(y)=\begin{cases}1, & 0<y<1\\ 0, & 其他\end{cases},F_{Y|X=1}(y)=\begin{cases}0, & y<0\\ y, & 0\leqslant y<1\\ 1, & y\geqslant 1\end{cases}.$$

在 $X=2$ 的条件下，

$$f_{Y|X=2}(y)=\begin{cases}\dfrac{1}{2}, & 0<y<2\\ 0, & 其他\end{cases},F_{Y|X=2}(y)=\begin{cases}0, & y<0\\ \dfrac{y}{2}, & 0\leqslant y<2\\ 1, & y\geqslant 2\end{cases}.$$

由分布函数的定义及全概率公式得

$$\begin{aligned}F_Y(y)&=P\{Y\leqslant y\}\\&=P\{X=1\}P\{Y\leqslant y\mid X=1\}+P\{X=2\}P\{Y\leqslant y\mid X=2\}\\&=\frac{1}{2}P\{Y\leqslant y\mid X=1\}+\frac{1}{2}P\{Y\leqslant y\mid X=2\}.\end{aligned}$$

当 $y<0$ 时，$F_Y(y)=0$；

当 $0\leqslant y<1$ 时，$F_Y(y)=\dfrac{1}{2}\times y+\dfrac{1}{2}\times\dfrac{y}{2}=\dfrac{3y}{4}$；

当 $1\leqslant y<2$ 时，$F_Y(y)=\dfrac{1}{2}\times 1+\dfrac{1}{2}\times\dfrac{y}{2}=\dfrac{1}{2}+\dfrac{y}{4}$；

当 $y\geqslant 2$ 时，$F_Y(y)=1$.

综上所述，Y 的分布函数为

$$F_Y(y)=\begin{cases}0, & y<0\\ \dfrac{3y}{4}, & 0\leqslant y<1\\ \dfrac{1}{2}+\dfrac{y}{4}, & 1\leqslant y<2\\ 1, & y\geqslant 2\end{cases}.$$

Y 的密度函数为

$$f_Y(y)=F_Y'(y)=\begin{cases}\dfrac{3}{4}, & 0\leqslant y<1\\ \dfrac{1}{4}, & 1\leqslant y<2\\ 0, & 其他\end{cases}.$$

评注

本题属于离散型随机变量和连续型随机变量相结合，求分布函数的关键在于巧妙地运用了全概率公式.

100 答案 (1)

Y_1	-1	1	3	5
P	0.1	0.26	0.34	0.3

(2)

Y_2	0	1	4
P	0.26	0.44	0.3

解析 >> (1) Y_1 的所有可能取值为 $-1,1,3,5$，且

$$P\{Y_1=-1\}=P\{X=-1\}=0.1, P\{Y_1=1\}=P\{X=0\}=0.26,$$

$$P\{Y_1=3\}=P\{X=1\}=0.34, P\{Y_1=5\}=P\{X=2\}=0.3,$$

从而可得 Y_1 的概率分布为

Y_1	-1	1	3	5
P	0.1	0.26	0.34	0.3

(2) Y_2 的所有可能取值为 $0,1,4$，且

$$P\{Y_2=0\}=P\{X=0\}=0.26, P\{Y_2=4\}=P\{X=2\}=0.3,$$

$$P\{Y_2=1\}=P\{(X=-1)\cup(X=1)\}=P\{X=-1\}+P\{X=1\}=0.44,$$

从而可得 Y_2 的概率分布为

Y_2	0	1	4
P	0.26	0.44	0.3

101 答案

Y	-1	0	1
P	$\frac{2}{15}$	$\frac{1}{3}$	$\frac{8}{15}$

解析 >> Y 的所有可能取值为

$$Y=\sin\left(\frac{\pi}{2}X\right)=\begin{cases}-1, & X=4k-1\\ 0, & X=2k\\ 1, & X=4k-3\end{cases}\quad(k=1,2,\cdots),$$

从而

$$P\{Y=-1\}=\sum_{k=1}^{+\infty}P\{X=4k-1\}=\frac{1}{2^3}+\frac{1}{2^7}+\cdots+\frac{1}{2^{4k-1}}+\cdots=\frac{\frac{1}{2^3}}{1-\frac{1}{2^4}}=\frac{2}{15},$$

$$P\{Y=0\}=\sum_{k=1}^{+\infty}P\{X=2k\}=\frac{1}{2^2}+\frac{1}{2^4}+\cdots+\frac{1}{2^{2k}}+\cdots=\frac{\frac{1}{2^2}}{1-\frac{1}{2^2}}=\frac{1}{3},$$

$$P\{Y=1\}=\sum_{k=1}^{+\infty}P\{X=4k-3\}=\frac{1}{2}+\frac{1}{2^5}+\cdots+\frac{1}{2^{4k-3}}+\cdots=\frac{\frac{1}{2}}{1-\frac{1}{2^4}}=\frac{8}{15},$$

所以，Y 的概率分布为

Y	-1	0	1
P	$\frac{2}{15}$	$\frac{1}{3}$	$\frac{8}{15}$

102 答案

Y	-1	1
P	$\frac{1}{2}$	$\frac{1}{2}$

解析 >> 由密度函数的归一性得

$$1=\int_{-\infty}^{+\infty}f(x)\mathrm{d}x=a\int_{-\infty}^{+\infty}\frac{1}{\mathrm{e}^x+\mathrm{e}^{-x}}\mathrm{d}x=a\int_{-\infty}^{+\infty}\frac{\mathrm{e}^x}{1+(\mathrm{e}^x)^2}\mathrm{d}x=a\arctan\mathrm{e}^x\Big|_{-\infty}^{+\infty}=\frac{\pi}{2}a,$$

解得 $a=\frac{2}{\pi}$，从而 $f(x)=\frac{2}{\pi(\mathrm{e}^x+\mathrm{e}^{-x})},-\infty<x<+\infty$.

由 $g(x)$ 的形式知 Y 为离散型随机变量，其取值为 $-1,1$，且

$$P\{Y=-1\}=P\{g(X)=-1\}=P\{X<0\}=\int_{-\infty}^{0}\frac{2}{\pi(\mathrm{e}^x+\mathrm{e}^{-x})}\mathrm{d}x$$

$$=\frac{2}{\pi}\int_{-\infty}^{0}\frac{\mathrm{e}^x}{1+(\mathrm{e}^x)^2}\mathrm{d}x=\frac{2}{\pi}\arctan\mathrm{e}^x\Big|_{-\infty}^{0}=\frac{2}{\pi}\times\frac{\pi}{4}=\frac{1}{2},$$

$$P\{Y=1\}=1-P\{Y=-1\}=1-\frac{1}{2}=\frac{1}{2}.$$

所以，Y 的概率分布为

Y	-1	1
P	$\frac{1}{2}$	$\frac{1}{2}$

在本题的解题过程中，好多同学忽视了先求密度函数的待定常数 a.

103 答案　$f_Y(y)=\begin{cases}\dfrac{1}{3}, & 1\leqslant y\leqslant 4\\ 0, & 其他\end{cases}$.

解析 >> 由条件知 X 的密度函数为 $f_X(x)=\begin{cases}1, & 0\leqslant x\leqslant 1\\ 0, & 其他\end{cases}$.

方法一：分布函数法.

Y 的分布函数为

$$F_Y(y)=P\{Y\leqslant y\}=P\{3X+1\leqslant y\}=P\left\{X\leqslant\frac{y-1}{3}\right\}=\int_{-\infty}^{\frac{y-1}{3}}f_X(x)\mathrm{d}x.$$

当 $\dfrac{y-1}{3}<0$，即 $y<1$ 时，$F_Y(y)=0$；

当 $0\leqslant\dfrac{y-1}{3}\leqslant 1$，即 $1\leqslant y\leqslant 4$ 时，

$$F_Y(y)=\int_{-\infty}^{0}0\mathrm{d}x+\int_{0}^{\frac{y-1}{3}}\mathrm{d}x=\frac{y-1}{3};$$

当 $\dfrac{y-1}{3}>1$，即 $y>4$ 时，

$$F_Y(y)=\int_{\infty}^{0}0\mathrm{d}x+\int_{0}^{1}\mathrm{d}x+\int_{1}^{\frac{y-1}{3}}0\mathrm{d}x=1.$$

所以，Y 的分布函数为

$$F_Y(y)=\begin{cases}0, & y<1\\ \dfrac{y-1}{3}, & 1\leqslant y\leqslant 4,\\ 1, & y>4\end{cases}$$

从而 Y 的密度函数为

$$f_Y(y)=F_Y'(y)=\begin{cases}\dfrac{1}{3}, & 1\leqslant y\leqslant 4\\ 0, & 其他\end{cases}.$$

方法二：公式法.

函数 $y=3x+1$ 单调可导，且 $y'=3\neq 0$．其值域是 $(-\infty,+\infty)$，它的反函数为 $x=h(y)=\dfrac{y-1}{3}$，且 $h'(y)=\dfrac{1}{3}$．代入公式，得 Y 的密度函数为

$$f_Y(y)=f_X[h(y)]\cdot|h'(y)|=\frac{1}{3}f_X\left(\frac{y-1}{3}\right)=\begin{cases}\dfrac{1}{3}\times 1, & 0\leqslant\dfrac{y-1}{3}\leqslant 1\\ \dfrac{1}{3}\times 0, & 其他\end{cases}=\begin{cases}\dfrac{1}{3}, & 1\leqslant y\leqslant 4\\ 0, & 其他\end{cases}.$$

方法三：建立 Y 的分布函数 $F_Y(y)$ 和 X 的分布函数 $F_X(x)$ 之间的关系.

$$F_Y(y)=P\left\{X\leqslant\frac{y-1}{3}\right\}=F_X\left(\frac{y-1}{3}\right),$$

上式两边同时对 y 求导得

$$f_Y(y)=F_X'\left(\frac{y-1}{3}\right)\cdot\left(\frac{y-1}{3}\right)'=\frac{1}{3}f_X\left(\frac{y-1}{3}\right)$$

$$=\begin{cases}\frac{1}{3}\times 1, & 0\leqslant\frac{y-1}{3}\leqslant 1\\ \frac{1}{3}\times 0, & \text{其他}\end{cases}=\begin{cases}\frac{1}{3}, & 1\leqslant y\leqslant 4\\ 0, & \text{其他}\end{cases}.$$

评注

(1) 方法二是将方法三的结果作为公式直接使用，初学者不易掌握.

(2) 方法三简称“建立关系法”，是通过建立 $Y=g(X)$ 与 X 的分布函数和密度函数的关系，求出 Y 的密度函数. 方法三步骤简单明了，没有复杂的积分过程，尤其适用于分布函数不易积分求得的随机变量. 其缺点是有局限性，要求 $y=g(x)$ 是简单函数，主要是单调函数.

104 答案　$f_Y(y)=\frac{1}{\sqrt{2\pi}}\mathrm{e}^{-\frac{y^2}{2}},-\infty<y<+\infty$.

解析 >> 由条件知 X 的密度函数为 $f_X(x)=\frac{1}{\sqrt{2\pi}\sigma}\mathrm{e}^{-\frac{(x-\mu)^2}{2\sigma^2}},-\infty<x<+\infty$. Y 的分布函数为

$$F_Y(y)=P\{Y\leqslant y\}=P\left\{\frac{X-\mu}{\sigma}\leqslant y\right\}=P\{X\leqslant\sigma y+\mu\}=F_X(\sigma y+\mu).$$

上式两边同时对 y 求导得

$$f_Y(y)=F_X'(\sigma y+\mu)\cdot(\sigma y+\mu)'=\sigma\cdot f_X(\sigma y+\mu)$$

$$=\sigma\frac{1}{\sqrt{2\pi}\sigma}\mathrm{e}^{-\frac{(\sigma y+\mu-\mu)^2}{2\sigma^2}}=\frac{1}{\sqrt{2\pi}}\mathrm{e}^{-\frac{y^2}{2}},-\infty<y<+\infty,$$

即 $Y\sim N(0,1)$.

105 答案　$f_Y(y)=\begin{cases}\frac{1}{\sqrt{2\pi}}y^{-\frac{1}{2}}\mathrm{e}^{-\frac{y}{2}}, & y>0\\ 0, & y\leqslant 0\end{cases}$.

解析 >> 由条件知 X 的密度函数为 $\varphi(x)=\frac{1}{\sqrt{2\pi}}\mathrm{e}^{-\frac{x^2}{2}},-\infty<x<+\infty$. Y 的分布函数为

$$F_Y(y)=P\{Y\leqslant y\}=P\{X^2\leqslant y\}.$$

当 $y\leqslant 0$ 时，$F_Y(y)=0\Rightarrow f_Y(y)=0$；

当 $y>0$ 时，

$$F_Y(y)=P\{Y\leqslant y\}=P\{X^2\leqslant y\}=P\{|X|\leqslant\sqrt{y}\}=2\Phi(\sqrt{y})-1,$$

上式两边同时对 y 求导得

$$f_Y(y)=2\varphi(\sqrt{y})\cdot(\sqrt{y})'=\frac{1}{\sqrt{y}}\cdot\frac{1}{\sqrt{2\pi}}\mathrm{e}^{-\frac{(\sqrt{y})^2}{2}}=\frac{1}{\sqrt{2\pi}}y^{-\frac{1}{2}}\mathrm{e}^{-\frac{y}{2}}.$$

综上所述，Y 的密度函数为

$$f_Y(y)=\begin{cases}\frac{1}{\sqrt{2\pi}}y^{-\frac{1}{2}}\mathrm{e}^{-\frac{y}{2}}, & y>0\\ 0, & y\leqslant 0\end{cases},$$

即 $Y=X^2\sim\chi^2(1)$.

评注

由103题～105题可以得到以下几个常用结论.

结论1：若 $X\sim U[a,b]$，则 X 的线性函数 $Y=cX+d(c\neq 0)$ 服从相应区间上的均匀分布.

例如，$X\sim U[0,1],Y=3X+1\sim U[3\times 0+1,3\times 1+1]=U[1,4]$.

结论2：若 $X\sim N(\mu,\sigma^2)$，则 $Y=\frac{X-\mu}{\sigma}\sim N(0,1)$.

结论3：若 $X\sim N(\mu,\sigma^2)$，则 $Y=aX+b\sim N(a\mu+b,a^2\sigma^2)$.

例如，$X\sim N(1,4),Y=3X+1\sim N(3\times 1+1,3^2\times 4)=N(4,36)$.

结论4：若 $X\sim N(0,1)$，则 $Y=X^2\sim\chi^2(1)$.

106 答案 $f_Y(y)=\begin{cases}\frac{1}{\pi\sqrt{1-y^2}}, & -1<y<1\\ 0, & \text{其他}\end{cases}$.

解析>> 因为 $X\sim U\left[-\frac{\pi}{2},\frac{\pi}{2}\right],Y=\sin X$，所以 $-1\leqslant Y\leqslant 1$.

当 $y\leqslant -1$ 时，$F_Y(y)=P\{Y\leqslant y\}=0\Rightarrow f_Y(y)=0$；

当 $y\geqslant 1$ 时，$F_Y(y)=P\{Y\leqslant y\}=1\Rightarrow f_Y(y)=0$；

当 $-1<y<1$ 时，$y=\sin x$ 在 $\left(-\frac{\pi}{2},\frac{\pi}{2}\right)$ 内单调递增，所以

$$F_Y(y)=P\{Y\leqslant y\}=P\{\sin X\leqslant y\}=P\{X\leqslant\arcsin y\}=F_X(\arcsin y),$$

上式两边同时对 y 求导得

$$f_Y(y)=f_X(\arcsin y)(\arcsin y)'=\frac{1}{\sqrt{1-y^2}}f_X(\arcsin y)=\frac{1}{\pi\sqrt{1-y^2}}.$$

综上所述，Y 的密度函数为

$$f_Y(y)=\begin{cases}\dfrac{1}{\pi\sqrt{1-y^2}}, & -1<y<1\\ 0, & \text{其他}\end{cases}.$$

107 答案　$F_Y(y)=\begin{cases}0, & y<0\\ 1-\mathrm{e}^{-\lambda y}, & 0\leqslant y<2\\ 1, & y\geqslant 2\end{cases}$，$y=2$.

解析 >> 由题设知 X 的密度函数及分布函数分别为

$$f(x)=\begin{cases}\lambda\mathrm{e}^{-\lambda x}, & x>0\\ 0, & x\leqslant 0\end{cases}, F(x)=\begin{cases}1-\mathrm{e}^{-\lambda x}, & x>0\\ 0, & x\leqslant 0\end{cases}.$$

Y 的分布函数为

$$\begin{aligned}F_Y(y)&=P\{Y\leqslant y\}=P\{\min\{X,2\}\leqslant y\}\\&=1-P\{\min\{X,2\}>y\}=1-P\{X>y,2>y\}.\end{aligned}$$

当 $y<2$ 时，

$$F_Y(y)=1-P\{X>y\}=P\{X\leqslant y\}=F(y)=\begin{cases}0, & y<0\\ 1-\mathrm{e}^{-\lambda y}, & 0\leqslant y<2\end{cases};$$

当 $y\geqslant 2$ 时，$F_Y(y)=1$.

综上所述，Y 的分布函数为

$$F_Y(y)=\begin{cases}0, & y<0\\ 1-\mathrm{e}^{-\lambda y}, & 0\leqslant y<2\\ 1, & y\geqslant 2\end{cases}.$$

因为

$$\lim_{y\to 0^-}F_Y(y)=\lim_{y\to 0^+}F_Y(y)=F_Y(0)=0,$$

$$\lim_{y\to 2^-}F_Y(y)=\lim_{y\to 2^-}(1-\mathrm{e}^{-\lambda y})=1-\mathrm{e}^{-2\lambda}\neq F_Y(2)=1,$$

所以 $y=2$ 为 $F_Y(y)$ 的间断点.

108 答案　$F_Y(y)=\begin{cases}0, & y<1\\ \dfrac{y^3+18}{27}, & 1\leqslant y<2\\ 1, & y\geqslant 2\end{cases}$.

解析 >> 由 Y 的表达式得 $1\leqslant Y\leqslant 2$．Y 的分布函数为 $F_Y(y)=P\{Y\leqslant y\}$.

当 $y<1$ 时，$F_Y(y)=P\{Y\leqslant y\}=0$；

当 $y\geqslant 2$ 时，$F_Y(y)=P\{Y\leqslant y\}=1$；

当 $1\leqslant y<2$ 时，

$$F_Y(y)=P\{Y\leqslant y\}=P\{Y=1\}+P\{1<Y\leqslant y\}=P\{X\geqslant 2\}+P\{1<X\leqslant y\}$$
$$=\int_2^3\frac{1}{9}x^2\mathrm{d}x+\int_1^y\frac{1}{9}x^2\mathrm{d}x=\frac{y^3+18}{27}.$$

综上所述，Y 的分布函数为

$$F_Y(y)=\begin{cases}0, & y<1\\ \dfrac{y^3+18}{27}, & 1\leqslant y<2\\ 1, & y\geqslant 2\end{cases}.$$

109 答案 $f_Y(y)=\begin{cases}1, & 0<y<1\\ 0, & 其他\end{cases}$.

解析>> 先求 X 的分布函数 $F(x)$.

当 $x<1$ 时，

$$F(x)=\int_{-\infty}^x f(t)\mathrm{d}t=\int_{-\infty}^x 0\mathrm{d}t=0;$$

当 $1\leqslant x<8$ 时，

$$F(x)=\int_{-\infty}^x f(t)\mathrm{d}t=\int_{-\infty}^1 0\mathrm{d}t+\int_1^x\frac{1}{3\sqrt[3]{t^2}}\mathrm{d}t=x^{\frac{1}{3}}-1;$$

当 $x\geqslant 8$ 时，

$$F(x)=\int_{-\infty}^x f(t)\mathrm{d}t=\int_{-\infty}^1 0\mathrm{d}t+\int_1^8\frac{1}{3\sqrt[3]{t^2}}\mathrm{d}t+\int_8^x 0\mathrm{d}t=1.$$

所以，X 的分布函数为

$$F(x)=\begin{cases}0, & x<1\\ x^{\frac{1}{3}}-1, & 1\leqslant x<8\\ 1, & x\geqslant 8\end{cases}.$$

因此，$Y=F(X)=\begin{cases}0, & X<1\\ X^{\frac{1}{3}}-1, & 1\leqslant X<8\\ 1, & X\geqslant 8\end{cases}$.

再求 $Y(0\leqslant Y\leqslant 1)$ 的分布函数.

当 $y<0$ 时，$F_Y(y)=P\{Y\leqslant y\}=0$;

当 $0\leqslant y<1$ 时，

$$F_Y(y)=P\{Y\leqslant y\}=P\{X^{\frac{1}{3}}-1\leqslant y\}=P\{X\leqslant(y+1)^3\}$$
$$=F[(y+1)^3]=[(y+1)^3]^{\frac{1}{3}}-1=y;$$

当 $y\geqslant 1$ 时，$F_Y(y)=P\{Y\leqslant y\}=1$.

综上所述，Y的分布函数为

$$F_Y(y)=\begin{cases}0, & y<0\\ y, & 0\leqslant y<1\\ 1, & y\geqslant 1\end{cases}.$$

所以，Y的密度函数为

$$f_Y(y)=F_Y'(y)=\begin{cases}1, & 0<y<1\\ 0, & \text{其他}\end{cases}.$$

评注

(1) 可以证明：对任意的连续型随机变量X，其分布函数为$F(x)$，则$Y=F(X)$一定服从$(0,1)$上的均匀分布．本题是这一结论的一个特例．

(2) 本题也可以用公式法求解，感兴趣的同学可以尝试一下．

第 3 章　多维随机变量及其分布

110 答案　$A=\frac{1}{\pi^2}$，$B=\frac{\pi}{2}$，$C=\frac{\pi}{2}$.

解析 >> 由分布函数 $F(x,y)$ 的性质知

$$F(-\infty,y)=\lim_{x\to-\infty}A\left(B+\arctan\frac{x}{4}\right)(C+\arctan 3y)=0,$$

即

$$A\left(B-\frac{\pi}{2}\right)(C+\arctan 3y)=0 \quad ①$$

$F(x,-\infty)=\lim\limits_{y\to-\infty}A\left(B+\arctan\frac{x}{4}\right)(C+\arctan 3y)=0$，即

$$A\left(B+\arctan\frac{x}{4}\right)\left(C-\frac{\pi}{2}\right)=0 \quad ②$$

$F(+\infty,+\infty)=\lim\limits_{\substack{x\to+\infty\\ y\to+\infty}}A\left(B+\arctan\frac{x}{4}\right)(C+\arctan 3y)=1$，即

$$A\left(B+\frac{\pi}{2}\right)\left(C+\frac{\pi}{2}\right)=1 \quad ③$$

由①式、②式、③式得 $A=\frac{1}{\pi^2},B=\frac{\pi}{2},C=\frac{\pi}{2}$.

111 答案　(C).

解析 >> 对于选项 (C)，因为

$$\begin{aligned}P\{0<X\leqslant 1,0<Y\leqslant 1\}&=F(1,1)-F(1,0)-F(0,1)+F(0,0)\\&=1-1-1+0=-1<0,\end{aligned}$$

所以 (C) 不能作为 (X,Y) 的分布函数.

选项 (A)、选项 (B)、选项 (D) 都满足分布函数的性质．故选 (C).

112 答案　$F(b,c)-F(a,c)$，$F(a,b)-F(a,b-0)$.

解析 >> 求 $P\{a<X\leqslant b,Y\leqslant c\}$ 有两种方法.

方法一：利用性质 4 的公式，得

$$\begin{aligned}&P\{a<X\leqslant b,Y\leqslant c\}=P\{a<X\leqslant b,-\infty<Y\leqslant c\}\\&=F(b,c)-F(b,-\infty)-F(a,c)+F(a,-\infty)\\&=F(b,c)-0-F(a,c)+0=F(b,c)-F(a,c).\end{aligned}$$

方法二：$P\{a<X\leqslant b,Y\leqslant c\}=P\{X\leqslant b,Y\leqslant c\}-P\{X\leqslant a,Y\leqslant c\}$

$$=F(b,c)-F(a,c).$$

$P\{X\leqslant a,Y=b\}=P\{X\leqslant a,Y\leqslant b\}-P\{X\leqslant a,Y<b\}=F(a,b)-F(a,b-0)$.

113 答案

X \ Y	0	1
0	$\frac{1}{28}$	$\frac{3}{14}$
1	$\frac{3}{14}$	$\frac{15}{28}$

解析 >> 显然，$X=0,1$，$Y=0,1$.

$$P\{X=0,Y=0\}\overset{\text{乘法}}{=\!=}P\{X=0\}P\{Y=0\mid X=0\}=\frac{2}{8}\times\frac{1}{7}=\frac{1}{28},$$

同理，

$$P\{X=0,Y=1\}=\frac{2}{8}\times\frac{6}{7}=\frac{3}{14},P\{X=1,Y=0\}=\frac{6}{8}\times\frac{2}{7}=\frac{3}{14},$$

$$P\{X=1,Y=1\}=\frac{6}{8}\times\frac{5}{7}=\frac{15}{28}.$$

因此，(X,Y)的概率分布为

X \ Y	0	1
0	$\frac{1}{28}$	$\frac{3}{14}$
1	$\frac{3}{14}$	$\frac{15}{28}$

114 答案 (1) 0.1，0.3；(2) 0.4.

解析 >> (1) 由 $P\{X^2+Y^2=1\}=0.4$ 得

$$P\{X=0,Y=-1\}+P\{X=0,Y=1\}+P\{X=1,Y=0\}=0.4,$$

即 $0.2+a+0.1=0.4$，解得 $a=0.1$.

由归一性得 $0.2+0.1+a+b+0.1+0.2=1$，解得 $b=0.3$.

(2) 由分布函数的定义得

$$\begin{aligned}F(0.5,1)=P\{X\leqslant 0.5,Y\leqslant 1\}&=P\{X=0,Y=-1\}+P\{X=0,Y=0\}+P\{X=0,Y=1\}\\&=0.2+0.1+0.1=0.4.\end{aligned}$$

115 答案 (1)

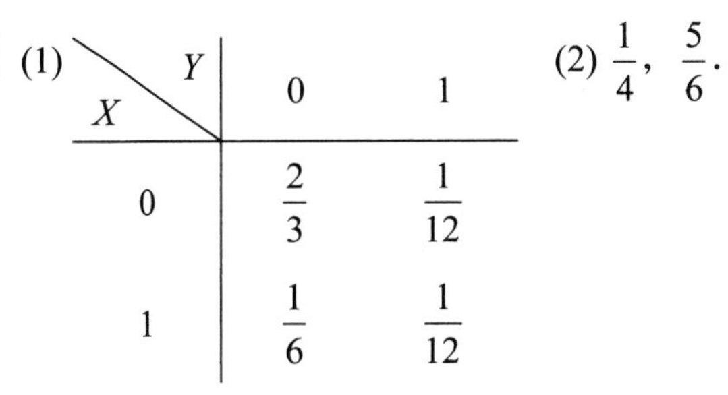

X \ Y	0	1
0	$\frac{2}{3}$	$\frac{1}{12}$
1	$\frac{1}{6}$	$\frac{1}{12}$

(2) $\frac{1}{4}$，$\frac{5}{6}$.

解析 >> (1) 由题设及乘法公式得

$$P(AB)=P(A)P(B\mid A)=\frac{1}{4}\times\frac{1}{3}=\frac{1}{12},$$

由条件概率 $P(A\mid B)=\dfrac{P(AB)}{P(B)}=\dfrac{1}{2}$，解得 $P(B)=\dfrac{1}{6}$.

$$P\{X=1,Y=1\}=P(AB)=\frac{1}{12},P\{X=1,Y=0\}=P(A\overline{B})=P(A)-P(AB)=\frac{1}{6},$$

$$P\{X=0,Y=1\}=P(\overline{A}B)=P(B)-P(AB)=\frac{1}{12},P\{X=0,Y=0\}=1-\frac{1}{12}-\frac{1}{12}-\frac{1}{6}=\frac{2}{3}.$$

因此，X 与 Y 的联合分布为

X \ Y	0	1
0	$\frac{2}{3}$	$\frac{1}{12}$
1	$\frac{1}{6}$	$\frac{1}{12}$

(2) $P\{X+Y=1\}=P\{X=0,Y=1\}+P\{X=1,Y=0\}=\dfrac{1}{12}+\dfrac{1}{6}=\dfrac{1}{4}$,

$$P\{X\leqslant Y\}=1-P\{X>Y\}=1-P\{X=1,Y=0\}=\frac{5}{6}.$$

我们也可以按照如下方法计算 $P\{X=0,Y=0\}$.

$$P\{X=0,Y=0\}=P(\overline{A}\,\overline{B})=1-P(A\cup B)=1-P(A)-P(B)+P(AB)=\frac{2}{3}.$$

116 答案 $\dfrac{3}{\pi R^3}$.

解析 >> 由归一性得

$$1=\int_{-\infty}^{+\infty}\int_{-\infty}^{+\infty}f(x,y)\mathrm{d}x\mathrm{d}y=c\iint\limits_{x^2+y^2\leqslant R^2}(R-\sqrt{x^2+y^2})\mathrm{d}x\mathrm{d}y$$

$$\xlongequal{\text{极坐标}}c\int_0^{2\pi}\mathrm{d}\theta\int_0^R(R-r)r\mathrm{d}r=\frac{c}{3}\pi R^3,$$

解得 $c=\dfrac{3}{\pi R^3}$.

117 答案 (1) 2；(2) $F(x,y)=\begin{cases}(1-\mathrm{e}^{-x})(1-\mathrm{e}^{-2y}), & x>0,y>0\\ 0, & \text{其他}\end{cases}$.

解析 >> (1) 利用密度函数的性质 $\int_{-\infty}^{+\infty}\int_{-\infty}^{+\infty}f(x,y)\mathrm{d}x\mathrm{d}y=1$，以及

$$\int_{-\infty}^{+\infty}\int_{-\infty}^{+\infty}f(x,y)\mathrm{d}x\mathrm{d}y=A\int_0^{+\infty}\mathrm{e}^{-x}\mathrm{d}x\int_0^{+\infty}\mathrm{e}^{-2y}\mathrm{d}y=\frac{1}{2}A,$$

解得 $A=2$.

(2) 利用定义式 $F(x,y)=\int_{-\infty}^{x}\int_{-\infty}^{y}f(u,v)\mathrm{d}u\mathrm{d}v$，需讨论 x,y 的取值范围.

当 $x<0$ 或 $y<0$ 时，$F(x,y)=\int_{-\infty}^{x}\int_{-\infty}^{y}0\mathrm{d}u\mathrm{d}v=0$；

当 $x>0,y>0$ 时，$F(x,y)=\int_{-\infty}^{x}\int_{-\infty}^{y}f(u,v)\mathrm{d}u\mathrm{d}v=\int_{0}^{x}\int_{0}^{y}2\mathrm{e}^{-u-2v}\mathrm{d}u\mathrm{d}v=(1-\mathrm{e}^{-x})(1-\mathrm{e}^{-2y})$.

因此，(X,Y) 的分布函数为

$$F(x,y)=\begin{cases}(1-\mathrm{e}^{-x})(1-\mathrm{e}^{-2y}), & x>0,y>0\\ 0, & \text{其他}\end{cases}.$$

118 答案 $f(x,y)=\begin{cases}6\mathrm{e}^{-2x-3y}, & x>0,y>0\\ 0, & \text{其他}\end{cases}$，$(1-\mathrm{e}^{-1})^2$.

解析 >> 利用公式 2，$f(x,y)=\dfrac{\partial^2F(x,y)}{\partial x\partial y}$，当 $x>0,y>0$ 时，

$$\frac{\partial F(x,y)}{\partial x}=(1-\mathrm{e}^{-2x}-\mathrm{e}^{-3y}+\mathrm{e}^{-2x-3y})'_x=2\mathrm{e}^{-2x}-2\mathrm{e}^{-2x-3y},$$

$$\frac{\partial^2F(x,y)}{\partial x\partial y}=(2\mathrm{e}^{-2x}-2\mathrm{e}^{-2x-3y})'_y=6\mathrm{e}^{-2x-3y}.$$

因此，(X,Y) 的概率密度函数为 $f(x,y)=\begin{cases}6\mathrm{e}^{-2x-3y}, & x>0,y>0\\ 0, & \text{其他}\end{cases}$.

$$P\left\{X\leqslant\frac{1}{2},Y\leqslant\frac{1}{3}\right\}=F\left(\frac{1}{2},\frac{1}{3}\right)=1-2\mathrm{e}^{-1}+\mathrm{e}^{-2}=(1-\mathrm{e}^{-1})^2.$$

119 答案 $F(x,y)=\begin{cases}0, & x<0\text{ 或 }y<0\\ \dfrac{1}{3}x^3y+\dfrac{1}{12}x^2y^2, & 0\leqslant x<1,0\leqslant y<2\\ \dfrac{2x^3+x^2}{3}, & 0\leqslant x<1,y\geqslant 2\\ \dfrac{y^2+4y}{12}, & x\geqslant 1,0\leqslant y<2\\ 1, & x\geqslant 1,y\geqslant 2\end{cases}$，$\dfrac{7}{72}$.

解析 >> 利用定义式 $F(x,y)=\int_{-\infty}^{x}\int_{-\infty}^{y}f(u,v)\mathrm{d}u\mathrm{d}v$，并讨论 x,y 的取值范围.

当 $x<0$ 或 $y<0$ 时，$F(x,y)=\int_{-\infty}^{x}\int_{-\infty}^{y}0\mathrm{d}u\mathrm{d}v=0$；

当 $0\leqslant x<1,0\leqslant y<2$ 时，$F(x,y)=\int_{0}^{x}\int_{0}^{y}\left(u^2+\dfrac{1}{3}uv\right)\mathrm{d}u\mathrm{d}v=\dfrac{1}{3}x^3y+\dfrac{1}{12}x^2y^2$；

当 $0\leqslant x<1,y\geqslant 2$ 时，$F(x,y)=\int_{0}^{x}\mathrm{d}u\int_{0}^{2}\left(u^2+\dfrac{1}{3}uv\right)\mathrm{d}v=\dfrac{2x^3+x^2}{3}$；

当 $x\geqslant 1,0\leqslant y<2$ 时，$F(x,y)=\int_{0}^{1}\mathrm{d}u\int_{0}^{y}\left(u^2+\dfrac{1}{3}uv\right)\mathrm{d}v=\dfrac{y^2+4y}{12}$；

当 $x\geqslant 1,y\geqslant 2$ 时，$F(x,y)=\int_{0}^{1}\mathrm{d}u\int_{0}^{2}\left(u^2+\dfrac{1}{3}uv\right)\mathrm{d}v=1$.

综上可知，(X,Y)的分布函数为

$$F(x,y)=\begin{cases}0, & x<0 \text{ 或 } y<0 \\ \dfrac{1}{3}x^3y+\dfrac{1}{12}x^2y^2, & 0\leqslant x<1,0\leqslant y<2 \\ \dfrac{2x^3+x^2}{3}, & 0\leqslant x<1,y\geqslant 2 \\ \dfrac{y^2+4y}{12}, & x\geqslant 1,0\leqslant y<2 \\ 1, & x\geqslant 1,y\geqslant 2\end{cases}.$$

$$P\{X+Y\leqslant 1\}=\iint\limits_{x+y\leqslant 1}f(x,y)\mathrm{d}x\mathrm{d}y=\int_0^1\mathrm{d}x\int_0^{1-x}\left(x^2+\frac{1}{3}xy\right)\mathrm{d}y=\frac{7}{72}.$$

120 答案 $f(x,y)=\begin{cases}2, & (x,y)\in G \\ 0, & \text{其他}\end{cases}$，$\dfrac{1}{2}$.

解析>> 三角形区域G的面积$S_G=\dfrac{1}{2}\times 1\times 1=\dfrac{1}{2}$，由均匀分布的定义得$(X,Y)$的概率密度函数为

$$f(x,y)=\begin{cases}2, & (x,y)\in G \\ 0, & \text{其他}\end{cases}.$$

$$P\{X<Y\}=\iint\limits_{x<y}f(x,y)\mathrm{d}x\mathrm{d}y=\int_0^{\frac{1}{2}}\mathrm{d}x\int_x^{1-x}2\mathrm{d}y=\int_0^{\frac{1}{2}}2(1-2x)\mathrm{d}x=\frac{1}{2}.$$

121 答案 $F(x,y)=\begin{cases}0, & x<1 \text{ 或 } y<0 \\ \dfrac{1}{2}(x-1)y, & 1\leqslant x<3,0\leqslant y<1 \\ \dfrac{1}{2}(x-1), & 1\leqslant x<3,y\geqslant 1 \\ y, & x\geqslant 3,0\leqslant y<1 \\ 1, & x\geqslant 3,y\geqslant 1\end{cases}$.

解析>> 由题设知(X,Y)的概率密度函数为

$$f(x,y)=\begin{cases}\dfrac{1}{2}, & 1\leqslant x\leqslant 3,0\leqslant y\leqslant 1 \\ 0, & \text{其他}\end{cases}.$$

当$x<1$或$y<0$时，$F(x,y)=\int_{-\infty}^x\int_{-\infty}^y 0\mathrm{d}u\mathrm{d}v=0$；

当$1\leqslant x<3,0\leqslant y<1$时，$F(x,y)=\int_{-\infty}^x\int_{-\infty}^y f(u,v)\mathrm{d}u\mathrm{d}v=\int_1^x\mathrm{d}u\int_0^y\frac{1}{2}\mathrm{d}v=\frac{1}{2}(x-1)y$；

当$1\leqslant x<3,1\leqslant y$时，$F(x,y)=\int_{-\infty}^x\int_{-\infty}^y f(u,v)\mathrm{d}u\mathrm{d}v=\int_1^x\mathrm{d}u\int_0^1\frac{1}{2}\mathrm{d}v=\frac{1}{2}(x-1)$；

当$x\geqslant 3,0\leqslant y<1$时，$F(x,y)=\int_{-\infty}^x\int_{-\infty}^y f(u,v)\mathrm{d}u\mathrm{d}v=\int_1^3\mathrm{d}u\int_0^y\frac{1}{2}\mathrm{d}v=y$；

当 $x\geqslant 3, y\geqslant 1$ 时，$F(x,y)=\int_{-\infty}^{x}\int_{-\infty}^{y}f(u,v)\mathrm{d}u\mathrm{d}v=\int_{1}^{3}\mathrm{d}u\int_{0}^{1}\frac{1}{2}\mathrm{d}v=1$.

综上可知，(X,Y) 的分布函数为

$$F(x,y)=\begin{cases}0, & x<1 \text{ 或 } y<0\\ \frac{1}{2}(x-1)y, & 1\leqslant x<3, 0\leqslant y<1\\ \frac{1}{2}(x-1), & 1\leqslant x<3, y\geqslant 1\\ y, & x\geqslant 3, 0\leqslant y<1\\ 1, & x\geqslant 3, y\geqslant 1\end{cases}.$$

122 答案　$\frac{1}{2}$.

解析 >>　由题设知 $f(x,y)=\frac{1}{2\pi\sigma^2}\mathrm{e}^{-\frac{1}{2}\left[\frac{(x-\mu)^2}{\sigma^2}+\frac{(y-\mu)^2}{\sigma^2}\right]}=\frac{1}{2\pi\sigma^2}\mathrm{e}^{-\frac{1}{2\sigma^2}[(x-\mu)^2+(y-\mu)^2]}$，则

$$P\{X<Y\}=\iint\limits_{x<y}f(x,y)\mathrm{d}x\mathrm{d}y=\frac{1}{2\pi\sigma^2}\iint\limits_{x<y}\mathrm{e}^{-\frac{1}{2\sigma^2}[(x-\mu)^2+(y-\mu)^2]}\mathrm{d}x\mathrm{d}y.$$

令 $x-\mu=r\cos\theta, y-\mu=r\sin\theta$，则 $\mathrm{d}x\mathrm{d}y=r\mathrm{d}r\mathrm{d}\theta$，代入上式得

$$P\{X<Y\}=\frac{1}{2\pi\sigma^2}\int_{\frac{\pi}{4}}^{\frac{5\pi}{4}}\mathrm{d}\theta\int_{0}^{+\infty}\mathrm{e}^{-\frac{r^2}{2\sigma^2}}r\mathrm{d}r=\frac{1}{2\pi}\left(\frac{5\pi}{4}-\frac{\pi}{4}\right)\cdot\left(-\mathrm{e}^{-\frac{r^2}{2\sigma^2}}\Big|_{0}^{+\infty}\right)=\frac{1}{2}.$$

123 答案　$F_X(x)=\frac{1}{\pi}\left(\frac{\pi}{2}+\arctan 2x\right)$，$F_Y(y)=\frac{1}{\pi}\left(\frac{\pi}{2}+\arctan\frac{y}{2}\right)$.

解析 >>　$$F_X(x)=F(x,+\infty)=\lim_{y\to+\infty}\frac{1}{\pi^2}\left(\frac{\pi}{2}+\arctan 2x\right)\left(\frac{\pi}{2}+\arctan\frac{y}{2}\right)=\frac{1}{\pi}\left(\frac{\pi}{2}+\arctan 2x\right),$$

$$F_Y(y)=F(+\infty,y)=\lim_{x\to+\infty}\frac{1}{\pi^2}\left(\frac{\pi}{2}+\arctan 2x\right)\left(\frac{\pi}{2}+\arctan\frac{y}{2}\right)=\frac{1}{\pi}\left(\frac{\pi}{2}+\arctan\frac{y}{2}\right).$$

124 答案　(D).

解析 >>　$$\begin{aligned}P\{X>1,Y>2\}&=1-P\{(X\leqslant 1)\cup(Y\leqslant 2)\}\\&=1-[P\{X\leqslant 1\}+P\{Y\leqslant 2\}-P\{X\leqslant 1,Y\leqslant 2\}]\\&=1-F_X(1)-F_Y(2)+F(1,2).\end{aligned}$$

故选 (D).

125 答案 (1) 0，0.3；(2)

X	0	1	2
P	0.5	0.2	0.3

Y	0	1	2
P	0.4	0.2	0.4

解析 >> (1) 由 $P\{X=Y\}=0$ 得

$$P\{X=0,Y=0\}+P\{X=1,Y=1\}+P\{X=2,Y=2\}=0,$$

即 $3a=0 \Rightarrow a=0$．由联合分布的性质知 $3a+b+0.7=1$，解得 $b=0.3$．

(2) 利用口诀“行和右放，列和下放”，易求出边缘分布．

$X \backslash Y$	0	1	2	$p_{i\cdot}$
0	0	0.2	0.3	0.5
1	0.1	0	0.1	0.2
2	0.3	0	0	0.3
$p_{\cdot j}$	0.4	0.2	0.4	

即边缘分布为

X	0	1	2
P	0.5	0.2	0.3

Y	0	1	2
P	0.4	0.2	0.4

126 答案

$X \backslash Y$	0	1	2	$p_{i\cdot}$
0	$\frac{1}{9}$	$\frac{2}{9}$	$\frac{1}{9}$	$\frac{4}{9}$
1	$\frac{2}{9}$	$\frac{2}{9}$	0	$\frac{4}{9}$
2	$\frac{1}{9}$	0	0	$\frac{1}{9}$
$p_{\cdot j}$	$\frac{4}{9}$	$\frac{4}{9}$	$\frac{1}{9}$	

解析 >> 设 X,Y 分别表示 I 号盒子与 II 号盒子中球的数目，则 $X=0,1,2$，$Y=0,1,2$，且

$$P\{X=0,Y=0\}=\frac{1}{3^2}=\frac{1}{9}, P\{X=0,Y=1\}=\frac{2}{3^2}=\frac{2}{9}, P\{X=0,Y=2\}=\frac{1}{9},$$

$$P\{X=1,Y=0\}=\frac{2}{9}, P\{X=1,Y=1\}=\frac{2}{9}, P\{X=1,Y=2\}=0,$$

$$P\{X=2,Y=0\}=\frac{1}{9}, P\{X=2,Y=1\}=P\{X=2,Y=2\}=0.$$

因此，X 与 Y 的联合分布为

$X \backslash Y$	0	1	2
0	$\frac{1}{9}$	$\frac{2}{9}$	$\frac{1}{9}$
1	$\frac{2}{9}$	$\frac{2}{9}$	0
2	$\frac{1}{9}$	0	0

从而，边缘分布为

X	0	1	2
P	$\frac{4}{9}$	$\frac{4}{9}$	$\frac{1}{9}$

Y	0	1	2
P	$\frac{4}{9}$	$\frac{4}{9}$	$\frac{1}{9}$

127 答案

$X \backslash Y$	1	3	$p_{i\cdot}$
0	0	$\frac{1}{8}$	$\frac{1}{8}$
1	$\frac{3}{8}$	0	$\frac{3}{8}$
2	$\frac{3}{8}$	0	$\frac{3}{8}$
3	0	$\frac{1}{8}$	$\frac{1}{8}$
$p_{\cdot j}$	$\frac{3}{4}$	$\frac{1}{4}$	

解析 >> 由题意知 $X = 0,1,2,3$， $Y = 1,3$．

$$P\{X=0,Y=1\}=P\{\varnothing\}=0, P\{X=0,Y=3\}=\left(\frac{1}{2}\right)^3=\frac{1}{8},$$

$$P\{X=1,Y=1\}=C_3^1\frac{1}{2}\left(\frac{1}{2}\right)^2=\frac{3}{8}, P\{X=1,Y=3\}=0,$$

$$P\{X=2,Y=1\}=C_3^2\left(\frac{1}{2}\right)^2\frac{1}{2}=\frac{3}{8}, P\{X=2,Y=3\}=0,$$

$$P\{X=3,Y=1\}=0, P\{X=3,Y=3\}=\left(\frac{1}{2}\right)^3=\frac{1}{8}.$$

因此，X 与 Y 的联合分布为

$X \backslash Y$	1	3
0	0	$\frac{1}{8}$
1	$\frac{3}{8}$	0
2	$\frac{3}{8}$	0
3	0	$\frac{1}{8}$

从而，边缘分布为

X	0	1	2	3
P	$\frac{1}{8}$	$\frac{3}{8}$	$\frac{3}{8}$	$\frac{1}{8}$

Y	1	3
P	$\frac{3}{4}$	$\frac{1}{4}$

128 答案

$X \backslash Y$	0	1	$p_{i\cdot}$
0	$\frac{5}{8}$	$\frac{1}{8}$	$\frac{3}{4}$
1	$\frac{1}{8}$	$\frac{1}{8}$	$\frac{1}{4}$
$p_{\cdot j}$	$\frac{3}{4}$	$\frac{1}{4}$	

解析 >> 由题意知 $P(A\overline{B}) = P(\overline{A}B)$，即

$$P(A) - P(AB) = P(B) - P(AB) \Rightarrow P(A) = P(B) = \frac{1}{4},$$

$$P(AB) = P(B)P(A \mid B) = \frac{1}{4} \times \frac{1}{2} = \frac{1}{8}.$$

$$P\{X=1, Y=1\} = P(AB) = \frac{1}{8}, P\{X=1, Y=0\} = P(A\overline{B}) = P(A) - P(AB) = \frac{1}{8},$$

$$P\{X=0, Y=1\} = P(\overline{A}B) = \frac{1}{8}, P\{X=0, Y=0\} = 1 - \frac{1}{8} - \frac{1}{8} - \frac{1}{8} = \frac{5}{8}.$$

因此，X 与 Y 的联合分布及边缘分布分别为

$X \backslash Y$	0	1
0	$\frac{5}{8}$	$\frac{1}{8}$
1	$\frac{1}{8}$	$\frac{1}{8}$

X	0	1
P	$\frac{3}{4}$	$\frac{1}{4}$

Y	0	1
P	$\frac{3}{4}$	$\frac{1}{4}$

129 答案

X \ Y	-1	0	1
-1	0	$\frac{1}{6}$	0
0	$\frac{1}{6}$	0	$\frac{1}{3}$
1	0	$\frac{1}{3}$	0

解析 >> 由 $P\{XY=0\}=1 \Rightarrow P\{XY \neq 0\}=0$，即

$$P\{X=-1,Y=-1\}=P\{X=-1,Y=1\}=P\{X=1,Y=-1\}=P\{X=1,Y=1\}=0\cdot$$

设 (X,Y) 的概率分布为

X \ Y	-1	0	1	$p_{i\cdot}$
-1	0	p_{12}	0	$\frac{1}{6}$
0	p_{21}	p_{22}	p_{23}	$\frac{1}{2}$
1	0	p_{32}	0	$\frac{1}{3}$
$p_{\cdot j}$	$\frac{1}{6}$	$\frac{1}{2}$	$\frac{1}{3}$	

由已知的边缘分布得

$$p_{12}=\frac{1}{6}, p_{21}=\frac{1}{6}, p_{23}=p_{32}=\frac{1}{3}, p_{22}=0,$$

故 (X,Y) 的概率分布为

X \ Y	-1	0	1
-1	0	$\frac{1}{6}$	0
0	$\frac{1}{6}$	0	$\frac{1}{3}$
1	0	$\frac{1}{3}$	0

130 答案

Y_1 \ Y_2	0	1
0	$\frac{1}{2}$	0
1	$\Phi(1)-\frac{1}{2}$	$1-\Phi(1)$

.

Y_1	0	1
P	$\frac{1}{2}$	$\frac{1}{2}$

Y_2	0	1
P	$\Phi(1)$	$1-\Phi(1)$

解析 >> (Y_1,Y_2)的取值为$(0,0),(0,1),(1,0),(1,1)$，且

$$P\{Y_1=0,Y_2=0\}=P\{X\leqslant 1,X\leqslant 2\}=P\{X\leqslant 1\}=\frac{1}{2},$$

$$P\{Y_1=0,Y_2=1\}=P\{X\leqslant 1,X>2\}=P\{\varnothing\}=0,$$

$$P\{Y_1=1,Y_2=0\}=P\{1<X\leqslant 2\}=\Phi(1)-\frac{1}{2},$$

$$P\{Y_1=1,Y_2=1\}=P\{X>1,X>2\}=P\{X>2\}=1-\Phi(1).$$

因此，Y_1与Y_2的联合分布为

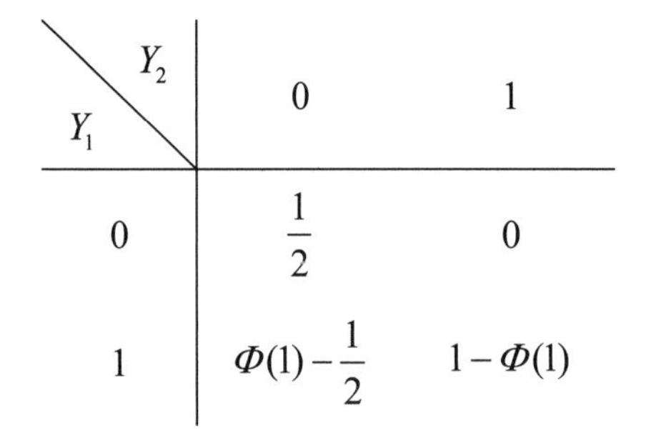

Y_1 \ Y_2	0	1
0	$\frac{1}{2}$	0
1	$\Phi(1)-\frac{1}{2}$	$1-\Phi(1)$

从而，边缘分布为

Y_1	0	1
P	$\frac{1}{2}$	$\frac{1}{2}$

Y_2	0	1
P	$\Phi(1)$	$1-\Phi(1)$

131 答案 $f_X(x)=\begin{cases}2x, & 0\leqslant x\leqslant 1\\ 0, & \text{其他}\end{cases}$，$f_Y(y)=\begin{cases}2y, & 0\leqslant y\leqslant 1\\ 0, & \text{其他}\end{cases}$.

解析 >> 当$0\leqslant x\leqslant 1$时，$f_X(x)=\int_{-\infty}^{+\infty}f(x,y)\mathrm{d}y=\int_0^1 4xy\mathrm{d}y=2x$，所以$(X,Y)$关于$X$的边缘密度函数为

$$f_X(x)=\begin{cases}2x, & 0\leqslant x\leqslant 1\\ 0, & \text{其他}\end{cases}.$$

当$0\leqslant y\leqslant 1$时，$f_Y(y)=\int_{-\infty}^{+\infty}f(x,y)\mathrm{d}x=\int_0^1 4xy\mathrm{d}x=2y$，所以$(X,Y)$关于$Y$的边缘密度函数为

$$f_Y(y)=\begin{cases}2y, & 0\leqslant y\leqslant 1\\ 0, & \text{其他}\end{cases}.$$

132 答案 $\frac{1}{\sqrt{2\pi}}e^{-\frac{(x-1)^2}{2}},x\in(-\infty,+\infty)$，$\frac{1}{2\sqrt{2\pi}}e^{-\frac{(y+1)^2}{8}},y\in(-\infty,+\infty)$，$\frac{1}{2}$.

解析 >> 由结论 2 知 $X\sim N(1,1),Y\sim N(-1,4)$，则

$$f_X(x)=\frac{1}{\sqrt{2\pi}}e^{-\frac{(x-1)^2}{2}},x\in(-\infty,+\infty) \text{ 且 } f_Y(y)=\frac{1}{2\sqrt{2\pi}}e^{-\frac{(y+1)^2}{8}},y\in(-\infty,+\infty).$$

由 $f_X(x)$ 关于 $x=1$ 对称知 $P\{X\leqslant 1\}=P\{X>1\}=\frac{1}{2}$.

133 答案 $f_X(x)=\begin{cases}x, & 0\leqslant x\leqslant 1\\ 2-x, & 1<x\leqslant 2\\ 0, & \text{其他}\end{cases}$，$f_Y(y)=\begin{cases}2-2y, & 0\leqslant y\leqslant 1\\ 0, & \text{其他}\end{cases}$.

解析 >> 由题设知区域 G 的面积 $S_G=\frac{1}{2}\times 2\times 1=1$，则

$$(X,Y)\sim f(x,y)=\begin{cases}1, & (x,y)\in G\\ 0, & \text{其他}\end{cases}.$$

求 $f_X(x)=\int_{-\infty}^{+\infty}f(x,y)\mathrm{d}y$ 时，需将 G 看作 X 型区域.

当 $0\leqslant x\leqslant 1$ 时，$f_X(x)=\int_{-\infty}^{+\infty}f(x,y)\mathrm{d}y=\int_0^x 1\mathrm{d}y=x$；

当 $1<x\leqslant 2$ 时，$f_X(x)=\int_{-\infty}^{+\infty}f(x,y)\mathrm{d}y=\int_0^{2-x}1\mathrm{d}y=2-x$.

因此，(X,Y) 关于 X 的边缘密度函数为

$$f_X(x)=\begin{cases}x, & 0\leqslant x\leqslant 1\\ 2-x, & 1<x\leqslant 2\\ 0, & \text{其他}\end{cases}.$$

求 $f_Y(y)=\int_{-\infty}^{+\infty}f(x,y)\mathrm{d}x$ 时，需将 G 看作 Y 型区域.

当 $0\leqslant y\leqslant 1$ 时，$f_Y(y)=\int_{-\infty}^{+\infty}f(x,y)\mathrm{d}x=\int_y^{2-y}1\mathrm{d}x=2-2y$，则 (X,Y) 关于 Y 的边缘密度函数为

$$f_Y(y)=\begin{cases}2-2y, & 0\leqslant y\leqslant 1\\ 0, & \text{其他}\end{cases}.$$

求 $f_X(x)$ 时，需分 $0\leqslant x\leqslant 1,1<x\leqslant 2$，而非 $0\leqslant x\leqslant 2$，你知道原因吗？

134 答案 (1) $f_X(x)=\begin{cases}6(x-x^2), & 0\leqslant x\leqslant 1\\ 0, & \text{其他}\end{cases}$，$f_Y(y)=\begin{cases}6(\sqrt{y}-y), & 0\leqslant y\leqslant 1\\ 0, & \text{其他}\end{cases}$；(2) $\frac{1}{2}$.

解析 >> (1) 由题意知区域 G 的面积 $S_G=\int_0^1(x-x^2)\mathrm{d}x=\frac{1}{6}$，则 (X,Y) 的密度函数为

$$f(x,y)=\begin{cases}6, & (x,y)\in G\\ 0, & \text{其他}\end{cases}.$$

当 $0\leqslant x\leqslant 1$ 时，$f_X(x)=\int_{-\infty}^{+\infty}f(x,y)\mathrm{d}y=\int_{x^2}^{x}6\mathrm{d}y=6(x-x^2)$，得

$$f_X(x)=\begin{cases}6(x-x^2), & 0\leqslant x\leqslant 1\\ 0, & 其他\end{cases}.$$

当 $0\leqslant y\leqslant 1$ 时，$f_Y(y)=\int_{-\infty}^{+\infty}f(x,y)\mathrm{d}x=\int_y^{\sqrt{y}}6\mathrm{d}x=6(\sqrt{y}-y)$，得

$$f_Y(y)=\begin{cases}6(\sqrt{y}-y), & 0\leqslant y\leqslant 1\\ 0, & 其他\end{cases}.$$

(2) 由分布函数的定义知

$$F\left(\frac{1}{2},\frac{1}{2}\right)=P\left\{X\leqslant\frac{1}{2},Y\leqslant\frac{1}{2}\right\}=\int_{-\infty}^{\frac{1}{2}}\int_{-\infty}^{\frac{1}{2}}f(x,y)\mathrm{d}x\mathrm{d}y$$

$$=\int_0^{\frac{1}{2}}\mathrm{d}x\int_{x^2}^{x}6\mathrm{d}y=6\int_0^{\frac{1}{2}}(x-x^2)\mathrm{d}x=\frac{1}{2}.$$

135 答案 (1)

X	0	1	2
$P\{X\mid Y=2\}$	0	$\frac{1}{11}$	$\frac{10}{11}$

(2)

Y	1	2	3
$P\{Y\mid X=1\}$	0.4	0.2	0.4

解析 >> “行和右放，列和下放”，求出边缘分布为

X \ Y	1	2	3	$p_{i\cdot}$
0	0.1	0	0.2	0.3
1	0.04	0.02	0.04	0.1
2	0.3	0.2	0.1	0.6
$p_{\cdot j}$	0.44	0.22	0.34	

(1) 在 $Y=2$ 的条件下，$P\{Y=2\}=0.22$，求出

$$P\{X=0\mid Y=2\}=\frac{P\{X=0,Y=2\}}{P\{Y=2\}}=\frac{0}{0.22}=0,$$

$$P\{X=1\mid Y=2\}=\frac{P\{X=1,Y=2\}}{P\{Y=2\}}=\frac{0.02}{0.22}=\frac{1}{11},$$

$$P\{X=2\mid Y=2\}=\frac{P\{X=2,Y=2\}}{P\{Y=2\}}=\frac{0.2}{0.22}=\frac{10}{11}.$$

因此，在 $Y=2$ 的条件下，X 的条件分布为

X	0	1	2
$P\{X\mid Y=2\}$	0	$\frac{1}{11}$	$\frac{10}{11}$

(2) 在 $X=1$ 的条件下，$P\{X=1\}=0.1$，求出

$$P\{Y=1|X=1\}=\frac{P\{X=1,Y=1\}}{P\{X=1\}}=\frac{0.04}{0.1}=0.4,$$

$$P\{Y=2|X=1\}=\frac{P\{X=1,Y=2\}}{P\{X=1\}}=\frac{0.02}{0.1}=0.2,$$

$$P\{Y=3|X=1\}=\frac{P\{X=1,Y=3\}}{P\{X=1\}}=\frac{0.04}{0.1}=0.4.$$

因此，在 $X=1$ 的条件下，Y 的条件分布为

Y	1	2	3
$P\{Y\|X=1\}$	0.4	0.2	0.4

136 答案

$X \backslash Y$	1	2	3
1	$\frac{2}{15}$	$\frac{2}{15}$	$\frac{2}{15}$
2	$\frac{1}{5}$	$\frac{1}{5}$	$\frac{1}{5}$

Y	1	2	3
P	$\frac{1}{3}$	$\frac{1}{3}$	$\frac{1}{3}$

解析 >> 由题意知 $X=1,2$，$Y=1,2,3$．利用概率的乘法公式，得

$$P\{X=1,Y=1\}=P\{X=1\}P\{Y=1|X=1\}=0.4\times\frac{1}{3}=\frac{2}{15},$$

同理，$P\{X=1,Y=2\}=P\{X=1,Y=3\}=0.4\times\frac{1}{3}=\frac{2}{15}$.

$$P\{X=2,Y=1\}=P\{X=2\}P\{Y=1|X=2\}=0.6\times\frac{1}{3}=\frac{1}{5},$$

同理，$P\{X=2,Y=2\}=P\{X=2,Y=3\}=0.6\times\frac{1}{3}=\frac{1}{5}$.

所以，(X,Y) 的概率分布为

$X \backslash Y$	1	2	3
1	$\frac{2}{15}$	$\frac{2}{15}$	$\frac{2}{15}$
2	$\frac{1}{5}$	$\frac{1}{5}$	$\frac{1}{5}$

“列和下放”，得 Y 的边缘分布为

Y	1	2	3
P	$\frac{1}{3}$	$\frac{1}{3}$	$\frac{1}{3}$

评注

本题属于由边缘分布和条件分布反向求联合分布.

137 答案 (1)

X_1 \ X_2	0	1
0	$\frac{1}{15}$	$\frac{7}{30}$
1	$\frac{7}{30}$	$\frac{7}{15}$

(2)

X_1	0	1
P	$\frac{3}{10}$	$\frac{7}{10}$

X_2	0	1
P	$\frac{3}{10}$	$\frac{7}{10}$

(3)

X_2	0	1
$P\{X_2 \mid X_1=1\}$	$\frac{1}{3}$	$\frac{2}{3}$

解析 >> (1) 由题意知 $X_1=0,1$，$X_2=0,1$，且

$$P\{X_1=0,X_2=0\}=P\{X_1=0\}P\{X_2=0 \mid X_1=0\}=\frac{3}{10}\times\frac{2}{9}=\frac{1}{15},$$

$$P\{X_1=0,X_2=1\}=P\{X_1=0\}P\{X_2=1 \mid X_1=0\}=\frac{3}{10}\times\frac{7}{9}=\frac{7}{30},$$

同理，$P\{X_1=1,X_2=0\}=\frac{7}{10}\times\frac{3}{9}=\frac{7}{30}, P\{X_1=1,X_2=1\}=\frac{7}{10}\times\frac{6}{9}=\frac{7}{15}$.

因此，X_1 与 X_2 的联合分布为

X_1 \ X_2	0	1
0	$\frac{1}{15}$	$\frac{7}{30}$
1	$\frac{7}{30}$	$\frac{7}{15}$

(2) 边缘分布为

X_1	0	1
P	$\frac{3}{10}$	$\frac{7}{10}$

X_2	0	1
P	$\frac{3}{10}$	$\frac{7}{10}$

(3) 即求在 $X_1=1$ 的条件下，X_2 的条件分布．因为

$$P\{X_2=0\mid X_1=1\}=\frac{P\{X_1=1,X_2=0\}}{P\{X_1=1\}}=\frac{\frac{7}{30}}{\frac{7}{10}}=\frac{1}{3},$$

$$P\{X_2=1\mid X_1=1\}=\frac{P\{X_1=1,X_2=1\}}{P\{X_1=1\}}=\frac{\frac{7}{15}}{\frac{7}{10}}=\frac{2}{3}.$$

所以，在第一次取正品的条件下，第二次取到正品数的概率分布为

X_2	0	1
$P\{X_2\mid X_1=1\}$	$\frac{1}{3}$	$\frac{2}{3}$

138 答案 (1)

$X \backslash Y$	0	1	2
0	$\frac{2}{9}$	$\frac{1}{3}$	$\frac{1}{15}$
1	$\frac{2}{9}$	$\frac{2}{15}$	0
2	$\frac{1}{45}$	0	0

(2)

X	0	1	2
P	$\frac{28}{45}$	$\frac{16}{45}$	$\frac{1}{45}$

Y	0	1	2
P	$\frac{7}{15}$	$\frac{7}{15}$	$\frac{1}{15}$

(3)

X	0	1	2
$P\{X\mid Y=0\}$	$\frac{10}{21}$	$\frac{10}{21}$	$\frac{1}{21}$

解析 >> (1) 由题意知 $X=0,1,2$，$Y=0,1,2$，且

$$P\{X=0,Y=0\}=\frac{C_5^2}{C_{10}^2}=\frac{2}{9},P\{X=0,Y=1\}=\frac{C_3^1C_5^1}{C_{10}^2}=\frac{1}{3},P\{X=0,Y=2\}=\frac{C_3^2}{C_{10}^2}=\frac{1}{15},$$

$$P\{X=1,Y=0\}=\frac{C_2^1C_5^1}{C_{10}^2}=\frac{2}{9},P\{X=1,Y=1\}=\frac{C_2^1C_3^1}{C_{10}^2}=\frac{2}{15},P\{X=1,Y=2\}=P\{\varnothing\}=0,$$

$$P\{X=2,Y=0\}=\frac{C_2^2}{C_{10}^2}=\frac{1}{45},P\{X=2,Y=1\}=P\{X=2,Y=2\}=0.$$

因此，X 与 Y 的联合分布为

$X \backslash Y$	0	1	2
0	$\frac{2}{9}$	$\frac{1}{3}$	$\frac{1}{15}$
1	$\frac{2}{9}$	$\frac{2}{15}$	0
2	$\frac{1}{45}$	0	0

(2) 边缘分布为

X	0	1	2
P	$\frac{28}{45}$	$\frac{16}{45}$	$\frac{1}{45}$

Y	0	1	2
P	$\frac{7}{15}$	$\frac{7}{15}$	$\frac{1}{15}$

(3) $P\{X=0 \mid Y=0\}=\dfrac{P\{X=0,Y=0\}}{P\{Y=0\}}=\dfrac{\frac{2}{9}}{\frac{7}{15}}=\dfrac{10}{21}$,

$$P\{X=1 \mid Y=0\}=\frac{P\{X=1,Y=0\}}{P\{Y=0\}}=\frac{\frac{2}{9}}{\frac{7}{15}}=\frac{10}{21},$$

$$P\{X=2 \mid Y=0\}=\frac{P\{X=2,Y=0\}}{P\{Y=0\}}=\frac{\frac{1}{45}}{\frac{7}{15}}=\frac{1}{21}.$$

在 $Y=0$ 的条件下，X 的概率分布为

X	0	1	2
$P\{X \mid Y=0\}$	$\frac{10}{21}$	$\frac{10}{21}$	$\frac{1}{21}$

139 答案 (1) $a=0.2$，$b=0.2$，$c=0.2$，0.8；(2)

X	0	1
$P\{X \mid Y=1\}$	0.5	0.5

解析 >> (1) 由概率分布的性质知

$$a+b+c=0.6 \quad ①$$

由 $P\{Y=0\}=0.4+c, P\{X=0\}=0.4+b$ 及 $P\{X=1 \mid Y=0\}=\dfrac{P\{X=1,Y=0\}}{P\{Y=0\}}=\dfrac{c}{0.4+c}$ 得

$$\frac{c}{0.4+c}=\frac{1}{3} \quad ②$$

由 $P\{Y=1\mid X=0\}=\dfrac{P\{X=0,Y=1\}}{P\{X=0\}}=\dfrac{b}{0.4+b}$ 得

$$\frac{b}{0.4+b}=\frac{1}{3} \qquad ③$$

解①式、②式、③式得 $a=0.2,b=0.2,c=0.2$.

$P\{X\leqslant Y\}=1-P\{X>Y\}=1-P\{X=1,Y=0\}=1-0.2=0.8$，或

$$P\{X\leqslant Y\}=P\{X=0,Y=0\}+P\{X=0,Y=1\}+P\{X=1,Y=1\}=0.8.$$

(2) 由 (X,Y) 的概率分布

X \ Y	0	1
0	0.4	0.2
1	0.2	0.2

得 $P\{Y=1\}=0.2+0.2=0.4$，从而

$$P\{X=0\mid Y=1\}=\frac{P\{X=0,Y=1\}}{P\{Y=1\}}=\frac{0.2}{0.4}=0.5,$$

$$P\{X=1\mid Y=1\}=\frac{P\{X=1,Y=1\}}{P\{Y=1\}}=\frac{0.2}{0.4}=0.5.$$

因此，在 $Y=1$ 的条件下，X 的条件分布为

X	0	1
$P\{X\mid Y=1\}$	0.5	0.5

140 答案 当 $0\leqslant y\leqslant 2$ 时，$f_{X|Y}(x\mid y)=\begin{cases}\dfrac{6x^2+2xy}{2+y}, & 0\leqslant x\leqslant 1\\ 0, & 其他\end{cases}$；

当 $0<x\leqslant 1$ 时，$f_{Y|X}(y\mid x)=\begin{cases}\dfrac{3x+y}{6x+2}, & 0\leqslant y\leqslant 2\\ 0, & 其他\end{cases}$.

解析 >> 先求边缘密度函数，再求条件密度.

当 $0\leqslant x\leqslant 1$ 时，$f_X(x)=\int_{-\infty}^{+\infty}f(x,y)\mathrm{d}y=\int_0^2\left(x^2+\dfrac{1}{3}xy\right)\mathrm{d}y=2x^2+\dfrac{2}{3}x$.

当 $0\leqslant y\leqslant 2$ 时，$f_Y(y)=\int_{-\infty}^{+\infty}f(x,y)\mathrm{d}x=\int_0^1\left(x^2+\dfrac{1}{3}xy\right)\mathrm{d}x=\dfrac{1}{3}+\dfrac{1}{6}y$.

因此，(X,Y) 关于 X 和 Y 的边缘密度函数分别为

$$f_X(x)=\begin{cases}2x^2+\dfrac{2}{3}x, & 0\leqslant x\leqslant 1\\ 0, & 其他\end{cases},f_Y(y)=\begin{cases}\dfrac{1}{3}+\dfrac{1}{6}y, & 0\leqslant y\leqslant 2\\ 0, & 其他\end{cases}.$$

当 $0\leqslant y\leqslant 2$ 时，$f_Y(y)=\dfrac{1}{3}+\dfrac{1}{6}y\neq 0$，则

$$f_{X|Y}(x|y)=\frac{f(x,y)}{f_Y(y)}=\begin{cases}\dfrac{x^2+\frac{1}{3}xy}{\frac{1}{3}+\frac{1}{6}y}, & 0\leqslant x\leqslant 1\\ 0, & 其他\end{cases}=\begin{cases}\dfrac{6x^2+2xy}{2+y}, & 0\leqslant x\leqslant 1\\ 0, & 其他\end{cases}.$$

当$0<x\leqslant 1$时，$f_X(x)=2x^2+\dfrac{2}{3}x\neq 0$，则

$$f_{Y|X}(y|x)=\frac{f(x,y)}{f_X(x)}=\begin{cases}\dfrac{x^2+\frac{1}{3}xy}{2x^2+\frac{2}{3}x}, & 0\leqslant y\leqslant 2\\ 0, & 其他\end{cases}=\begin{cases}\dfrac{3x+y}{6x+2}, & 0\leqslant y\leqslant 2\\ 0, & 其他\end{cases}.$$

141 答案 当$|y|<2$时，$f_{X|Y}(x|y)=\begin{cases}\dfrac{1}{2\sqrt{4-y^2}}, & -\sqrt{4-y^2}\leqslant x\leqslant\sqrt{4-y^2}\\ 0, & 其他\end{cases}$；

当$|x|<2$时，$f_{Y|X}(y|x)=\begin{cases}\dfrac{1}{2\sqrt{4-x^2}}, & -\sqrt{4-x^2}\leqslant y\leqslant\sqrt{4-x^2}\\ 0, & 其他\end{cases}$；$\dfrac{3}{4}$.

解析 >> 由题设知(X,Y)的密度函数为

$$f(x,y)=\begin{cases}\dfrac{1}{4\pi}, & (x,y)\in G\\ 0, & 其他\end{cases}.$$

当$|x|<2$时，$f_X(x)=\int_{-\infty}^{+\infty}f(x,y)\mathrm{d}y=\int_{-\sqrt{4-x^2}}^{\sqrt{4-x^2}}\dfrac{1}{4\pi}\mathrm{d}y=\dfrac{\sqrt{4-x^2}}{2\pi}$，得$(X,Y)$关于$X$的边缘密度函数为$f_X(x)=\begin{cases}\dfrac{\sqrt{4-x^2}}{2\pi}, & |x|<2\\ 0, & 其他\end{cases}$.

类似地，(X,Y)关于Y的边缘密度函数为$f_Y(y)=\begin{cases}\dfrac{\sqrt{4-y^2}}{2\pi}, & |y|<2\\ 0, & 其他\end{cases}$.

当$|y|<2$时，$f_Y(y)=\dfrac{\sqrt{4-y^2}}{2\pi}\neq 0$，因此在$Y=y$的条件下，$X$的条件密度为

$$f_{X|Y}(x|y)=\frac{f(x,y)}{f_Y(y)}=\begin{cases}\dfrac{\frac{1}{4\pi}}{\frac{\sqrt{4-y^2}}{2\pi}}, & -\sqrt{4-y^2}\leqslant x\leqslant\sqrt{4-y^2}\\ 0, & 其他\end{cases}$$

$$=\begin{cases}\dfrac{1}{2\sqrt{4-y^2}}, & -\sqrt{4-y^2}\leqslant x\leqslant\sqrt{4-y^2}\\ 0, & 其他\end{cases}.$$

当 $|x|<2$ 时，$f_X(x)=\dfrac{\sqrt{4-x^2}}{2\pi}\neq 0$，因此在 $X=x$ 的条件下，Y 的条件密度为

$$f_{Y|X}(y|x)=\frac{f(x,y)}{f_X(x)}=\begin{cases}\dfrac{\dfrac{1}{4\pi}}{\dfrac{\sqrt{4-x^2}}{2\pi}}, & -\sqrt{4-x^2}\leqslant y\leqslant\sqrt{4-x^2}\\ 0, & \text{其他}\end{cases}$$

$$=\begin{cases}\dfrac{1}{2\sqrt{4-x^2}}, & -\sqrt{4-x^2}\leqslant y\leqslant\sqrt{4-x^2}\\ 0, & \text{其他}\end{cases}.$$

在 $Y=0$ 的条件下，将 $y=0$ 代入条件密度 $f_{X|Y}(x|y)$ 中，得

$$f_{X|Y}(x|y=0)=\begin{cases}\dfrac{1}{4}, & -2\leqslant x\leqslant 2\\ 0, & \text{其他}\end{cases},$$

则 $P\{X\leqslant 1|Y=0\}=\int_{-\infty}^{1}f_{X|Y}(x|y=0)\mathrm{d}x=\int_{-2}^{1}\dfrac{1}{4}\mathrm{d}x=\dfrac{3}{4}$.

评注

求 $f_{X|Y}(x|y)$ 时，需将区域 G 看作 Y 型区域，求 $f_{Y|X}(y|x)$ 时，需将区域 G 看作 X 型区域. 求 $P\{X\leqslant 1|Y=0\}$ 时不能用条件概率的计算公式，你知道原因吗?

142 答案　$\dfrac{1}{\pi}$，$f_{Y|X}(y|x)=\dfrac{1}{\sqrt{\pi}}\mathrm{e}^{-(y-x)^2},-\infty<y<+\infty$.

解析 >> 先求边缘密度函数 $f_X(x)$.

$$f_X(x)=\int_{-\infty}^{+\infty}f(x,y)\mathrm{d}y=A\int_{-\infty}^{+\infty}\mathrm{e}^{-2x^2+2xy-y^2}\mathrm{d}y$$

$$=A\mathrm{e}^{-x^2}\int_{-\infty}^{+\infty}\mathrm{e}^{-(y-x)^2}\mathrm{d}y=A\sqrt{\pi}\mathrm{e}^{-x^2},-\infty<x<+\infty.$$

利用 $1=\int_{-\infty}^{+\infty}f_X(x)\mathrm{d}x=A\sqrt{\pi}\int_{-\infty}^{+\infty}\mathrm{e}^{-x^2}\mathrm{d}x=A\pi$，求得 $A=\dfrac{1}{\pi}$.（或利用 $\int_{-\infty}^{+\infty}\int_{-\infty}^{+\infty}f(x,y)\mathrm{d}x\mathrm{d}y=1$，也可以求出 $A=\dfrac{1}{\pi}$.）

所以，

$$f_{Y|X}(y|x)=\frac{f(x,y)}{f_X(x)}=\frac{A\mathrm{e}^{-2x^2+2xy-y^2}}{A\sqrt{\pi}\mathrm{e}^{-x^2}}=\frac{1}{\sqrt{\pi}}\mathrm{e}^{-(y-x)^2},-\infty<y<+\infty.$$

评注

由 $f(x,y)=\frac{1}{\pi}\mathrm{e}^{-2x^2+2xy-y^2},-\infty<x<+\infty,-\infty<y<+\infty$ 知 $(X,Y)\sim N\left(0,0;\frac{1}{2},1;\frac{1}{\sqrt{2}}\right)$，

而 $f_{Y|X}(y|x)=\frac{1}{\sqrt{\pi}}\mathrm{e}^{-(y-x)^2}=\frac{1}{\sqrt{2\pi}\frac{1}{\sqrt{2}}}\mathrm{e}^{-\frac{(y-x)^2}{2\times\frac{1}{2}}},-\infty<y<+\infty$，即在 $X=x$ 的条件下，$Y\sim N\left(x,\frac{1}{2}\right)$. 符合结论：在 $X=x$ 的条件下，$Y\sim N\left(\mu_2+\frac{\sigma_2}{\sigma_1}\rho(x-\mu_1),\sigma_2^2(1-\rho^2)\right)$.

143 答案 (1) $f(x,y)=\begin{cases}\frac{1}{x}, & 0<y<x<1\\ 0, & 其他\end{cases}$；(2) $f_Y(y)=\begin{cases}-\ln y, & 0<y<1\\ 0, & 其他\end{cases}$；(3) $1-\ln 2$.

解析 >> (1) 由题意知 $f_X(x)=\begin{cases}1, & 0<x<1\\ 0, & 其他\end{cases}$，且当 $0<x<1$ 时，$f_{Y|X}(y|x)=\begin{cases}\frac{1}{x}, & 0<y<x\\ 0, & 其他\end{cases}$，

所以当 $0<x<1$ 时，$f(x,y)=f_X(x)f_{Y|X}(y|x)=\begin{cases}\frac{1}{x}, & 0<y<x\\ 0, & 其他\end{cases}$.（此处 $f(x,y)$ 仅定义在 $0<x<1,-\infty<y<+\infty$ 上，非全平面上.）

因为 $\int_0^1\mathrm{d}x\int_{-\infty}^{+\infty}f(x,y)\mathrm{d}y=\int_0^1\mathrm{d}x\int_0^x\frac{1}{x}\mathrm{d}y=1$，满足 $\int_{\infty}^{+\infty}\mathrm{d}x\int_{\infty}^{+\infty}f(x,y)\mathrm{d}y=1$，所以当 $x<0$ 或 $x>1$ 时，$f(x,y)=0$，故 X 与 Y 的联合密度函数为

$$f(x,y)=\begin{cases}\frac{1}{x}, & 0<y<x<1\\ 0, & 其他\end{cases}.$$

(2) 当 $0<y<1$ 时，$f_Y(y)=\int_{-\infty}^{+\infty}f(x,y)\mathrm{d}x=\int_y^1\frac{1}{x}\mathrm{d}x=-\ln y$，则 Y 的密度函数为

$$f_Y(y)=\begin{cases}-\ln y, & 0<y<1\\ 0, & 其他\end{cases}.$$

(3) $P\{X+Y>1\}=\iint\limits_{x+y>1}f(x,y)\mathrm{d}x\mathrm{d}y=\int_{\frac{1}{2}}^1\mathrm{d}x\int_{1-x}^x\frac{1}{x}\mathrm{d}y$

$$=\int_{\frac{1}{2}}^1\left(2-\frac{1}{x}\right)\mathrm{d}x=1-\ln 2.$$

评注

本题是由条件密度与边缘密度反求联合密度，需要注意一个细节，即用公式 $f(x,y)=f_X(x)f_{Y|X}(y|x)$ 求出的联合密度受限于条件“$0<x<1$”.

144答案 (D).

解析>> $P\{X+Y=2\}=P\{X=1,Y=1\}+P\{X=2,Y=0\}+P\{X=3,Y=-1\}$

$\overset{\text{独立}}{=\!=}P\{X=1\}\cdot P\{Y=1\}+P\{X=2\}\cdot P\{Y=0\}+P\{X=3\}\cdot P\{Y=-1\}$

$=\frac{1}{4}\times\frac{1}{3}+\frac{1}{8}\times\frac{1}{3}+\frac{1}{8}\times\frac{1}{3}=\frac{1}{6}.$

故选(D).

145答案 $\frac{p}{2-p}$.

解析>> 因为 X 与 Y 相互独立，所以 $P\{X=k,Y=k\}=P\{X=k\}\cdot P\{Y=k\}$，则

$$P\{X=Y\}=\sum_{k=1}^{+\infty}P\{X=k,Y=k\}=\sum_{k=1}^{+\infty}P\{X=k\}\cdot P\{Y=k\}$$
$$=\sum_{k=1}^{+\infty}p^2(1-p)^{2k-2}=\frac{p^2}{1-(1-p)^2}=\frac{p}{2-p}.$$

146答案 (1) 不相互独立；(2) 相互独立.

解析>> (1) 不放回取球．由题意知 $X_1=1,2,3$， $X_2=1,2,3$，且

$$P\{X_1=1,X_2=1\}=P\{X_1=1\}P\{X_2=1\mid X_1=1\}=\frac{2}{6}\times\frac{1}{5}=\frac{1}{15},$$

同理，$P\{X_1=1,X_2=2\}=\frac{2}{6}\times\frac{3}{5}=\frac{1}{5},P\{X_1=1,X_2=3\}=\frac{2}{6}\times\frac{1}{5}=\frac{1}{15},$

$P\{X_1=2,X_2=1\}=\frac{3}{6}\times\frac{2}{5}=\frac{1}{5},P\{X_1=2,X_2=2\}=\frac{3}{6}\times\frac{2}{5}=\frac{1}{5},$

$P\{X_1=2,X_2=3\}=\frac{3}{6}\times\frac{1}{5}=\frac{1}{10},P\{X_1=3,X_2=1\}=\frac{1}{6}\times\frac{2}{5}=\frac{1}{15},$

$P\{X_1=3,X_2=2\}=\frac{1}{6}\times\frac{3}{5}=\frac{1}{10},P\{X_1=3,X_2=3\}=\frac{1}{6}\times 0=0,$

从而，X_1 与 X_2 的联合分布及边缘分布为

X_1 \ X_2	1	2	3	$p_{i\cdot}$
1	$\frac{1}{15}$	$\frac{1}{5}$	$\frac{1}{15}$	$\frac{1}{3}$
2	$\frac{1}{5}$	$\frac{1}{5}$	$\frac{1}{10}$	$\frac{1}{2}$
3	$\frac{1}{15}$	$\frac{1}{10}$	0	$\frac{1}{6}$
$p_{\cdot j}$	$\frac{1}{3}$	$\frac{1}{2}$	$\frac{1}{6}$	

因为 $P\{X_1=3,X_2=3\}=0, P\{X_1=3\}\cdot P\{X_2=3\}=\frac{1}{6}\times\frac{1}{6}=\frac{1}{36}$,

$P\{X_1=3,X_2=3\}\neq P\{X_1=3\}\cdot P\{X_2=3\}$，所以 X_1 与 X_2 不相互独立.

(2) 有放回地取球．由题意知 $X_1=1,2,3$， $X_2=1,2,3$，且

$$P\{X_1=1,X_2=1\}=\frac{2}{6}\times\frac{2}{6}=\frac{1}{9}, P\{X_1=1,X_2=2\}=\frac{2}{6}\times\frac{3}{6}=\frac{1}{6},$$

$$P\{X_1=1,X_2=3\}=\frac{2}{6}\times\frac{1}{6}=\frac{1}{18}, P\{X_1=2,X_2=1\}=\frac{3}{6}\times\frac{2}{6}=\frac{1}{6},$$

$$P\{X_1=2,X_2=2\}=\frac{3}{6}\times\frac{3}{6}=\frac{1}{4}, P\{X_1=2,X_2=3\}=\frac{3}{6}\times\frac{1}{6}=\frac{1}{12},$$

$$P\{X_1=3,X_2=1\}=\frac{1}{6}\times\frac{2}{6}=\frac{1}{18}, P\{X_1=3,X_2=2\}=\frac{1}{6}\times\frac{3}{6}=\frac{1}{12},$$

$$P\{X_1=3,X_2=3\}=\frac{1}{6}\times\frac{1}{6}=\frac{1}{36}.$$

因此，X_1 与 X_2 的联合分布及边缘分布为

X_1 \ X_2	1	2	3	$p_{i\cdot}$
1	$\frac{1}{9}$	$\frac{1}{6}$	$\frac{1}{18}$	$\frac{1}{3}$
2	$\frac{1}{6}$	$\frac{1}{4}$	$\frac{1}{12}$	$\frac{1}{2}$
3	$\frac{1}{18}$	$\frac{1}{12}$	$\frac{1}{36}$	$\frac{1}{6}$
$p_{\cdot j}$	$\frac{1}{3}$	$\frac{1}{2}$	$\frac{1}{6}$	

因为 $P\{X_1=i,X_2=j\}=P\{X_1=i\}\cdot P\{X_2=j\}, i=1,2,3; j=1,2,3$，所以 X_1 与 X_2 相互独立.

147 答案

X \ Y	1	2	3
−1	$\frac{1}{6}$	$\frac{1}{6}$	$\frac{1}{6}$
1	$\frac{1}{6}$	$\frac{1}{6}$	$\frac{1}{6}$

$\frac{5}{6}$.

解析 >> 利用独立性，由边缘分布可求联合分布．因为 X 与 Y 相互独立，所以

$$P\{X=-1,Y=1\}=P\{X=-1\}\cdot P\{Y=1\}=\frac{1}{2}\times\frac{1}{3}=\frac{1}{6},$$

同理，

$$P\{X=-1,Y=2\}=\frac{1}{6},P\{X=-1,Y=3\}=\frac{1}{6},$$

$$P\{X=1,Y=1\}=\frac{1}{6},P\{X=1,Y=2\}=\frac{1}{6},P\{X=1,Y=3\}=\frac{1}{6}.$$

所以，(X,Y) 的概率分布为

X \ Y	1	2	3
-1	$\frac{1}{6}$	$\frac{1}{6}$	$\frac{1}{6}$
1	$\frac{1}{6}$	$\frac{1}{6}$	$\frac{1}{6}$

$$P\{X+Y\neq 0\}=1-P\{X+Y=0\}=1-P\{X=-1,Y=1\}=1-\frac{1}{6}=\frac{5}{6}.$$

148 答案 0.4，0.1，相互独立．

解析 >> 由概率分布的性质知

$$a+b=0.5 \qquad ①$$

因为 $P\{X=0\}=0.4+a$, $P\{X+Y=1\}=P\{X=0,Y=1\}+P\{X=1,Y=0\}=a+b$，事件 $\{X=0\}$ 与 $\{X+Y=1\}$ 相互独立，所以

$$P\{X=0,X+Y=1\}=P\{X=0\}\cdot P\{X+Y=1\},$$

$$P\{X=0,Y=1\}=P\{X=0\}\cdot P\{X+Y=1\},$$

即

$$a=(0.4+a)(a+b) \qquad ②$$

解①式、②式得 $a=0.4,b=0.1$，从而 (X,Y) 的概率分布及边缘分布为

X \ Y	0	1	$p_{i\cdot}$
0	0.4	0.4	0.8
1	0.1	0.1	0.2
$p_{\cdot j}$	0.5	0.5	

验证知，对所有的 i,j， $P\{X=i,Y=j\}=P\{X=i\}\cdot P\{Y=j\},i=0,1;j=0,1$，故 X 与 Y 相互独立．

149 答案 (1)

X \ Y	0	1
-1	$\frac{1}{4}$	0
0	0	$\frac{1}{2}$
1	$\frac{1}{4}$	0

(2) 不相互独立.

解析 >> (1) 由 $P\{XY=0\}=1$ 知 $P\{XY\neq 0\}=0$，即

$$P\{X=-1,Y=1\}=P\{X=1,Y=1\}=0.$$

设 (X,Y) 的概率分布为

X \ Y	0	1
-1	p_{11}	0
0	p_{21}	p_{22}
1	p_{31}	0

由边缘分布得

$$p_{11}=\frac{1}{4},p_{21}=0,p_{22}=\frac{1}{2},p_{31}=\frac{1}{4},$$

故 (X,Y) 的概率分布为

X \ Y	0	1
-1	$\frac{1}{4}$	0
0	0	$\frac{1}{2}$
1	$\frac{1}{4}$	0

(2) 因为 $P\{X=1,Y=1\}=0,P\{X=1\}\cdot P\{Y=1\}=\frac{1}{4}\times\frac{1}{2}=\frac{1}{8}\neq 0,$

$P\{X=1,Y=1\}\neq P\{X=1\}\cdot P\{Y=1\}$，所以 X 与 Y 不相互独立.

150 答案 (1) $\frac{4}{9}$；(2)

$X \backslash Y$	0	1	2	$p_{i\cdot}$
0	$\frac{1}{4}$	$\frac{1}{3}$	$\frac{1}{9}$	$\frac{25}{36}$
1	$\frac{1}{6}$	$\frac{1}{9}$	0	$\frac{5}{18}$
2	$\frac{1}{36}$	0	0	$\frac{1}{36}$
$p_{\cdot j}$	$\frac{4}{9}$	$\frac{4}{9}$	$\frac{1}{9}$	

(3) 不相互独立；(4) $\frac{7}{12}$.

解析 >> (1) 给出两种解法.

方法一：利用条件概率的计算公式，得

$$P\{X=1 \mid Z=0\}=\frac{P\{X=1,Z=0\}}{P\{Z=0\}}=\frac{\frac{1}{6}\times\frac{2}{6}+\frac{2}{6}\times\frac{1}{6}}{\left(\frac{1}{2}\right)^2}=\frac{4}{9}.$$

方法二：缩小样本空间，利用古典概型计算．已知事件 $\{Z=0\}$ 发生，则样本空间缩小在剩下的一个红球和两个黑球（共 3 个）中，有放回地取两次，每次取一个．事件 $\{X=1\}$ 表示取到红球与黑球各一个，则

$$P\{X=1 \mid Z=0\}=\frac{1}{3}\times\frac{2}{3}+\frac{2}{3}\times\frac{1}{3}=\frac{4}{9}.$$

(2) $X=0,1,2$，$Y=0,1,2$，且

$$P\{X=0,Y=0\}=\frac{3}{6}\times\frac{3}{6}=\frac{1}{4}, P\{X=0,Y=1\}=\frac{2}{6}\times\frac{3}{6}+\frac{3}{6}\times\frac{2}{6}=\frac{1}{3},$$

$$P\{X=0,Y=2\}=\frac{2}{6}\times\frac{2}{6}=\frac{1}{9}, P\{X=1,Y=0\}=\frac{1}{6}\times\frac{3}{6}+\frac{3}{6}\times\frac{1}{6}=\frac{1}{6},$$

$$P\{X=1,Y=1\}=\frac{1}{6}\times\frac{2}{6}+\frac{2}{6}\times\frac{1}{6}=\frac{1}{9}, P\{X=1,Y=2\}=0,$$

$$P\{X=2,Y=0\}=\frac{1}{6}\times\frac{1}{6}=\frac{1}{36}, P\{X=2,Y=1\}=P\{X=2,Y=2\}=0,$$

则 (X,Y) 的概率分布及边缘分布为

X \ Y	0	1	2	$p_{i\cdot}$
0	$\frac{1}{4}$	$\frac{1}{3}$	$\frac{1}{9}$	$\frac{25}{36}$
1	$\frac{1}{6}$	$\frac{1}{9}$	0	$\frac{5}{18}$
2	$\frac{1}{36}$	0	0	$\frac{1}{36}$
$p_{\cdot j}$	$\frac{4}{9}$	$\frac{4}{9}$	$\frac{1}{9}$	

(3) 因为$P\{X=2,Y=2\}=0, P\{X=2\}\cdot P\{Y=2\}=\frac{1}{36}\times\frac{1}{9}\neq 0$，即

$$P\{X=2,Y=2\}\neq P\{X=2\}\cdot P\{Y=2\},$$

所以，X与Y不相互独立.

(4) 由分布函数的定义知

$$F(0.5,1.5)=P\{X\leqslant 0.5,Y\leqslant 1.5\}=P\{X=0,Y=0\}+P\{X=0,Y=1\}$$
$$=\frac{1}{4}+\frac{1}{3}=\frac{7}{12}.$$

151 答案 (1) 8；(2) 不相互独立.

解析 >> (1) 利用密度函数的性质$\int_{-\infty}^{+\infty}\int_{-\infty}^{+\infty}f(x,y)\mathrm{d}x\mathrm{d}y=1$，且

$$\int_{-\infty}^{+\infty}\int_{-\infty}^{+\infty}f(x,y)\mathrm{d}x\mathrm{d}y=\int_0^1\mathrm{d}x\int_x^1 kxy\mathrm{d}y=\frac{1}{8}k,$$

从而$k=8$.

(2) 先求边缘密度函数.

当$0\leqslant x\leqslant 1$时，$f_X(x)=\int_{-\infty}^{+\infty}f(x,y)\mathrm{d}y=\int_x^1 8xy\mathrm{d}y=4x(1-x^2)$，则

$$f_X(x)=\begin{cases}4x(1-x^2), & 0\leqslant x\leqslant 1\\ 0, & \text{其他}\end{cases}.$$

当$0\leqslant y\leqslant 1$时，$f_Y(y)=\int_{-\infty}^{+\infty}f(x,y)\mathrm{d}x=\int_0^y 8xy\mathrm{d}x=4y^3$，则

$$f_Y(y)=\begin{cases}4y^3, & 0\leqslant y\leqslant 1\\ 0, & \text{其他}\end{cases}.$$

因为$f(x,y)\neq f_X(x)f_Y(y)$，所以X与Y不相互独立.

152 答案 $f_{X|Y}(x\mid y)=\frac{1}{\sqrt{2\pi}}\mathrm{e}^{-\frac{x^2}{2}},-\infty<x<+\infty.$

解析 >> 由题设知$(X,Y)\sim N(0,0;1,1;0)$. 由二维正态分布的性质得$X\sim N(0,1),Y\sim N(0,1)$，且$\rho=0\Leftrightarrow X$与$Y$相互独立，从而在$Y=y$的条件下，$X$的条件密度函数为

$$f_{X|Y}(x|y)=\frac{f(x,y)}{f_Y(y)}\overset{\text{独立}}{=\!=}\frac{f_X(x)f_Y(y)}{f_Y(y)}=f_X(x),$$

即

$$f_{X|Y}(x|y)=\frac{1}{\sqrt{2\pi}}e^{-\frac{x^2}{2}},-\infty<x<+\infty.$$

153 答案 μ_2.

解析 >> 由题设 $(X,Y)\sim N(\mu_1,\mu_2;\sigma_1^2,\sigma_2^2;0)$ 得

$$X\sim N(\mu_1,\sigma_1^2),Y\sim N(\mu_2,\sigma_2^2),$$

且 $\rho=0\Leftrightarrow X$ 与 Y 相互独立，则

$$F(\mu_1,y)=P\{X\leqslant\mu_1,Y\leqslant y\}=P\{X\leqslant\mu_1\}\cdot P\{Y\leqslant y\}\overset{\text{已知}}{=\!=}\frac{1}{4},$$

因为 $P\{X\leqslant\mu_1\}=\frac{1}{2}$，即 $\frac{1}{2}P\{Y\leqslant y\}=\frac{1}{4}$，从而 $P\{Y\leqslant y\}=\frac{1}{2}$，所以 $y=\mu_2$.

154 答案 e^{-6}.

解析 >> 因为 X_1,X_2,X_3 同分布，且分布函数为

$$F(x)=\begin{cases}1-e^{-2x}, & x>0\\ 0, & \text{其他}\end{cases},$$

所以

$$\begin{aligned}P\{\min\{X_1,X_2,X_3\}\geqslant 1\}&=P\{X_1\geqslant 1,X_2\geqslant 1,X_3\geqslant 1\}\overset{\text{独立}}{=\!=}P\{X_1\geqslant 1\}\cdot P\{X_2\geqslant 1\}\cdot P\{X_3\geqslant 1\}\\&=[1-P\{X_1<1\}]\cdot[1-P\{X_2<1\}]\cdot[1-P\{X_3<1\}]\\&=[1-F(1)]^3=e^{-6}.\end{aligned}$$

155 答案 (1) $F_X(x)=\begin{cases}1-e^{-3x}, & x>0\\ 0, & x\leqslant 0\end{cases}$，$F_Y(y)=\begin{cases}1-e^{-4y}, & y>0\\ 0, & y\leqslant 0\end{cases}$；(2) 相互独立；

(3) $(1-e^{-1})(1-e^{-2})$.

解析 >> (1) 由边缘分布函数的定义得

$$F_X(x)=\lim_{y\to+\infty}F(x,y)=\begin{cases}\lim\limits_{y\to+\infty}(1-e^{-3x})(1-e^{-4y}), & x>0\\ 0, & x\leqslant 0\end{cases}=\begin{cases}1-e^{-3x}, & x>0\\ 0, & x\leqslant 0\end{cases},$$

$$F_Y(y)=\lim_{x\to+\infty}F(x,y)=\begin{cases}\lim\limits_{x\to+\infty}(1-e^{-3x})(1-e^{-4y}), & y>0\\ 0, & y\leqslant 0\end{cases}=\begin{cases}1-e^{-4y}, & y>0\\ 0, & y\leqslant 0\end{cases}.$$

(2) 方法一：显然，对任意的 x,y，有 $F(x,y)=F_X(x)F_Y(y)$，所以 X 与 Y 相互独立.

方法二：先求联合密度函数，得

$$f(x,y)=\frac{\partial^2F(x,y)}{\partial x\partial y}=\begin{cases}12e^{-3x-4y}, & x>0,y>0\\ 0, & \text{其他}\end{cases}.$$

再求边缘密度函数，得

$$f_X(x)=\int_{-\infty}^{+\infty}f(x,y)\mathrm{d}y=\begin{cases}3\mathrm{e}^{-3x}, & x>0\\0, & 其他\end{cases},$$

$$f_Y(y)=\int_{-\infty}^{+\infty}f(x,y)\mathrm{d}x=\begin{cases}4\mathrm{e}^{-4y}, & y>0\\0, & 其他\end{cases}.$$

因为 $f(x,y)=f_X(x)f_Y(y)(-\infty<x<+\infty,-\infty<y<+\infty)$，所以 X 与 Y 相互独立.

(3) 方法一：$P\left\{0<X\leqslant\frac{1}{3},0<Y\leqslant\frac{1}{2}\right\}=F\left(\frac{1}{3},\frac{1}{2}\right)-F\left(\frac{1}{3},0\right)-F\left(0,\frac{1}{2}\right)+F(0,0)$

$$=(1-\mathrm{e}^{-1})(1-\mathrm{e}^{-2}).$$

方法二：$P\left\{0<X\leqslant\frac{1}{3},0<Y\leqslant\frac{1}{2}\right\}\overset{独立}{=\!=}P\left\{0<X\leqslant\frac{1}{3}\right\}\cdot P\left\{0<Y\leqslant\frac{1}{2}\right\}$

$$=\int_0^{\frac{1}{3}}3\mathrm{e}^{-3x}\mathrm{d}x\cdot\int_0^{\frac{1}{2}}4\mathrm{e}^{-4y}\mathrm{d}y=(1-\mathrm{e}^{-1})(1-\mathrm{e}^{-2}).$$

156 答案　(1) e^{-1}；(2) $F(x,y)=\begin{cases}0, & x<0或y<0\\x^2(1-\mathrm{e}^{-y}), & 0\leqslant x<1,y\geqslant 0\\1-\mathrm{e}^{-y}, & x\geqslant 1,y\geqslant 0\end{cases}$.

解析 >>　(1) 由题设知 $f_Y(y)=\begin{cases}\mathrm{e}^{-y}, & y>0\\0, & 其他\end{cases}$，因为 X 与 Y 相互独立，所以

$$f(x,y)=f_X(x)f_Y(y)=\begin{cases}2x\mathrm{e}^{-y}, & 0<x<1,y>0\\0, & 其他\end{cases}.$$

一元二次方程 $x^2-2Xx+Y=0$ 有实根 $\Leftrightarrow\Delta=4X^2-4Y\geqslant 0\Leftrightarrow X^2\geqslant Y$. 所求的概率

$$P\{Y\leqslant X^2\}=\iint_{y\leqslant x^2}f(x,y)\mathrm{d}x\mathrm{d}y=\int_0^1\mathrm{d}x\int_0^{x^2}2x\mathrm{e}^{-y}\mathrm{d}y=\int_0^1(2x-2x\mathrm{e}^{-x^2})\mathrm{d}x=\mathrm{e}^{-1}.$$

(2) 方法一：由分布函数的定义 $F(x,y)=\int_{-\infty}^{x}\int_{-\infty}^{y}f(u,v)\mathrm{d}u\mathrm{d}v$ 知，

当 $x<0$ 或 $y<0$ 时，$F(x,y)=\int_{-\infty}^{x}\int_{-\infty}^{y}0\mathrm{d}u\mathrm{d}v=0$；

当 $0\leqslant x<1,y\geqslant 0$ 时，$F(x,y)=\int_0^x\mathrm{d}u\int_0^y 2u\mathrm{e}^{-v}\mathrm{d}v=x^2(1-\mathrm{e}^{-y})$；

当 $x\geqslant 1,y\geqslant 0$ 时，$F(x,y)=\int_0^1\mathrm{d}u\int_0^y 2u\mathrm{e}^{-v}\mathrm{d}v=1-\mathrm{e}^{-y}$.

因此，

$$F(x,y)=\begin{cases}0, & x<0或y<0\\x^2(1-\mathrm{e}^{-y}), & 0\leqslant x<1,y\geqslant 0\\1-\mathrm{e}^{-y}, & x\geqslant 1,y\geqslant 0\end{cases}.$$

方法二：由 X 与 Y 相互独立得 $F(x,y)=F_X(x)F_Y(y)$，而

$$F_X(x)=\int_{-\infty}^{x}f(t)\mathrm{d}t=\begin{cases}\int_{-\infty}^{x}0\mathrm{d}t, & x<0\\\int_0^x 2t\mathrm{d}t, & 0\leqslant x<1\\\int_0^1 2t\mathrm{d}t, & x\geqslant 1\end{cases}=\begin{cases}0, & x<0\\x^2, & 0\leqslant x<1\\1, & x\geqslant 1\end{cases},$$

$$F_Y(y)=\begin{cases}0, & y<0\\ 1-e^{-y}, & y\geqslant 0\end{cases},$$

故

$$F(x,y)=F_X(x)F_Y(y)=\begin{cases}0, & x<0 \text{ 或 } y<0\\ x^2(1-e^{-y}), & 0\leqslant x<1, y\geqslant 0\\ 1-e^{-y}, & x\geqslant 1, y\geqslant 0\end{cases}.$$

157 答案 (1) $f_X(x)=\begin{cases}e^{-x}, x>0\\ 0, \quad x\leqslant 0\end{cases}$，$f_Y(y)=\begin{cases}ye^{-y}, & y>0\\ 0, & y\leqslant 0\end{cases}$，不相互独立；

(2) $f_{X|Y}(x|y)=\begin{cases}\dfrac{1}{y}, & 0<x<y\\ 0, & 其他\end{cases}$，$f_{Y|X}(y|x)=\begin{cases}e^{x-y}, & x<y\\ 0, & 其他\end{cases}$；(3) $1+e^{-1}-2e^{-\frac{1}{2}}$.

解析 >> (1) 当 $x>0$ 时，$f_X(x)=\int_{-\infty}^{+\infty}f(x,y)dy=\int_x^{+\infty}e^{-y}dy=e^{-x}$，则

$$f_X(x)=\begin{cases}e^{-x}, & x>0\\ 0, & x\leqslant 0\end{cases}.$$

当 $y>0$ 时，$f_Y(y)=\int_{-\infty}^{+\infty}f(x,y)dx=\int_0^y e^{-y}dx=ye^{-y}$，则

$$f_Y(y)=\begin{cases}ye^{-y}, & y>0\\ 0, & y\leqslant 0\end{cases}.$$

因为 $f(x,y)\neq f_X(x)f_Y(y)$，所以 X 与 Y 不相互独立.

(2) 当 $y>0$ 时，$f_Y(y)>0$，条件密度函数为

$$f_{X|Y}(x|y)=\frac{f(x,y)}{f_Y(y)}=\begin{cases}\dfrac{e^{-y}}{ye^{-y}}, & 0<x<y\\ 0, & 其他\end{cases}=\begin{cases}\dfrac{1}{y}, & 0<x<y\\ 0, & 其他\end{cases}.$$

（当 $y\leqslant 0$ 时，不存在条件密度函数 $f_{X|Y}(x|y)$.）

当 $x>0$ 时，$f_X(x)>0$，条件密度函数为

$$f_{Y|X}(y|x)=\frac{f(x,y)}{f_X(x)}=\begin{cases}\dfrac{e^{-y}}{e^{-x}}, & x<y\\ 0, & 其他\end{cases}=\begin{cases}e^{x-y}, & x<y\\ 0, & 其他\end{cases}.$$

（当 $x\leqslant 0$ 时，不存在条件密度函数 $f_{Y|X}(y|x)$.）

(3) $$P\{X+Y\leqslant 1\}=\iint_{x+y\leqslant 1}f(x,y)dxdy=\int_0^{\frac{1}{2}}dx\int_x^{1-x}e^{-y}dy$$

$$=\int_0^{\frac{1}{2}}(e^{-x}-e^{x-1})dx=1+e^{-1}-2e^{-\frac{1}{2}}.$$

158 答案 (1)

Z_1	1	2	3	4
P	0.4	0.2	0.2	0.2

(2)

Z_2	0	1	2	3
P	0.5	0.2	0.1	0.2

解析 >> (1) $Z_1 = X + Y$ 的取值为1,2,3,4，且

$$P\{Z_1 = 1\} = P\{X + Y = 1\} = P\{X = 0, Y = 1\} = 0.4,$$

$$P\{Z_1 = 2\} = P\{X + Y = 2\} = P\{X = 0, Y = 2\} + P\{X = 1, Y = 1\} = 0 + 0.2 = 0.2,$$

$$P\{Z_1 = 3\} = P\{X + Y = 3\} = P\{X = 0, Y = 3\} + P\{X = 1, Y = 2\} = 0.1 + 0.1 = 0.2,$$

$$P\{Z_1 = 4\} = P\{X + Y = 4\} = P\{X = 1, Y = 3\} = 0.2,$$

则Z_1的概率分布为

Z_1	1	2	3	4
P	0.4	0.2	0.2	0.2

(2) $Z_2 = XY$ 的取值为0,1,2,3，且

$$P\{Z_2 = 0\} = P\{XY = 0\} = \sum_{j=1}^{3} P\{X = 0, Y = j\} = 0.4 + 0 + 0.1 = 0.5,$$

$$P\{Z_2 = 1\} = P\{XY = 1\} = P\{X = 1, Y = 1\} = 0.2,$$

$$P\{Z_2 = 2\} = P\{XY = 2\} = P\{X = 1, Y = 2\} = 0.1,$$

$$P\{Z_2 = 3\} = P\{XY = 3\} = P\{X = 1, Y = 3\} = 0.2,$$

则Z_2的概率分布为

Z_2	0	1	2	3
P	0.5	0.2	0.1	0.2

159 答案 (1)

Z_1	0	1
P	$\frac{5}{6}$	$\frac{1}{6}$

(2)

Z_2	0	1	2
P	$\frac{1}{3}$	$\frac{13}{24}$	$\frac{1}{8}$

解析 >> 由X与Y相互独立得

$$P\{X = i, Y = j\} = P\{X = i\} \cdot P\{Y = j\}, i = 0,1; j = 0,1,2.$$

(1) $Z_1 = \min\{X, Y\}$ 的取值为0,1，且

$$P\{Z_1 = 1\} = P\{\min\{X, Y\} = 1\} = P\{X = 1, Y = 1\} + P\{X = 1, Y = 2\}$$

$$= \frac{1}{3} \times \frac{3}{8} + \frac{1}{3} \times \frac{1}{8} = \frac{1}{6},$$

$$P\{Z_1 = 0\} = 1 - P\{Z_1 = 1\} = 1 - \frac{1}{6} = \frac{5}{6},$$

则 Z_1 的概率分布为

Z_1	0	1
P	$\frac{5}{6}$	$\frac{1}{6}$

(2) $Z_2=\max\{X,Y\}$ 的取值为 0,1,2，且

$$P\{Z_2=0\}=P\{\max\{X,Y\}=0\}=P\{X=0,Y=0\}=\frac{2}{3}\times\frac{1}{2}=\frac{1}{3},$$

$$P\{Z_2=2\}=P\{\max\{X,Y\}=2\}=P\{X=0,Y=2\}+P\{X=1,Y=2\}$$

$$=\frac{2}{3}\times\frac{1}{8}+\frac{1}{3}\times\frac{1}{8}=\frac{1}{8},$$

$$P\{Z_2=1\}=1-P\{Z_2=0\}-P\{Z_2=2\}=1-\frac{1}{3}-\frac{1}{8}=\frac{13}{24},$$

则 Z_2 的概率分布为

Z_2	0	1	2
P	$\frac{1}{3}$	$\frac{13}{24}$	$\frac{1}{8}$

(1) 我们也可以利用独立性先求出联合分布，再分别求 Z_1,Z_2 的分布.

(2) 我们也可以用如下方法求

$$P\{Z_1=0\}=P\{\min\{X,Y\}=0\}=\sum_{j=0}^{2}P\{X=0,Y=j\}+P\{X=1,Y=0\}=\frac{5}{6},$$

$$P\{Z_2=1\}=P\{X=0,Y=1\}+P\{X=1,Y=1\}+P\{X=1,Y=0\}=\frac{13}{24}.$$

160 答案　$P\{Z=k\}=\frac{5^k}{k!}e^{-5},k=0,1,2,\cdots$，$6e^{-5}$.

解析 >> 由题设及结论 2 知 $Z=X+Y\sim P(5)$，则 Z 的概率分布为

$$P\{Z=k\}=\frac{5^k}{k!}e^{-5},k=0,1,2,\cdots,$$

且 $P\{Z\leqslant 1\}=P\{Z=0\}+P\{Z=1\}=\frac{5^0}{0!}e^{-5}+\frac{5}{1!}e^{-5}=6e^{-5}$.

161 答案

Z	1	2
P	0.5	0.5

解析 >> 填空题或选择题可采取如下图表形式，快速求出分布律.

p_{ij}	0.4	0.1	0.2	0.3
(X,Y)	$(0,-1)$	$(0,1)$	$(1,-1)$	$(1,1)$
$Z=X^2+Y^2$	1	1	2	2

由此易得

$$P\{Z=1\}=0.4+0.1=0.5, P\{Z=2\}=0.2+0.3=0.5,$$

所以 Z 的概率分布为

Z	1	2
P	0.5	0.5

162 答案 (C).

解析 >> $P\{Z=3\}=P\{\max\{X,Y\}=3\}=\sum_{i=1}^{3}P\{X=i,Y=3\}+\sum_{j=1}^{2}P\{X=3,Y=j\}$

$$=\sum_{i=1}^{3}P\{X=i\}\cdot P\{Y=3\}+\sum_{j=1}^{2}P\{X=3\}\cdot P\{Y=j\}=\frac{3}{9}+\frac{2}{9}=\frac{5}{9}.$$

故选 (C).

163 答案 (1) $P\{Z=k\}=C_2^k\left(\frac{1}{3}\right)^k\left(\frac{2}{3}\right)^{2-k}, k=0,1,2$ 或

Z	0	1	2
P	$\frac{4}{9}$	$\frac{4}{9}$	$\frac{1}{9}$

(2)

$U \backslash V$	0	1
0	$\frac{4}{9}$	0
1	$\frac{4}{9}$	$\frac{1}{9}$

解析 >> (1) 方法一：由题设知 $Z=X+Y$ 的取值为 0,1,2，且

X	0	1
P	$\frac{2}{3}$	$\frac{1}{3}$

$$P\{Z=0\}=P\{X+Y=0\}=P\{X=0,Y=0\}=\frac{2}{3}\times\frac{2}{3}=\frac{4}{9},$$

$$P\{Z=1\}=P\{X+Y=1\}=P\{X=0,Y=1\}+P\{X=1,Y=0\}=\frac{2}{3}\times\frac{1}{3}+\frac{1}{3}\times\frac{2}{3}=\frac{4}{9},$$

$$P\{Z=2\}=P\{X+Y=2\}=P\{X=1,Y=1\}=\frac{1}{3}\times\frac{1}{3}=\frac{1}{9},$$

所以 Z 的概率分布为

Z	0	1	2
P	$\frac{4}{9}$	$\frac{4}{9}$	$\frac{1}{9}$

方法二：由题设及结论 1 知 $Z=X+Y\sim B\left(2,\frac{1}{3}\right)$，则 Z 的概率分布为

$$P\{Z=k\}=\mathrm{C}_2^k\left(\frac{1}{3}\right)^k\left(\frac{2}{3}\right)^{2-k},k=0,1,2.$$

(2) 由题设知 $U=0,1$，$V=0,1$，且

$$P\{U=0,V=0\}=P\{X=0,Y=0\}=\frac{2}{3}\times\frac{2}{3}=\frac{4}{9},$$
$$P\{U=0,V=1\}=P\{\varnothing\}=0,$$
$$P\{U=1,V=0\}=P\{X=1,Y=0\}+P\{X=0,Y=1\}=\frac{1}{3}\times\frac{2}{3}+\frac{2}{3}\times\frac{1}{3}=\frac{4}{9},$$
$$P\{U=1,V=1\}=P\{X=1,Y=1\}=\frac{1}{3}\times\frac{1}{3}=\frac{1}{9},$$

则 (U,V) 的概率分布为

U \ V	0	1
0	$\frac{4}{9}$	0
1	$\frac{4}{9}$	$\frac{1}{9}$

164 答案　(1) $\frac{5}{24}$，$\frac{1}{24}$；

(2)

X	1	2
P	$\frac{2}{3}$	$\frac{1}{3}$

Y	-1	0	1
P	$\frac{1}{3}$	$\frac{13}{24}$	$\frac{1}{8}$

不相互独立；

(3)

Y	-1	0	1
$P\{Y\mid X=1\}$	$\frac{3}{8}$	$\frac{1}{2}$	$\frac{1}{8}$

X	1	2
$P\{X\mid Y=0\}$	$\frac{8}{13}$	$\frac{5}{13}$

(4)

Z	-1	$-\frac{1}{2}$	0	$\frac{1}{2}$	1
P	$\frac{1}{4}$	$\frac{1}{12}$	$\frac{13}{24}$	$\frac{1}{24}$	$\frac{1}{12}$

解析 >> (1) 由概率分布的性质知

$$\frac{1}{4}+\frac{1}{3}+\frac{1}{12}+\frac{1}{12}+a+b=1 \quad ①$$

因为事件$\{X=1\}$与$\{Y\leqslant 0\}$相互独立，即

$$P\{X=1,Y\leqslant 0\}=P\{X=1\}\cdot P\{Y\leqslant 0\},$$

$$P\{X=1,Y=-1\}+P\{X=1,Y=0\}=P\{X=1\}\cdot[P\{Y=-1\}+P\{Y=0\}],$$

所以

$$\frac{1}{4}+\frac{1}{3}=\frac{2}{3}\left(\frac{2}{3}+a\right) \quad ②$$

解①式、②式得$a=\frac{5}{24},b=\frac{1}{24}$.

(2) 因为

X \ Y	-1	0	1
1	$\frac{1}{4}$	$\frac{1}{3}$	$\frac{1}{12}$
2	$\frac{1}{12}$	$\frac{5}{24}$	$\frac{1}{24}$

所以X的边缘分布为

X	1	2
P	$\frac{2}{3}$	$\frac{1}{3}$

Y的边缘分布为

Y	-1	0	1
P	$\frac{1}{3}$	$\frac{13}{24}$	$\frac{1}{8}$

由于$P\{X=1,Y=-1\}=\frac{1}{4}\neq P\{X=1\}\cdot P\{Y=-1\}=\frac{2}{3}\times\frac{1}{3}$，因此$X$与$Y$不相互独立.

(3) $P\{Y=-1\mid X=1\}=\dfrac{P\{X=1,Y=-1\}}{P\{X=1\}}=\dfrac{\frac{1}{4}}{\frac{2}{3}}=\dfrac{3}{8}$，同理，

$$P\{Y=0\mid X=1\}=\frac{1}{2},P\{Y=1\mid X=1\}=\frac{1}{8}.$$

所以在$X=1$的条件下，Y的条件分布为

Y	-1	0	1
$P\{Y \mid X=1\}$	$\frac{3}{8}$	$\frac{1}{2}$	$\frac{1}{8}$

因为$P\{X=1 \mid Y=0\}=\frac{P\{X=1,Y=0\}}{P\{Y=0\}}=\frac{\frac{1}{3}}{\frac{13}{24}}=\frac{8}{13}$，同理，$P\{X=2 \mid Y=0\}=\frac{5}{13}$，所以在$Y=0$的条件下，$X$ 的条件分布为

X	1	2
$P\{X \mid Y=0\}$	$\frac{8}{13}$	$\frac{5}{13}$

(4) $Z=\frac{Y}{X}$的所有可能取值为$-1,-\frac{1}{2},0,\frac{1}{2},1$，且

$$P\{Z=-1\}=P\{X=1,Y=-1\}=\frac{1}{4},P\{Z=-\frac{1}{2}\}=P\{X=2,Y=-1\}=\frac{1}{12},$$

$$P\{Z=0\}=P\{X=1,Y=0\}+P\{X=2,Y=0\}=\frac{1}{3}+\frac{5}{24}=\frac{13}{24},$$

同理，$P\{Z=\frac{1}{2}\}=\frac{1}{24},P\{Z=1\}=\frac{1}{12}$. 因此$Z$的概率分布为

Z	-1	$-\frac{1}{2}$	0	$\frac{1}{2}$	1
P	$\frac{1}{4}$	$\frac{1}{12}$	$\frac{13}{24}$	$\frac{1}{24}$	$\frac{1}{12}$

165 答案　$f_Z(z)=\begin{cases}2z, & 0<z<1 \\ 0, & 其他\end{cases}$.

解析>> 因为$S_G=\frac{1}{2}$，所以$(X,Y)\sim f(x,y)=\begin{cases}2, & (x,y)\in G \\ 0, & 其他\end{cases}$. 由区域$G$的图形及$Z=X+Y$知$0\leqslant Z\leqslant 1$.

方法一：定义法（分布函数法）.

$$F_Z(z)=P\{Z\leqslant z\}=P\{X+Y\leqslant z\}=\iint\limits_{x+y\leqslant z} f(x,y)\mathrm{d}x\mathrm{d}y.$$

当$z<0$时，$F_Z(z)=0$；

当$0\leqslant z<1$时，$F_Z(z)=\iint\limits_{x+y\leqslant z} f(x,y)\mathrm{d}x\mathrm{d}y=\int_0^z \mathrm{d}x\int_0^{z-x} 2\mathrm{d}y=z^2$；

当$z\geqslant 1$时，$F_Z(z)=\iint\limits_{x+y\leqslant z} f(x,y)\mathrm{d}x\mathrm{d}y=\int_0^1 \mathrm{d}x\int_0^{1-x} 2\mathrm{d}y=1$.

因此，Z 的分布函数与密度函数分别为

$$F_Z(z)=\begin{cases}0, & z<0\\ z^2, & 0\leqslant z<1\\ 1, & z\geqslant 1\end{cases}, f_Z(z)=\begin{cases}2z, & 0<z<1\\ 0, & 其他\end{cases}.$$

方法二：利用和的公式（结论1）.

当 $0<z<1$ 时，$f_Z(z)=\int_{-\infty}^{+\infty}f(x,z-x)\mathrm{d}x=\int_0^z 2\mathrm{d}x=2z$；当 $z\leqslant 0$ 或 $z\geqslant 1$ 时，$f_Z(z)=0$. 因此，Z 的密度函数为

$$f_Z(z)=\begin{cases}2z, & 0<z<1\\ 0, & 其他\end{cases}.$$

166 答案 $f_Z(z)=\begin{cases}(z-2)\mathrm{e}^{(2-z)}, & z>2\\ 0, & z\leqslant 2\end{cases}$.

解析 >> 利用卷积公式，$f_Z(z)=\int_{-\infty}^{+\infty}f_X(x)f_Y(z-x)\mathrm{d}x$.

因为 $Z=X+Y>2, f_X(x)=\begin{cases}\mathrm{e}^{1-x}, & x>1\\ 0, & x\leqslant 1\end{cases}, f_Y(z-x)=\begin{cases}\mathrm{e}^{1-(z-x)}, & z-x>1\\ 0, & z-x\leqslant 1\end{cases}$.

当 $z>2$，且 $\begin{cases}x>1\\ z-x>1\end{cases}\Leftrightarrow\begin{cases}x>1\\ x<z-1\end{cases}$ 时，$f_X(x)f_Y(z-x)\neq 0$，

故当 $z>2$ 时，$f_Z(z)=\int_{-\infty}^{+\infty}f_X(x)f_Y(z-x)\mathrm{d}x=\int_1^{z-1}\mathrm{e}^{1-x}\mathrm{e}^{1-(z-x)}\mathrm{d}x=(z-2)\mathrm{e}^{(2-z)}$，得 Z 的密度函数为

$$f_Z(z)=\begin{cases}(z-2)\mathrm{e}^{(2-z)}, & z>2\\ 0, & z\leqslant 2\end{cases}.$$

评注

用卷积公式求解的难点是讨论 z 的取值范围及确定 x 的积分区间，通过画图可以直观找出 x 的积分限. 利用分布函数法求解，较易理解，且方法通用，请试一试吧.

167 答案 $f_Z(z)=\begin{cases}0, & z<0\\ \frac{1}{2}\mathrm{e}^{-\frac{z}{2}}, & z\geqslant 0\end{cases}$.

解析 >> 因为 $Z=X^2+Y^2\geqslant 0$，所以当 $z<0$ 时，$F_Z(z)=0$；

当 $z\geqslant 0$ 时，$F_Z(z)=P\{X^2+Y^2\leqslant z\}=\iint\limits_{x^2+y^2\leqslant z}f(x,y)\mathrm{d}x\mathrm{d}y=\frac{1}{2\pi}\iint\limits_{x^2+y^2\leqslant z}\mathrm{e}^{-\frac{x^2+y^2}{2}}\mathrm{d}x\mathrm{d}y$.

在极坐标系下求上面的二重积分，得

$$F_Z(z)=\frac{1}{2\pi}\int_0^{2\pi}\mathrm{d}\theta\int_0^{\sqrt{z}}\mathrm{e}^{-\frac{r^2}{2}}r\mathrm{d}r=1-\mathrm{e}^{-\frac{z}{2}},$$

则 Z 的分布函数为

$$F_Z(z)=\begin{cases}0, & z<0\\ 1-\mathrm{e}^{-\frac{z}{2}}, & z\geqslant 0\end{cases}.$$

所以，Z 的密度函数为

$$f_Z(z)=\begin{cases}0, & z<0\\ \dfrac{1}{2}\mathrm{e}^{-\frac{z}{2}}, & z\geqslant 0\end{cases}.$$

评注

由题设知 $(X,Y)\sim N(0,0;1,1;0), X\sim N(0,1), Y\sim N(0,1)$，且 X 与 Y 相互独立，则 $Z=X^2+Y^2\sim\chi^2(2)$，同时 $Z=X^2+Y^2\sim E\left(\dfrac{1}{2}\right)$.

168 答案　$f_Z(z)=\begin{cases}\dfrac{2}{3}z^3, & 0\leqslant z<1\\ 4z-\dfrac{2}{3}z^3-\dfrac{8}{3}, & 1\leqslant z<2.\\ 0, & 其他\end{cases}$

解析 >> 由题设知 $0<Z=X+Y<2$，Z 的分布函数为

$$F_Z(z)=P\{Z\leqslant z\}=P\{X+Y\leqslant z\}=\iint\limits_{x+y\leqslant z}f(x,y)\mathrm{d}x\mathrm{d}y.$$

当 $z<0$ 时，$F_Z(z)=\iint\limits_{x+y\leqslant z}0\mathrm{d}x\mathrm{d}y=0$；

当 $0\leqslant z<1$ 时，$F_Z(z)=\int_0^z\mathrm{d}x\int_0^{z-x}4xy\mathrm{d}y=\int_0^z 2x(z-x)^2\mathrm{d}x=\dfrac{1}{6}z^4$；

当 $1\leqslant z<2$ 时，$F_Z(z)=\int_0^{z-1}\mathrm{d}x\int_0^1 4xy\mathrm{d}y+\int_{z-1}^1\mathrm{d}x\int_0^{z-x}4xy\mathrm{d}y=2z^2-\dfrac{8}{3}z-\dfrac{1}{6}z^4+1$

（或 $F_Z(z)=1-\int_{z-1}^1\mathrm{d}x\int_{z-x}^1 4xy\mathrm{d}y=2z^2-\dfrac{8}{3}z-\dfrac{1}{6}z^4+1$）；

当 $z\geqslant 2$ 时，$F_Z(z)=\int_0^1\mathrm{d}x\int_0^1 4xy\mathrm{d}y=1$.

综上可知，Z 的分布函数与密度函数分别为

$$F_Z(z)=\begin{cases}0, & z<0\\ \dfrac{1}{6}z^4, & 0\leqslant z<1\\ 2z^2-\dfrac{8}{3}z-\dfrac{1}{6}z^4+1, & 1\leqslant z<2\\ 1, & z\geqslant 2\end{cases},\ f_Z(z)=\begin{cases}\dfrac{2}{3}z^3, & 0\leqslant z<1\\ 4z-\dfrac{2}{3}z^3-\dfrac{8}{3}, & 1\leqslant z<2.\\ 0, & 其他\end{cases}$$

评注

利用和的公式 $f_Z(z)=\int_{-\infty}^{+\infty}f(x,z-x)\mathrm{d}x$，可以减少计算量，请试试吧.

169 答案　(A).

解析 >> 因为 X 与 Y 同分布，所以 $P\{X\leqslant x\}=F(x), P\{Y\leqslant x\}=F(x),$.

$$F_Z(x)=P\{Z\leqslant x\}=P\{\max\{X,Y\}\leqslant x\}=P\{X\leqslant x,Y\leqslant x\}$$

$$\overset{\text{独立}}{=\!=}P\{X\leqslant x\}P\{Y\leqslant x\}=F^2(x).$$

故选 (A).

若本题中 $Z=\min\{X,Y\}$，其他条件不变，则选 (C)，请练习.

170 答案 $\frac{1}{\sqrt{6\pi}}\mathrm{e}^{-\frac{(z-3\mu)^2}{6}},-\infty<z<+\infty$，$\frac{1}{3}$.

解析 >> 因为 $(X,Y)\sim N\left(\mu,\mu;\frac{1}{2},1;0\right)$，所以 $X\sim N\left(\mu,\frac{1}{2}\right),Y\sim N(\mu,1)$，且由 $\rho=0\Rightarrow X$ 与 Y 相互独立．由结论 4 得 $Z=2X+Y\sim N(3\mu,3)$，故 Z 的密度函数为

$$f_Z(z)=\frac{1}{\sqrt{2\pi}\sqrt{3}}\mathrm{e}^{-\frac{(z-3\mu)^2}{2\times 3}}=\frac{1}{\sqrt{6\pi}}\mathrm{e}^{-\frac{(z-3\mu)^2}{6}},-\infty<z<+\infty.$$

由 $Z=2X+Y\sim N(3\mu,3)$ 知 $P\{Z\geqslant 3\mu\}=\frac{1}{2}$，已知 $P\{Z\geqslant 1\}=\frac{1}{2}$，得

$$3\mu=1，\text{即 }\mu=\frac{1}{3}.$$

171 答案 (B).

解析 >> 由题设及结论 4 得

$$2X+Y\sim N(-2,10),X-Y\sim N(2,4),$$

则

$$P\{2X+Y>a\}=1-P\{2X+Y\leqslant a\}=1-F(a)=1-\Phi\left(\frac{a+2}{\sqrt{10}}\right),$$

$$P\{X<Y\}=P\{X-Y<0\}=F(0)=\Phi\left(\frac{0-2}{\sqrt{4}}\right)=1-\Phi(1),$$

因为 $P\{2X+Y>a\}=P\{X<Y\}$，所以 $1-\Phi\left(\frac{a+2}{\sqrt{10}}\right)=1-\Phi(1)$，即 $\frac{a+2}{\sqrt{10}}=1$，解得 $a=-2+\sqrt{10}$，故选 (B).

172 答案 $\frac{1}{9}$，$\frac{5}{9}$.

解析 >> 由题意知 X 与 Y 具有相同的密度函数

$$f_X(x)=\begin{cases}\frac{1}{3}, & 0\leqslant x\leqslant 3\\ 0, & \text{其他}\end{cases},f_Y(y)=\begin{cases}\frac{1}{3}, & 0\leqslant y\leqslant 3\\ 0, & \text{其他}\end{cases},$$

则

$$P\{\max\{X,Y\}\leqslant 1\}=P\{X\leqslant 1,Y\leqslant 1\}\overset{\text{独立}}{=\!=}P\{X\leqslant 1\}P\{Y\leqslant 1\}$$
$$=\int_0^1\frac{1}{3}\mathrm{d}x\cdot\int_0^1\frac{1}{3}\mathrm{d}y=\frac{1}{9}.$$

求 $P\{\min\{X,Y\}\leqslant 1\}$，给出两种方法.

方法一：$P\{\min\{X,Y\}\leqslant 1\}=1-P\{\min\{X,Y\}>1\}=1-P\{X>1,Y>1\}$

$$\overset{\text{独立}}{=\!=}1-P\{X>1\}P\{Y>1\}=1-\int_1^3\frac{1}{3}\mathrm{d}x\cdot\int_1^3\frac{1}{3}\mathrm{d}y=\frac{5}{9}.$$

方法二：$P\{\min\{X,Y\}\leqslant 1\}=P\{(X\leqslant 1)\cup(Y\leqslant 1)\}=P\{X\leqslant 1\}+P\{Y\leqslant 1\}-P\{X\leqslant 1,Y\leqslant 1\}$

$$=\int_0^1\frac{1}{3}\mathrm{d}x+\int_0^1\frac{1}{3}\mathrm{d}y-\int_0^1\frac{1}{3}\mathrm{d}x\cdot\int_0^1\frac{1}{3}\mathrm{d}y=\frac{5}{9}.$$

173 答案 (1) $f_V(v)=\begin{cases}2\mathrm{e}^{-2v}, & v>0\\ 0, & v\leqslant 0\end{cases}$；(2) $1-2\mathrm{e}^{-1}$.

解析 >> (1) $\lambda=1$ 的指数分布的密度函数与分布函数分别为

$$f(x)=\begin{cases}\mathrm{e}^{-x}, & x>0\\ 0, & \text{其他}\end{cases},F(x)=\begin{cases}1-\mathrm{e}^{-x}, & x>0\\ 0, & \text{其他}\end{cases},$$

则

$$F_V(v)=P\{V\leqslant v\}=P\{\min\{X,Y\}\leqslant v\}=1-P\{\min\{X,Y\}>v\}$$
$$=1-P\{X>v,Y>v\}\overset{\text{独立}}{=\!=}1-P\{X>v\}P\{Y>v\}=1-[1-F(v)]^2,$$

而 $1-F(v)=\begin{cases}\mathrm{e}^{-v}, & v>0\\ 1, & \text{其他}\end{cases}$，代入上式得 $F_V(v)=\begin{cases}1-\mathrm{e}^{-2v}, & v>0\\ 0, & \text{其他}\end{cases}$，故 V 的密度函数为

$$f_V(v)=\begin{cases}2\mathrm{e}^{-2v}, & v>0\\ 0, & v\leqslant 0\end{cases}\ (V=\min\{X,Y\}\sim E(2)).$$

(2) 因为 $U+V=\max\{X,Y\}+\min\{X,Y\}=X+Y$，且由题设知

$$(X,Y)\sim f(x,y)=\begin{cases}\mathrm{e}^{-x-y}, & x>0,y>0\\ 0, & \text{其他}\end{cases},$$

所以

$$P\{U+V\leqslant 1\}=P\{X+Y\leqslant 1\}=\iint\limits_{x+y\leqslant 1}f(x,y)\mathrm{d}x\mathrm{d}y=\int_0^1\mathrm{d}x\int_0^{1-x}\mathrm{e}^{-x-y}\mathrm{d}y=1-2\mathrm{e}^{-1}.$$

174 答案 (1) $f_Z(z)=\frac{1}{\sqrt{2\pi}}\mathrm{e}^{-\frac{z^2}{2}},-\infty<z<+\infty$；(2) $\frac{1}{2}$.

解析 >> (1) 因为事件 $\{Y=-1\}$ 与 $\{Y=1\}$ 互不相容，且 $\{Y=-1\}\cup\{Y=1\}=\Omega$，所以 Z 的分布函数

$$F_Z(z)=P\{Z\leqslant z\}=P\{XY\leqslant z\}=P\{XY\leqslant z,Y=-1\}+P\{XY\leqslant z,Y=1\}$$
$$=P\{-X\leqslant z,Y=-1\}+P\{X\leqslant z,Y=1\}$$
$$\overset{\text{独立}}{=\!=}P\{-X\leqslant z\}P\{Y=-1\}+P\{X\leqslant z\}P\{Y=1\}$$

$$=\frac{1}{2}P\{X\geqslant -z\}+\frac{1}{2}P\{X\leqslant z\}=\frac{1}{2}[1-\Phi(-z)]+\frac{1}{2}\Phi(z)=\Phi(z),$$

故 Z 的密度函数为

$$f_Z(z)=\varphi(z)=\frac{1}{\sqrt{2\pi}}\mathrm{e}^{-\frac{z^2}{2}},-\infty<z<+\infty.$$

(2) 由 Z 的密度函数知 $Z\sim N(0,1)$，则 $P\{Z\geqslant 0\}=\frac{1}{2}$.

评注

在本题中，随机变量 Z 是连续型随机变量 X 与离散型随机变量 Y 的函数，求 Z 的分布函数时，需用全概率公式.

175 答案 (1) 不相互独立；(2) $f_Z(z)=\begin{cases}2z, & 0<z<1\\0, & 其他\end{cases}$.

解析 >> (1) 先求边缘密度函数，再判断独立性.

当 $|x|\leqslant 1$ 时，$f_X(x)=\int_{-\infty}^{+\infty}f(x,y)\mathrm{d}y=\frac{2}{\pi}\int_{-\sqrt{1-x^2}}^{\sqrt{1-x^2}}(x^2+y^2)\mathrm{d}y=\frac{4}{3\pi}(1+2x^2)\sqrt{1-x^2}$，得 (X,Y) 关于 X 的边缘密度函数为

$$f_X(x)=\begin{cases}\frac{4}{3\pi}(1+2x^2)\sqrt{1-x^2}, & -1\leqslant x\leqslant 1\\0, & 其他\end{cases}.$$

同理，(X,Y) 关于 Y 的边缘密度函数为

$$f_Y(y)=\begin{cases}\frac{4}{3\pi}(1+2y^2)\sqrt{1-y^2}, & -1\leqslant y\leqslant 1\\0, & 其他\end{cases}.$$

因为 $f(x,y)\neq f_X(x)f_Y(y)$，所以 X 与 Y 不相互独立.

(2) 由 $Z=X^2+Y^2$ 及 (X,Y) 的密度函数知 $0\leqslant Z\leqslant 1$，且分布函数

$$F_Z(z)=P\{Z\leqslant z\}=P\{X^2+Y^2\leqslant z\}=\iint\limits_{x^2+y^2\leqslant z}f(x,y)\mathrm{d}x\mathrm{d}y.$$

当 $z<0$ 时，$F_Z(z)=P\{Z\leqslant z\}=P\{X^2+Y^2\leqslant z\}=P\{\varnothing\}=0$；

当 $0\leqslant z<1$ 时，$F_Z(z)=\frac{2}{\pi}\iint\limits_{x^2+y^2\leqslant z}(x^2+y^2)\mathrm{d}x\mathrm{d}y=\frac{2}{\pi}\int_0^{2\pi}\mathrm{d}\theta\int_0^{\sqrt{z}}r^3\mathrm{d}r=z^2$；

当 $z\geqslant 1$ 时，$F_Z(z)=1$.

综上所述，Z 的分布函数与密度函数分别为

$$F_Z(z)=\begin{cases}0, & z<0\\z^2, & 0\leqslant z<1\\1, & z\geqslant 1\end{cases}, f_Z(z)=\begin{cases}2z, & 0<z<1\\0, & 其他\end{cases}.$$

176 答案 (1) $F(x,y)=\begin{cases}\dfrac{1}{2}e^{x+y}, & x<0,y<0\\ \dfrac{1}{2}e^{x}, & x<0,y\geqslant 0\\ \dfrac{1}{2}e^{y}, & x\geqslant 0,y<0\\ \dfrac{1}{2}+\dfrac{1}{2}(1-e^{-x})(1-e^{-y}), & x\geqslant 0,y\geqslant 0\end{cases}$；

(2) $f_X(x)=\begin{cases}\dfrac{1}{2}e^{x}, & x<0\\ \dfrac{1}{2}e^{-x}, & x\geqslant 0\end{cases}$，$f_Y(y)=\begin{cases}\dfrac{1}{2}e^{y}, & y<0\\ \dfrac{1}{2}e^{-y}, & y\geqslant 0\end{cases}$；(3) $f_Z(z)=\begin{cases}\dfrac{1}{2}e^{z}, & z<0\\ \dfrac{1}{2}e^{-z}, & z\geqslant 0\end{cases}$.

解析>> (1) 利用分布函数的定义 $F(x,y)=\int_{-\infty}^{x}\int_{-\infty}^{y}f(u,v)\mathrm{d}u\mathrm{d}v$，并讨论上限 x,y 的取值范围.

当 $x<0,y<0$ 时，$F(x,y)=\dfrac{1}{2}\int_{-\infty}^{x}\int_{-\infty}^{y}e^{u+v}\mathrm{d}u\mathrm{d}v=\dfrac{1}{2}e^{x+y}$；

当 $x<0,y\geqslant 0$ 时，$F(x,y)=\dfrac{1}{2}\int_{-\infty}^{x}\mathrm{d}u\int_{-\infty}^{0}e^{u+v}\mathrm{d}v=\dfrac{1}{2}e^{x}$；

当 $x\geqslant 0,y<0$ 时，$F(x,y)=\dfrac{1}{2}\int_{-\infty}^{0}\mathrm{d}u\int_{-\infty}^{y}e^{u+v}\mathrm{d}v=\dfrac{1}{2}e^{y}$；

当 $x\geqslant 0,y\geqslant 0$ 时，$F(x,y)=\dfrac{1}{2}\int_{-\infty}^{0}\int_{-\infty}^{0}e^{u+v}\mathrm{d}u\mathrm{d}v+\dfrac{1}{2}\int_{0}^{x}\mathrm{d}u\int_{0}^{y}e^{-(u+v)}\mathrm{d}v=\dfrac{1}{2}+\dfrac{1}{2}(1-e^{-x})(1-e^{-y})$.

所以，(X,Y) 的分布函数为

$$F(x,y)=\begin{cases}\dfrac{1}{2}e^{x+y}, & x<0,y<0\\ \dfrac{1}{2}e^{x}, & x<0,y\geqslant 0\\ \dfrac{1}{2}e^{y}, & x\geqslant 0,y<0\\ \dfrac{1}{2}+\dfrac{1}{2}(1-e^{-x})(1-e^{-y}), & x\geqslant 0,y\geqslant 0\end{cases}.$$

(2) 当 $x<0$ 时，$f_X(x)=\int_{-\infty}^{+\infty}f(x,y)\mathrm{d}y=\dfrac{1}{2}\int_{-\infty}^{0}e^{x+y}\mathrm{d}y=\dfrac{1}{2}e^{x}$；

当 $x\geqslant 0$ 时，$f_X(x)=\int_{-\infty}^{+\infty}f(x,y)\mathrm{d}y=\dfrac{1}{2}\int_{0}^{+\infty}e^{-(x+y)}\mathrm{d}y=\dfrac{1}{2}e^{-x}$.

所以，(X,Y) 关于 X 的边缘密度函数为

$$f_X(x)=\begin{cases}\dfrac{1}{2}e^{x}, & x<0\\ \dfrac{1}{2}e^{-x}, & x\geqslant 0\end{cases}.$$

同理，(X,Y) 关于 Y 的边缘密度函数为

$$f_Y(y)=\begin{cases}\dfrac{1}{2}e^{y}, & y<0\\ \dfrac{1}{2}e^{-y}, & y\geqslant 0\end{cases}.$$

(3) $Z=X-Y$ 的分布函数为

$$F_Z(z)=P\{Z\leqslant z\}=P\{X-Y\leqslant z\}=\iint\limits_{x-y\leqslant z}f(x,y)\mathrm{d}x\mathrm{d}y.$$

当 $z<0$ 时，$F_Z(z)=\dfrac{1}{2}\int_{-\infty}^{z}\mathrm{d}x\int_{x-z}^{0}e^{x+y}\mathrm{d}y+\dfrac{1}{2}\int_{0}^{+\infty}\mathrm{d}x\int_{x-z}^{+\infty}e^{-(x+y)}\mathrm{d}y=\dfrac{1}{4}e^{z}+\dfrac{1}{4}e^{z}=\dfrac{1}{2}e^{z}$；

当 $z\geqslant 0$ 时，$F_Z(z)=\dfrac{1}{2}\int_{-\infty}^{0}\mathrm{d}x\int_{x-z}^{0}e^{x+y}\mathrm{d}y+\dfrac{1}{2}\int_{0}^{+\infty}\mathrm{d}y\int_{0}^{y+z}e^{-(x+y)}\mathrm{d}x=1-\dfrac{1}{2}e^{-z}$.

所以，Z 的分布函数与密度函数分别为

$$F_Z(z)=\begin{cases}\dfrac{1}{2}e^{z}, & z<0\\ 1-\dfrac{1}{2}e^{-z}, & z\geqslant 0\end{cases},\ f_Z(z)=\begin{cases}\dfrac{1}{2}e^{z}, & z<0\\ \dfrac{1}{2}e^{-z}, & z\geqslant 0\end{cases}.$$

177 答案 $f_{Z_1}(z)=\begin{cases}1-\dfrac{z}{2}, & 0<z<2\\ 0, & 其他\end{cases},\ f_{Z_2}(z)=\begin{cases}\dfrac{z}{4}, & 0\leqslant z<2\\ 1-\dfrac{z}{4}, & 2\leqslant z<4\\ 0, & 其他\end{cases}.$

解析>> 由于 (X,Y) 取值于区域 $G=\{(x,y)\mid 0<x<1,0<y<2x\}$，可画出 G 的图像，得 $Z_1=2X-Y$ 的取值范围为 $0<Z_1<2$（见177题-图1）.

$$F_{Z_1}(z)=P\{Z_1\leqslant z\}=P\{2X-Y\leqslant z\}=\iint\limits_{2x-y\leqslant z}f(x,y)\mathrm{d}x\mathrm{d}y.$$

当 $z<0$ 时，$F_{Z_1}(z)=\iint\limits_{2x-y\leqslant z}f(x,y)\mathrm{d}x\mathrm{d}y=0$；

当 $0\leqslant z<2$ 时，$F_{Z_1}(z)=\iint\limits_{2x-y\leqslant z}f(x,y)\mathrm{d}x\mathrm{d}y=\iint\limits_{D}1\mathrm{d}x\mathrm{d}y=S_D=1-\dfrac{1}{2}\left(1-\dfrac{z}{2}\right)(2-z)=z-\dfrac{1}{4}z^2$；

当 $z\geqslant 2$ 时，$F_{Z_1}(z)=\iint\limits_{2x-y\leqslant z}f(x,y)\mathrm{d}x\mathrm{d}y=\int_0^1\mathrm{d}x\int_0^{2x}1\mathrm{d}y=1$.

所以，Z_1 的分布函数与密度函数分别为

$$F_{Z_1}(z)=\begin{cases}0, & z<0\\ z-\dfrac{z^2}{4}, & 0\leqslant z<2\\ 1, & z\geqslant 2\end{cases},\ f_{Z_1}(z)=\begin{cases}1-\dfrac{z}{2}, & 0<z<2\\ 0, & 其他\end{cases}.$$

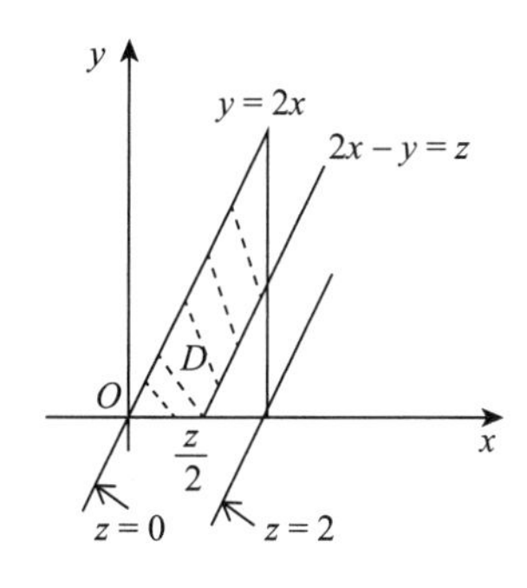

177 题 - 图 1

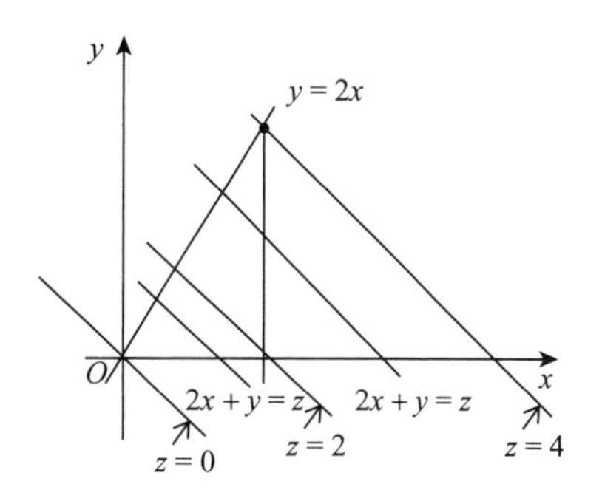

177 题 - 图 2

$Z_2 = 2X + Y$ 的取值范围为 $0 < Z_2 < 4$，并参见 177 题 - 图 2 讨论 z.

$$F_{Z_2}(z) = P\{Z_2 \leqslant z\} = P\{2X + Y \leqslant z\} = \iint\limits_{2x+y\leqslant z} f(x,y)\mathrm{d}x\mathrm{d}y .$$

当 $z < 0$ 时，$F_{Z_2}(z) = \iint\limits_{2x+y\leqslant z} f(x,y)\mathrm{d}x\mathrm{d}y = 0$；

当 $0 \leqslant z < 2$ 时，$F_{Z_2}(z) = \iint\limits_{2x+y\leqslant z} f(x,y)\mathrm{d}x\mathrm{d}y = \int_0^{\frac{z}{2}}\mathrm{d}y\int_{\frac{y}{2}}^{\frac{z-y}{2}} 1\mathrm{d}x = \dfrac{z^2}{8}$（见 177 题 - 图 2）；

当 $2 \leqslant z < 4$ 时，$F_{Z_2}(z) = \int_0^{\frac{z}{4}}\mathrm{d}x\int_0^{2x} 1\mathrm{d}y + \int_{\frac{z}{4}}^{1}\mathrm{d}x\int_0^{z-2x} 1\mathrm{d}y = z - \dfrac{z^2}{8} - 1$；

当 $z \geqslant 4$ 时，$F_{Z_2}(z) = 1$.

所以，Z_2 的分布函数与密度函数分别为

$$F_{Z_2}(z) = \begin{cases} 0, & z < 0 \\ \dfrac{z^2}{8}, & 0 \leqslant z < 2 \\ z - \dfrac{z^2}{8} - 1, & 2 \leqslant z < 4 \\ 1, & z \geqslant 4 \end{cases}, \quad f_{Z_2}(z) = \begin{cases} \dfrac{z}{4}, & 0 \leqslant z < 2 \\ 1 - \dfrac{z}{4}, & 2 \leqslant z < 4. \\ 0, & \text{其他} \end{cases}$$

178 答案 (1) $F(x,y) = \dfrac{1}{2}\Phi(x)\Phi(y) + \dfrac{1}{2}\Phi(\min\{x,y\})$；(2) $F_Y(y) = \Phi(y)$.

解析 >> (1) 由 $(X_1, X_2) \sim N(0,0;1,1;0)$ 知 $X_1 \sim N(0,1)$，$X_2 \sim N(0,1)$，则 (X_1, Y) 的分布函数

$$\begin{aligned} F(x,y) &= P\{X_1 \leqslant x, Y \leqslant y\} = P\{X_1 \leqslant x, X_1X_3 + X_2(1 - X_3) \leqslant y\} \\ &= P\{X_1 \leqslant x, X_1X_3 + X_2(1 - X_3) \leqslant y, X_3 = 0\} + \\ &\quad P\{X_1 \leqslant x, X_1X_3 + X_2(1 - X_3) \leqslant y, X_3 = 1\} \\ &= P\{X_1 \leqslant x, X_2 \leqslant y, X_3 = 0\} + P\{X_1 \leqslant x, X_1 \leqslant y, X_3 = 1\} \\ &= \frac{1}{2}P\{X_1 \leqslant x\} \cdot P\{X_2 \leqslant y\} + \frac{1}{2}P\{X_1 \leqslant \min\{x,y\}\} \\ &= \frac{1}{2}\Phi(x)\Phi(y) + \frac{1}{2}\Phi(\min\{x,y\}). \end{aligned}$$

(2) 求 Y 的分布函数，有以下两种方法.

方法一：$F_Y(y)=P\{Y\leqslant y\}=P\{X_1X_3+X_2(1-X_3)\leqslant y\}$

$$
\begin{aligned}
&=P\{X_1X_3+X_2(1-X_3)\leqslant y,X_3=0\}+P\{X_1X_3+X_2(1-X_3)\leqslant y,X_3=1\}\\
&=P\{X_2\leqslant y,X_3=0\}+P\{X_1\leqslant y,X_3=1\}\\
&=\frac{1}{2}P\{X_2\leqslant y\}+\frac{1}{2}P\{X_1\leqslant y\}=\frac{1}{2}\Phi(y)+\frac{1}{2}\Phi(y)=\Phi(y),
\end{aligned}
$$

即 Y 服从标准正态分布.

方法二：由 $(X_1,Y)\sim F(x,y)=\frac{1}{2}\Phi(x)\Phi(y)+\frac{1}{2}\Phi(\min\{x,y\})$ 及边缘分布函数的定义得

$$
\begin{aligned}
F_Y(y)&=\lim_{x\to+\infty}F(x,y)=\lim_{x\to+\infty}\frac{1}{2}\Phi(x)\Phi(y)+\lim_{x\to+\infty}\frac{1}{2}\Phi(\min\{x,y\})\\
&=\frac{1}{2}\Phi(y)+\frac{1}{2}\Phi(y)=\Phi(y),
\end{aligned}
$$

即 Y 服从标准正态分布.

第 4 章　随机变量的数字特征

179 答案　4.5．

解析 >>　X 的可能取值为 3,4,5．

$$P\{X=3\}=\frac{1}{C_5^3}=\frac{1}{10},P\{X=4\}=\frac{C_3^2}{C_5^3}=\frac{3}{10},P\{X=5\}=\frac{C_4^2}{C_5^3}=\frac{6}{10},$$

所以 X 的概率分布为

X	3	4	5
P	$\frac{1}{10}$	$\frac{3}{10}$	$\frac{6}{10}$

X 的数学期望为

$$E(X)=3\times\frac{1}{10}+4\times\frac{3}{10}+5\times\frac{6}{10}=4.5.$$

180 答案　$\frac{7}{8}$．

解析 >>　X 的可能取值为 0,1,2,3．设 A_i 表示"汽车在第 i 个路口首次遇到红灯"，$i=1,2,3$，则 A_1,A_2,A_3 相互独立，且 $P(A_i)=P(\bar{A}_i)=\frac{1}{2}\ (i=1,2,3)$，于是 X 的概率分布为

$$P\{X=0\}=P(A_1)=\frac{1}{2},$$

$$P\{X=1\}=P(\bar{A}_1A_2)=P(\bar{A}_1)P(A_2)=\frac{1}{2^2},$$

$$P\{X=2\}=P(\bar{A}_1\bar{A}_2A_3)=P(\bar{A}_1)P(\bar{A}_2)P(A_3)=\frac{1}{2^3},$$

$$P\{X=3\}=P(\bar{A}_1\bar{A}_2\bar{A}_3)=P(\bar{A}_1)P(\bar{A}_2)P(\bar{A}_3)=\frac{1}{2^3}.$$

因此，X 的数学期望为

$$E(X)=0\times\frac{1}{2}+1\times\frac{1}{2^2}+2\times\frac{1}{2^3}+3\times\frac{1}{2^3}=\frac{7}{8}.$$

181 答案　4．

解析 >>　$E(X)=\sum\limits_{k=1}^{+\infty}x_kp_k=\sum\limits_{k=1}^{+\infty}\left(2^k\cdot\frac{2}{3^k}\right)=2\sum\limits_{k=1}^{+\infty}\left(\frac{2}{3}\right)^k=2\times\frac{\frac{2}{3}}{1-\frac{2}{3}}=4.$

182 答案　不存在．

解析 >>　$\sum\limits_{k=1}^{+\infty}|x_k|p_k=\sum\limits_{k=1}^{+\infty}\left(|-k|\cdot\frac{1}{2ck^2}+k\cdot\frac{1}{2ck^2}\right)=\frac{1}{c}\sum\limits_{k=1}^{+\infty}\frac{1}{k}$．由于调和级数 $\sum\limits_{k=1}^{+\infty}\frac{1}{k}$ 发散，因此

$\sum_{k=1}^{+\infty}|x_k|p_k$ 也发散，根据数学期望的定义，$E(X)$ 不存在.

183 答案 (1) $\frac{n+1}{2}$；(2) n.

解析>> (1) 在打不开门的钥匙不放回的情况下，所需开门次数 X 的可能取值为 $1,2,\cdots,n$，$\{X=k\}$ 意味着前 $k-1$ 次均未能打开门，第 k 次才打开，故

$$P\{X=k\}=\frac{1}{n},k=1,2,\cdots,n,$$

所以 $E(X)=\sum_{k=1}^{n}k\cdot\frac{1}{n}=\frac{1}{n}\sum_{k=1}^{n}k=\frac{1}{n}\cdot\frac{n(n+1)}{2}=\frac{n+1}{2}$.

(2) 在打不开门的钥匙仍放回的情况下，所需开门次数 X 的可能取值为 $1,2,\cdots,n,\cdots$，$\{X=k\}$ 意味着前 $k-1$ 次均未能打开门，第 k 次才打开，故

$$P\{X=k\}=\left(\frac{n-1}{n}\right)^{k-1}\frac{1}{n},k=1,2,\cdots,$$

即 X 服从 $p=\frac{1}{n}$ 的几何分布，因此

$$E(X)=\sum_{k=1}^{+\infty}\left[k\left(\frac{n-1}{n}\right)^{k-1}\frac{1}{n}\right]=\frac{1}{n}\sum_{k=1}^{+\infty}\left[k\left(\frac{n-1}{n}\right)^{k-1}\right].$$

注意到 $\sum_{n=1}^{+\infty}nx^{n-1}=\frac{1}{(1-x)^2},|x|<1$，所以 $E(X)=\frac{1}{n}\cdot\frac{1}{\left(1-\frac{n-1}{n}\right)^2}=\frac{1}{n}\cdot n^2=n$.

184 答案 (1)

X \ Y	1	2	3
1	$\frac{1}{9}$	0	0
2	$\frac{2}{9}$	$\frac{1}{9}$	0
3	$\frac{2}{9}$	$\frac{2}{9}$	$\frac{1}{9}$

(2) $\frac{22}{9}$.

解析>> (1) X 与 Y 的可能取值均为 $1,2,3$.

$$P\{X=1,Y=1\}=P\{\max\{\xi,\eta\}=1,\min\{\xi,\eta\}=1\}=P\{\xi=1,\eta=1\}$$

$$\overset{独立}{=\!=}P\{\xi=1\}P\{\eta=1\}=\frac{1}{3}\times\frac{1}{3}=\frac{1}{9},$$

$$P\{X=1,Y=2\}=P\{\max\{\xi,\eta\}=1,\min\{\xi,\eta\}=2\}=0,$$

同理，

$$P\{X=1,Y=3\}=0,$$

$$\begin{aligned}P\{X=2,Y=1\}&=P\{\max\{\xi,\eta\}=2,\min\{\xi,\eta\}=1\}\\&=P\{\xi=2,\eta=1\}+P\{\xi=1,\eta=2\}\\&\overset{独立}{=\!=}P\{\xi=2\}P\{\eta=1\}+P\{\xi=1\}P\{\eta=2\}\\&=\frac{1}{3}\times\frac{1}{3}+\frac{1}{3}\times\frac{1}{3}=\frac{2}{9},\end{aligned}$$

$$\begin{aligned}P\{X=2,Y=2\}&=P\{\max\{\xi,\eta\}=2,\min\{\xi,\eta\}=2\}=P\{\xi=2,\eta=2\}\\&\overset{独立}{=\!=}P\{\xi=2\}P\{\eta=2\}=\frac{1}{3}\times\frac{1}{3}=\frac{1}{9},\end{aligned}$$

$$P\{X=2,Y=3\}=P\{\max\{\xi,\eta\}=2,\min\{\xi,\eta\}=3\}=0,$$

$$\begin{aligned}P\{X=3,Y=1\}&=P\{\max\{\xi,\eta\}=3,\min\{\xi,\eta\}=1\}\\&=P\{\xi=3,\eta=1\}+P\{\xi=1,\eta=3\}\overset{独立}{=\!=}\frac{1}{3}\times\frac{1}{3}+\frac{1}{3}\times\frac{1}{3}=\frac{2}{9},\end{aligned}$$

$$\begin{aligned}P\{X=3,Y=2\}&=P\{\max\{\xi,\eta\}=3,\min\{\xi,\eta\}=2\}\\&=P\{\xi=3,\eta=2\}+P\{\xi=2,\eta=3\}\overset{独立}{=\!=}\frac{1}{3}\times\frac{1}{3}+\frac{1}{3}\times\frac{1}{3}=\frac{2}{9},\end{aligned}$$

$$\begin{aligned}P\{X=3,Y=3\}&=P\{\max\{\xi,\eta\}=3,\min\{\xi,\eta\}=3\}=P\{\xi=3,\eta=3\}\\&\overset{独立}{=\!=}P\{\xi=3\}P\{\eta=3\}=\frac{1}{3}\times\frac{1}{3}=\frac{1}{9},\end{aligned}$$

故 (X,Y) 的联合分布为

X \ Y	1	2	3
1	$\frac{1}{9}$	0	0
2	$\frac{2}{9}$	$\frac{1}{9}$	0
3	$\frac{2}{9}$	$\frac{2}{9}$	$\frac{1}{9}$

(2) X 的边缘分布为

X	1	2	3
P	$\frac{1}{9}$	$\frac{3}{9}$	$\frac{5}{9}$

所以 X 的数学期望 $E(X)=1\times\frac{1}{9}+2\times\frac{3}{9}+3\times\frac{5}{9}=\frac{22}{9}$.

185 答案 1.

解析 >> $E(X)=\int_{-\infty}^{+\infty}xf(x)\mathrm{d}x=\int_0^1 x\cdot x\mathrm{d}x+\int_1^2 x(2-x)\mathrm{d}x$

$$=\frac{1}{3}x^3\Big|_0^1+x^2\Big|_1^2-\frac{1}{3}x^3\Big|_1^2=1.$$

186 答案 不存在.

解析 >> 由于

$$\int_{-\infty}^{+\infty}|x|f(x)\mathrm{d}x=\int_0^{+\infty}x\cdot\frac{2}{\pi(1+x^2)}\mathrm{d}x=\frac{2}{\pi}\int_0^{+\infty}\frac{x}{1+x^2}\mathrm{d}x=\frac{1}{\pi}\ln(1+x^2)\Big|_0^{+\infty}=+\infty,$$

因此 X 的数学期望不存在.

187 答案 0.

解析 >> 由于 $f(x)=F'(x)=\begin{cases}\dfrac{1}{\pi\sqrt{1-x^2}}, & -1<x<1\\ 0, & \text{其他}\end{cases}$，因此

$$E(X)=\int_{-\infty}^{+\infty}xf(x)\mathrm{d}x=\int_{-1}^{1}x\cdot\frac{1}{\pi\sqrt{1-x^2}}\mathrm{d}x=0.$$

188 答案 3，2.

解析 >> 由于 $\int_{-\infty}^{+\infty}f(x)\mathrm{d}x=\int_0^1 cx^k\mathrm{d}x=1$，因此 $\dfrac{c}{k+1}=1$.

由 $E(X)=\int_{-\infty}^{+\infty}xf(x)\mathrm{d}x=\int_0^1 x\cdot cx^k\mathrm{d}x=0.75$ 得 $\dfrac{c}{k+2}=0.75$，从而 $c=3,k=2$.

189 答案 $\dfrac{2}{3}$.

解析 >> 由于 $E(X)=\int_{-\infty}^{+\infty}xf(x)\mathrm{d}x=\int_0^2 x\cdot\dfrac{x}{2}\mathrm{d}x=\dfrac{4}{3}$，且分布函数

$$F(x)=\int_{-\infty}^{x}f(t)\mathrm{d}t=\begin{cases}0, & x<0\\ \int_0^x\dfrac{t}{2}\mathrm{d}t=\dfrac{x^2}{4}, & 0\leqslant x<2,\\ 1, & x\geqslant 2\end{cases}$$

因此

$$P\{F(X)>E(X)-1\}=P\left\{F(X)>\frac{4}{3}-1\right\}=P\left\{F(X)>\frac{1}{3}\right\}=1-P\left\{F(X)\leqslant\frac{1}{3}\right\}$$
$$=1-P\left\{\frac{X^2}{4}\leqslant\frac{1}{3}\right\}=1-P\left\{-\frac{2}{\sqrt{3}}\leqslant X\leqslant\frac{2}{\sqrt{3}}\right\}$$
$$=1-\int_0^{\frac{2}{\sqrt{3}}}\frac{x}{2}\mathrm{d}x=1-\frac{x^2}{4}\Big|_0^{\frac{2}{\sqrt{3}}}=\frac{2}{3}.$$

190 答案 0.6，1.2，2.2.

解析 >> $E(X)=(-1)\times0.1+0\times0.4+1\times0.3+2\times0.2=0.6,$

$$E(X^2)=(-1)^2\times 0.1+0^2\times 0.4+1^2\times 0.3+2^2\times 0.2=1.2,$$

$$E(2X+1)=[2\times(-1)+1]\times 0.1+(2\times 0+1)\times 0.4+(2\times 1+1)\times 0.3+(2\times 2+1)\times 0.2$$
$$=2.2.$$

【计算器操作】以卡西欧 fx-999CN CW 为例，使用计算器的统计功能计算 $E(X)$ 和 $E(X^2)$.

按⏻⌂开机打开主屏幕，选择统计应用，按OK进入.

选择单变量统计并打开频数：按OK打开单变量统计数据输入界面，按···打开工具菜单，按⌄OK打开频数菜单，按OK将频数设置为开，按AC退出返回到数据输入界面，如图 4-1 所示.

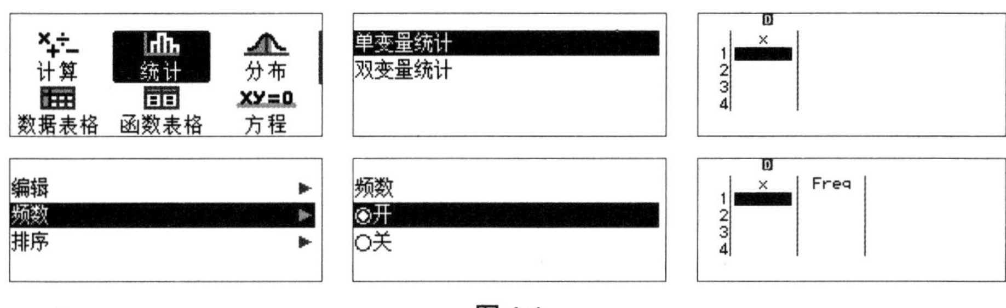

图 4-1

输入数据：将 X 数据输入到计算器中的 x 列，每输入一个数据按EXE确认．按›⌄将光标移到 Freq 列第一行，将 P 数据输入到计算器中的 Freq 列．如图 4-2 所示

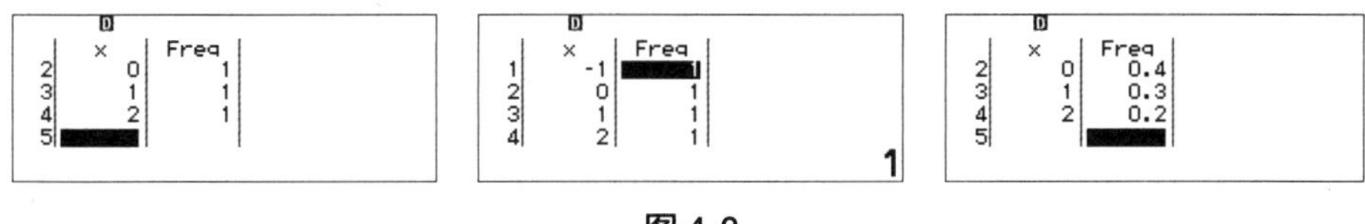

图 4-2

进行统计计算：按EXEEXE得到结果．$\bar{x}$ 与 $\sum x$ 就是要求的 $E(X)$，$\sum x^2$ 就是要求的 $E(X^2)$，如图 4-3 所示.

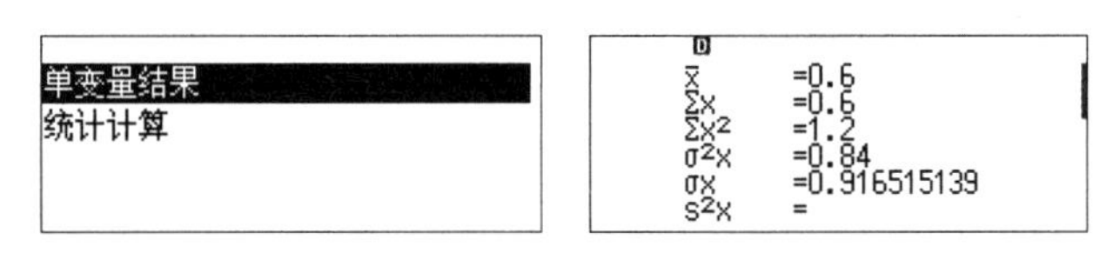

图 4-3

191 答案　2，$\dfrac{1}{3}$.

解析 >>　$E(2X)=\int_{-\infty}^{+\infty}2xf(x)\mathrm{d}x=\int_{0}^{+\infty}2x\cdot \mathrm{e}^{-x}\mathrm{d}x=2$，

$$E(\mathrm{e}^{-2X})=\int_{-\infty}^{+\infty}\mathrm{e}^{-2x}f(x)\mathrm{d}x=\int_{0}^{+\infty}\mathrm{e}^{-2x}\cdot \mathrm{e}^{-x}\mathrm{d}x=\frac{1}{3}.$$

192 答案 3500.

解析 >> 设应组织该货源 t 吨，由题意知 $2000 \leqslant t \leqslant 4000$，国家收益 Y（单位：万元）是 X 的函数 $Y = g(X)$，由题意知

$$Y = g(X) = \begin{cases} 3t, & X \geqslant t \\ 3X + (t - X)(-1), & X < t \end{cases} = \begin{cases} 3t, & X \geqslant t \\ 4X - t, & X < t \end{cases}.$$

设 X 的概率密度函数为 $f(x)$，则

$$f(x) = \begin{cases} \dfrac{1}{2000}, & 2000 \leqslant x \leqslant 4000 \\ 0, & \text{其他} \end{cases},$$

于是

$$\begin{aligned} E(Y) = E[g(X)] &= \int_{-\infty}^{+\infty} g(x) f(x) \mathrm{d}x = \int_{2000}^{4000} g(x) \cdot \frac{1}{2000} \mathrm{d}x \\ &= \frac{1}{2000}\left[\int_{2000}^{t} (4x - t) \mathrm{d}x + \int_{t}^{4000} 3t \mathrm{d}x\right] \\ &= \frac{1}{2000}(-2t^2 + 14000t - 8000000). \end{aligned}$$

要使国家收益的期望 $E(Y)$ 最大，解得 $t = 3500$，即应组织该货源 3500 吨，才能使国家收益的期望最大.

193 答案 $\dfrac{8}{7}$.

解析 >> 随机变量 Y 是 X 的函数，由题意得

$$Y = \begin{cases} 0, & X = 3k(k = 1,2,3,\cdots) \\ 1, & X = 3k - 2(k = 1,2,3,\cdots) \\ 2, & X = 3k - 1(k = 1,2,3,\cdots) \end{cases},$$

则 Y 可能的取值为 0,1,2，且

$$P\{Y = 0\} = \sum_{k=1}^{+\infty} P\{X = 3k\} = \sum_{k=1}^{+\infty} \frac{1}{2^{3k}} = \frac{\frac{1}{8}}{1 - \frac{1}{8}} = \frac{1}{7},$$

$$P\{Y = 1\} = \sum_{k=1}^{+\infty} P\{X = 3k - 2\} = \sum_{k=1}^{+\infty} \frac{1}{2^{3k-2}} = \frac{\frac{1}{2}}{1 - \frac{1}{8}} = \frac{4}{7},$$

$$P\{Y = 2\} = \sum_{k=1}^{+\infty} P\{X = 3k - 1\} = \sum_{k=1}^{+\infty} \frac{1}{2^{3k-1}} = \frac{\frac{1}{4}}{1 - \frac{1}{8}} = \frac{2}{7},$$

即 Y 的概率分布为

Y	0	1	2
P	$\frac{1}{7}$	$\frac{4}{7}$	$\frac{2}{7}$

故 $E(Y)=0\times\frac{1}{7}+1\times\frac{4}{7}+2\times\frac{2}{7}=\frac{8}{7}$.

194 答案　$\frac{1}{2}$，0，$\frac{3}{4}$.

解析 >>
$$E(Z_1)=E(X+Y)=[0+(-1)]\times\frac{1}{4}+(0+0)\times 0+(0+1)\times\frac{1}{4}+$$
$$[1+(-1)]\times 0+(1+0)\times\frac{1}{2}+(1+1)\times 0$$
$$=\frac{1}{2},$$
$$E(Z_2)=E(XY)=[0\times(-1)]\times\frac{1}{4}+(0\times 0)\times 0+(0\times 1)\times\frac{1}{4}+$$
$$[1\times(-1)]\times 0+(1\times 0)\times\frac{1}{2}+(1\times 1)\times 0$$
$$=0,$$
$$E(Z_3)=E(\max\{X,Y\})=\max\{0,-1\}\times\frac{1}{4}+\max\{0,0\}\times 0+\max\{0,1\}\times\frac{1}{4}+$$
$$\max\{1,-1\}\times 0+\max\{1,0\}\times\frac{1}{2}+\max\{1,1\}\times 0$$
$$=0\times\frac{1}{4}+0\times 0+1\times\frac{1}{4}+1\times 0+1\times\frac{1}{2}+1\times 0$$
$$=\frac{3}{4}.$$

195 答案　$\frac{4}{3}$，$\frac{4}{9}$，$\frac{2}{3}$.

解析 >>
$$E(X+Y)=\int_{-\infty}^{+\infty}\int_{-\infty}^{+\infty}(x+y)f(x,y)\mathrm{d}x\mathrm{d}y=\int_0^1\int_0^1(x+y)\cdot 4xy\mathrm{d}x\mathrm{d}y$$
$$=\int_0^1\mathrm{d}x\int_0^1(4x^2y+4xy^2)\mathrm{d}y=\frac{4}{3},$$
$$E(XY)=\int_{-\infty}^{+\infty}\int_{-\infty}^{+\infty}(xy)f(x,y)\mathrm{d}x\mathrm{d}y=\int_0^1\int_0^1(xy)\cdot 4xy\mathrm{d}x\mathrm{d}y=\frac{4}{9},$$
$$E(X)=\int_{-\infty}^{+\infty}\int_{-\infty}^{+\infty}xf(x,y)\mathrm{d}x\mathrm{d}y=\int_0^1\int_0^1 x\cdot 4xy\mathrm{d}x\mathrm{d}y=\frac{2}{3}.$$

评注

求 $E(X)$ 时，我们可以认为 $g(X,Y)=X$，利用二维连续型随机变量函数的期望公式 $E[g(X,Y)]=E(X)=\int_{-\infty}^{+\infty}\int_{-\infty}^{+\infty}xf(x,y)\mathrm{d}x\mathrm{d}y$ 求解. 我们还可以先求边缘密度函数 $f_X(x)$，再利用一维连续型随机变量的期望的定义 $E(X)=\int_{-\infty}^{+\infty}xf_X(x)\mathrm{d}x$ 求解.

196 答案 $\frac{3}{5}$.

解析 >> $E\left(\frac{1}{XY}\right)=\int_{-\infty}^{+\infty}\int_{-\infty}^{+\infty}\frac{1}{xy}\cdot f(x,y)\mathrm{d}x\mathrm{d}y=\int_{1}^{+\infty}\mathrm{d}x\int_{\frac{1}{x}}^{x}\frac{1}{xy}\cdot\frac{3}{2x^3y^2}\mathrm{d}y$

$$=\frac{3}{2}\int_{1}^{+\infty}\frac{1}{x^4}\left(-\frac{1}{2}\cdot\frac{1}{y^2}\right)\Bigg|_{\frac{1}{x}}^{x}\mathrm{d}x=\frac{3}{4}\int_{1}^{+\infty}\left(\frac{1}{x^2}-\frac{1}{x^6}\right)\mathrm{d}x=\frac{3}{5}.$$

197 答案 2.

解析 >> 方法一：$E(X)=(-2)\times0.1+0\times0.5+3\times0.4=1$，由期望的性质得

$$E(3X-1)=3E(X)-1=3\times1-1=2.$$

评注

利用数学期望的性质求解.

方法二：$E(3X-1)=[3\times(-2)-1]\times0.1+(3\times0-1)\times0.5+(3\times3-1)\times0.4=2.$

评注

利用一维离散型随机变量函数的期望公式求解.

方法三：随机变量$3X-1$的概率分布为

$3X-1$	-7	-1	8
P	0.1	0.5	0.4

由数学期望的定义知

$$E(3X-1)=(-7)\times0.1+(-1)\times0.5+8\times0.4=2.$$

评注

先求随机变量$3X-1$的概率分布，再利用数学期望的定义求解.

198 答案 (1) 3.5；(2) 0.98.

解析 >> (1) 方法一：X,Y的边缘分布分别为

X	1	2
P	0.6	0.4

Y	-1	0	2
P	0.1	0.5	0.4

$E(X)=1\times0.6+2\times0.4=1.4, E(Y)=(-1)\times0.1+0\times0.5+2\times0.4=0.7$. 由期望的性质得 $E(2X+Y)=2E(X)+E(Y)=2\times1.4+0.7=3.5$.

评注

利用数学期望的性质求解.

方法二：$E(2X+Y)=[2\times1+(-1)]\times0.06+(2\times1+0)\times0.3+(2\times1+2)\times0.24+$

$$[2\times2+(-1)]\times0.04+(2\times2+0)\times0.2+(2\times2+2)\times0.16$$

$$=3.5.$$

利用二维离散型随机变量函数的期望公式求解.

方法三：随机变量 $2X+Y$ 的概率分布为

$2X+Y$	1	2	3	4	6
P	0.06	0.3	0.04	0.44	0.16

由数学期望的定义知

$$E(2X+Y)=1\times0.06+2\times0.3+3\times0.04+4\times0.44+6\times0.16=3.5.$$

先求随机变量 $2X+Y$ 的概率分布，再利用数学期望的定义求解.

(2) 方法一：X,Y 的边缘分布分别为

X	1	2
P	0.6	0.4

Y	−1	0	2
P	0.1	0.5	0.4

且

$$P\{X=i,Y=j\}=P\{X=i\}\cdot P\{Y=j\},i=1,2;j=-1,0,2,$$

所以 X 与 Y 相互独立，且

$$E(X)=1\times0.6+2\times0.4=1.4,E(Y)=(-1)\times0.1+0\times0.5+2\times0.4=0.7,$$

由期望的性质得 $E(XY)=E(X)\cdot E(Y)=1.4\times0.7=0.98$.

评注

利用数学期望的性质 $E(XY)=E(X)\cdot E(Y)$ 求解之前，我们必须先验证 X 与 Y 相互独立（或不相关），否则不能使用该性质.

方法二：$E(XY)=[1\times(-1)]\times0.06+(1\times0)\times0.3+(1\times2)\times0.24+$

$$[2\times(-1)]\times0.04+(2\times0)\times0.2+(2\times2)\times0.16$$

$$=0.98.$$

评注

利用二维离散型随机变量函数的期望公式求解.

方法三：随机变量 XY 的概率分布为

XY	-2	-1	0	2	4
P	0.04	0.06	0.5	0.24	0.16

由数学期望的定义知

$$E(XY)=(-2)\times0.04+(-1)\times0.06+0\times0.5+2\times0.24+4\times0.16=0.98.$$

先求随机变量 XY 的概率分布，再利用数学期望的定义求解.

199 答案 7，20，6.

解析 >> 方法一：利用数学期望的性质求解.

$$E(X)=\int_{-\infty}^{+\infty}xf_X(x)\mathrm{d}x=\int_0^1 x\cdot x\mathrm{d}x+\int_1^2 x(2-x)\mathrm{d}x=\frac{1}{3}+\frac{2}{3}=1,$$

$$E(Y)=\int_{-\infty}^{+\infty}yf_Y(y)\mathrm{d}y=\int_5^{+\infty}y\mathrm{e}^{-y+5}\mathrm{d}y=6,$$

由数学期望的性质得

$$E(X+Y)=E(X)+E(Y)=1+6=7,$$

$$E(2X+3Y)=2E(X)+3E(Y)=2\times1+3\times6=20,$$

由数学期望的性质及 X 与 Y 相互独立得

$$E(XY)=E(X)\cdot E(Y)=1\times6=6.$$

方法二：利用二维连续型随机变量函数的期望公式求解. 因为 X 与 Y 相互独立，所以 $f(x,y)=f_X(x)f_Y(y)$，故

$$\begin{aligned}E(X+Y)&=\int_{-\infty}^{+\infty}\int_{-\infty}^{+\infty}(x+y)f(x,y)\mathrm{d}x\mathrm{d}y=\int_{-\infty}^{+\infty}\int_{-\infty}^{+\infty}(x+y)f_X(x)f_Y(y)\mathrm{d}x\mathrm{d}y\\&=\int_{-\infty}^{+\infty}\int_{-\infty}^{+\infty}xf_X(x)f_Y(y)\mathrm{d}x\mathrm{d}y+\int_{-\infty}^{+\infty}\int_{-\infty}^{+\infty}yf_X(x)f_Y(y)\mathrm{d}x\mathrm{d}y\\&=\int_{-\infty}^{+\infty}xf_X(x)\mathrm{d}x\cdot\int_{-\infty}^{+\infty}f_Y(y)\mathrm{d}y+\int_{-\infty}^{+\infty}f_X(x)\mathrm{d}x\cdot\int_{-\infty}^{+\infty}yf_Y(y)\mathrm{d}y\\&=\left[\int_0^1 x\cdot x\mathrm{d}x+\int_1^2 x(2-x)\mathrm{d}x\right]\cdot1+1\cdot\int_5^{+\infty}y\mathrm{e}^{-y+5}\mathrm{d}y\\&=1+6=7,\end{aligned}$$

$$\begin{aligned}E(2X+3Y)&=\int_{-\infty}^{+\infty}\int_{-\infty}^{+\infty}(2x+3y)f(x,y)\mathrm{d}x\mathrm{d}y=\int_{-\infty}^{+\infty}\int_{-\infty}^{+\infty}(2x+3y)f_X(x)f_Y(y)\mathrm{d}x\mathrm{d}y\\&=\int_{-\infty}^{+\infty}\int_{-\infty}^{+\infty}2xf_X(x)f_Y(y)\mathrm{d}x\mathrm{d}y+\int_{-\infty}^{+\infty}\int_{-\infty}^{+\infty}3yf_X(x)f_Y(y)\mathrm{d}x\mathrm{d}y\\&=\int_{-\infty}^{+\infty}2xf_X(x)\mathrm{d}x\cdot\int_{-\infty}^{+\infty}f_Y(y)\mathrm{d}y+\int_{-\infty}^{+\infty}f_X(x)\mathrm{d}x\cdot\int_{-\infty}^{+\infty}3yf_Y(y)\mathrm{d}y\\&=\left[\int_0^1 2x\cdot x\mathrm{d}x+\int_1^2 2x(2-x)\mathrm{d}x\right]\cdot1+1\cdot\int_5^{+\infty}3y\mathrm{e}^{-y+5}\mathrm{d}y\\&=2\times1+1\times18=20,\end{aligned}$$

$$E(XY)=\int_{-\infty}^{+\infty}\int_{-\infty}^{+\infty}(xy)f(x,y)\mathrm{d}x\mathrm{d}y=\int_{-\infty}^{+\infty}\int_{-\infty}^{+\infty}(xy)f_X(x)f_Y(y)\mathrm{d}x\mathrm{d}y$$
$$=\int_{-\infty}^{+\infty}xf_X(x)\mathrm{d}x\cdot\int_{-\infty}^{+\infty}yf_Y(y)\mathrm{d}y=\left[\int_0^1 x\cdot x\mathrm{d}x+\int_1^2 x(2-x)\mathrm{d}x\right]\cdot\int_5^{+\infty}y\mathrm{e}^{-y+5}\mathrm{d}y$$
$$=1\times 6=6.$$

200 答案 (1) 0.3；(2) 0.81.

解析 >> (1) $E(X)=(-2)\times 0.1+0\times 0.4+1\times 0.5=0.3$.

(2) 方法一：利用方差的重要公式求解.

$$E(X^2)=(-2)^2\times 0.1+0^2\times 0.4+1^2\times 0.5=0.9,$$

所以 $D(X)=E(X^2)-[E(X)]^2=0.9-0.3^2=0.81$.

方法二：利用方差的定义求解.

$$D(X)=E\{[X-E(X)]^2\}=\sum_{k=1}^{3}[x_k-E(X)]^2p_k$$
$$=(-2-0.3)^2\times 0.1+(0-0.3)^2\times 0.4+(1-0.3)^2\times 0.5=0.81.$$

方法三：先求 X^2 的概率分布，再求 $E(X^2)$，最后利用方差的重要公式求解.

X^2	0	1	4
P	0.4	0.5	0.1

$$E(X^2)=0\times 0.4+1\times 0.5+4\times 0.1=0.9,$$

所以 $D(X)=E(X^2)-[E(X)]^2=0.9-0.3^2=0.81$.

201 答案 (1) $\dfrac{35}{24}$；(2) $\dfrac{1325}{576}$.

解析 >> (1) $E(Y)=E(X^2)=(-1)^2\times\dfrac{1}{3}+0^2\times\dfrac{1}{6}+\left(\dfrac{1}{2}\right)^2\times\dfrac{1}{6}+1^2\times\dfrac{1}{12}+2^2\times\dfrac{1}{4}=\dfrac{35}{24}$.

(2) $E(Y^2)=E(X^4)=(-1)^4\times\dfrac{1}{3}+0^4\times\dfrac{1}{6}+\left(\dfrac{1}{2}\right)^4\times\dfrac{1}{6}+1^4\times\dfrac{1}{12}+2^4\times\dfrac{1}{4}=\dfrac{425}{96}$，所以

$$D(Y)=E(Y^2)-[E(Y)]^2=\frac{425}{96}-\left(\frac{35}{24}\right)^2=\frac{1325}{576}.$$

202 答案 $\dfrac{1}{18}$.

解析 >> $E(X)=\int_{-\infty}^{+\infty}xf(x)\mathrm{d}x=\int_0^1 x\cdot 2x\mathrm{d}x=\dfrac{2}{3}$.

方法一：利用方差的重要公式求解.

$$E(X^2)=\int_{-\infty}^{+\infty}x^2f(x)\mathrm{d}x=\int_0^1 x^2\cdot 2x\mathrm{d}x=\frac{1}{2},$$

所以 $D(X)=E(X^2)-[E(X)]^2=\dfrac{1}{2}-\left(\dfrac{2}{3}\right)^2=\dfrac{1}{18}$.

方法二：利用方差的定义求解.

$$D(X)=E\{[X-E(X)]^2\}=\int_{-\infty}^{+\infty}[x-E(X)]^2 f(x)\mathrm{d}x$$
$$=\int_{-\infty}^{+\infty}\left(x-\frac{2}{3}\right)^2 f(x)\mathrm{d}x=\int_0^1\left(x-\frac{2}{3}\right)^2\cdot 2x\mathrm{d}x=\frac{1}{18}.$$

203 答案 $\frac{1}{6}$.

解析 >> $E(X)=\int_{-\infty}^{+\infty}xf(x)\mathrm{d}x=\int_{-1}^{0}x\cdot(1+x)\mathrm{d}x+\int_0^1 x\cdot(1-x)\mathrm{d}x=0$,

$E(X^2)=\int_{-\infty}^{+\infty}x^2 f(x)\mathrm{d}x=\int_{-1}^{0}x^2\cdot(1+x)\mathrm{d}x+\int_0^1 x^2\cdot(1-x)\mathrm{d}x=\frac{1}{6}$,

所以 $D(X)=E(X^2)-[E(X)]^2=\frac{1}{6}-0^2=\frac{1}{6}$.

204 答案 (1) $a=\frac{1}{4}$, $b=1$, $c=-\frac{1}{4}$；(2) $\frac{1}{4}(\mathrm{e}^2-1)^2$, $\frac{1}{4}\mathrm{e}^2(\mathrm{e}^2-1)^2$.

解析 >> (1) 由题设和概率密度函数的性质得

$$\int_{-\infty}^{+\infty}f(x)\mathrm{d}x=\int_0^2 ax\mathrm{d}x+\int_2^4(cx+b)\mathrm{d}x=2a+2b+6c=1 \quad ①$$

$$E(X)=\int_{-\infty}^{+\infty}xf(x)\mathrm{d}x=\int_0^2 x\cdot ax\mathrm{d}x+\int_2^4 x\cdot(cx+b)\mathrm{d}x=\frac{8}{3}a+6b+\frac{56}{3}c=2 \quad ②$$

$$P\{1<X<3\}=\int_1^3 f(x)\mathrm{d}x=\int_1^2 ax\mathrm{d}x+\int_2^3(cx+b)\mathrm{d}x=\frac{3}{2}a+b+\frac{5}{2}c=\frac{3}{4} \quad ③$$

联立①式、②式、③式得方程组 $\begin{cases}a+b+3c=\frac{1}{2}\\4a+9b+28c=3\\6a+4b+10c=3\end{cases}$，解得 $a=\frac{1}{4},b=1,c=-\frac{1}{4}$.

(2) $E(Y)=\int_{-\infty}^{+\infty}\mathrm{e}^x f(x)\mathrm{d}x=\int_0^2\mathrm{e}^x\cdot\frac{1}{4}x\mathrm{d}x+\int_2^4\mathrm{e}^x\left(-\frac{1}{4}x+1\right)\mathrm{d}x$

$=\frac{1}{4}\int_0^2 x\mathrm{d}(\mathrm{e}^x)-\frac{1}{4}\int_2^4 x\mathrm{d}(\mathrm{e}^x)+\mathrm{e}^x\Big|_2^4$

$=\frac{1}{4}\left(x\mathrm{e}^x\Big|_0^2-\int_0^2\mathrm{e}^x\mathrm{d}x\right)-\frac{1}{4}\left(x\mathrm{e}^x\Big|_2^4-\int_2^4\mathrm{e}^x\mathrm{d}x\right)+(\mathrm{e}^4-\mathrm{e}^2)$

$=\frac{1}{4}(\mathrm{e}^2-1)^2$,

$E(Y^2)=\int_{-\infty}^{+\infty}\mathrm{e}^{2x}f(x)\mathrm{d}x=\int_0^2\mathrm{e}^{2x}\cdot\frac{1}{4}x\mathrm{d}x+\int_2^4\mathrm{e}^{2x}\left(-\frac{1}{4}x+1\right)\mathrm{d}x$

$=\frac{1}{8}\int_0^2 x\mathrm{d}(\mathrm{e}^{2x})-\frac{1}{8}\int_2^4 x\mathrm{d}(\mathrm{e}^{2x})+\frac{1}{2}\mathrm{e}^{2x}\Big|_2^4$

$=\frac{1}{8}\left(x\mathrm{e}^{2x}\Big|_0^2-\int_0^2\mathrm{e}^{2x}\mathrm{d}x\right)-\frac{1}{8}\left(x\mathrm{e}^{2x}\Big|_2^4-\int_2^4\mathrm{e}^{2x}\mathrm{d}x\right)+\frac{1}{2}(\mathrm{e}^8-\mathrm{e}^4)$

$=\frac{1}{16}(\mathrm{e}^4-1)^2$,

故 $D(Y)=E(Y^2)-[E(Y)]^2=\frac{1}{16}(e^4-1)^2-\frac{1}{16}(e^2-1)^4=\frac{1}{4}e^2(e^2-1)^2$.

205 答案 (A).

解析 >> 因为

$$E(X^2)=\int_{-\infty}^{+\infty}x^2f(x)dx=\int_{-\infty}^{+\infty}x^2\cdot\frac{1}{2}e^{-|x|}dx=2\int_0^{+\infty}x^2\cdot\frac{1}{2}e^{-|x|}dx$$
$$=\int_0^{+\infty}x^2e^{-x}dx=2!,$$
$$E(X^4)=\int_{-\infty}^{+\infty}x^4f(x)dx=\int_{-\infty}^{+\infty}x^4\cdot\frac{1}{2}e^{-|x|}dx=2\int_0^{+\infty}x^4\cdot\frac{1}{2}e^{-|x|}dx$$
$$=\int_0^{+\infty}x^4e^{-x}dx=4!,$$

所以 $D(X^2)=E(X^4)-[E(X^2)]^2=4!-(2!)^2=24-4=20$，故选 (A).

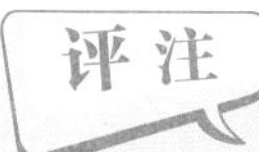

利用被积函数是偶函数，具有对称性，可以简化运算. 另外，记住公式

$$\Gamma(n+1)=\int_0^{+\infty}x^ne^{-x}dx=n!.$$

206 答案 $\frac{\sqrt{\pi}}{2}$，$1-\frac{\pi}{4}$.

解析 >> 方法一：先求出 $f_X(x)$，再按方差的重要公式求方差.

$$f_X(x)=\int_{-\infty}^{+\infty}f(x,y)dy=\begin{cases}\int_0^{+\infty}4xye^{-(x^2+y^2)}dy, & x>0\\ 0, & 其他\end{cases}=\begin{cases}2xe^{-x^2}, & x>0\\ 0, & 其他\end{cases},$$

因为

$$E(X)=\int_{-\infty}^{+\infty}xf_X(x)dx=\int_0^{+\infty}x\cdot 2xe^{-x^2}dx=\frac{\sqrt{\pi}}{2},$$
$$E(X^2)=\int_{-\infty}^{+\infty}x^2f_X(x)dx=\int_0^{+\infty}x^2\cdot 2xe^{-x^2}dx=1,$$

所以 $D(X)=E(X^2)-[E(X)]^2=1-\left(\frac{\sqrt{\pi}}{2}\right)^2=1-\frac{\pi}{4}$.

方法二：$E(X)=\int_{-\infty}^{+\infty}\int_{-\infty}^{+\infty}xf(x,y)dxdy=\int_0^{+\infty}\int_0^{+\infty}x\cdot 4xye^{-(x^2+y^2)}dxdy$

$$=\int_0^{+\infty}2x^2e^{-x^2}dx\int_0^{+\infty}2ye^{-y^2}dy=\frac{\sqrt{\pi}}{2},$$
$$E(X^2)=\int_{-\infty}^{+\infty}\int_{-\infty}^{+\infty}x^2f(x,y)dxdy=\int_0^{+\infty}\int_0^{+\infty}x^2\cdot 4xye^{-(x^2+y^2)}dxdy$$
$$=\int_0^{+\infty}2x^3e^{-x^2}dx\int_0^{+\infty}2ye^{-y^2}dy=1,$$

所以 $D(X)=E(X^2)-[E(X)]^2=1-\left(\frac{\sqrt{\pi}}{2}\right)^2=1-\frac{\pi}{4}$.

评注

求 $E(X)$ 及 $E(X^2)$ 时，可以利用二维连续型随机变量函数的期望公式 $E[g(X,Y)]=\int_{-\infty}^{+\infty}\int_{-\infty}^{+\infty}g(x,y)f(x,y)\mathrm{d}x\mathrm{d}y$ 求解.

对于 $E(X)$，可以认为 $g(X,Y)=X$，则 $E(X)=\int_{-\infty}^{+\infty}\int_{-\infty}^{+\infty}xf(x,y)\mathrm{d}x\mathrm{d}y$；

对于 $E(X^2)$，可以认为 $g(X,Y)=X^2$，则 $E(X^2)=\int_{-\infty}^{+\infty}\int_{-\infty}^{+\infty}x^2f(x,y)\mathrm{d}x\mathrm{d}y$.

207 答案

X	1	2
P	$\frac{3}{5}$	$\frac{2}{5}$

解析 >> 由题意知 X 只取两个值 x_1 与 x_2，于是

$$E(X)=\frac{3}{5}\cdot x_1+\frac{2}{5}\cdot x_2=\frac{7}{5},E(X^2)=\frac{3}{5}\cdot x_1^2+\frac{2}{5}\cdot x_2^2,$$

$$D(X)=E(X^2)-[E(X)]^2=\frac{3}{5}\cdot x_1^2+\frac{2}{5}\cdot x_2^2-\left(\frac{7}{5}\right)^2=\frac{6}{25},$$

得方程组 $\begin{cases}3x_1+2x_2=7\\3x_1^2+2x_2^2=11\end{cases}$，解得 $\begin{cases}x_1=1\\x_2=2\end{cases}$ 或 $\begin{cases}x_1=\frac{9}{5}\\x_2=\frac{4}{5}\end{cases}$（因为 $x_1<x_2$，所以舍去）. 因此，X 的概率分布为

X	1	2
P	$\frac{3}{5}$	$\frac{2}{5}$

208 答案 5.

解析 >> $E[X(X+Y-2)]=E(X^2+XY-2X)=E(X^2)+E(XY)-E(2X)$

$$=D(X)+[E(X)]^2+E(X)\cdot E(Y)-2E(X)=3+2^2+2\times1-2\times2=5.$$

评注

利用方差重要公式的变形 $E(X^2)=D(X)+[E(X)]^2$，期望的性质，以及 X 与 Y 独立时 $E(XY)=E(X)\cdot E(Y)$.

209 答案 1.96.

解析 >> 因为 $E(X)=1\times0.3+2\times0.5+3\times0.2=1.9,E(X^2)=1^2\times0.3+2^2\times0.5+3^2\times0.2=4.1$，所以 $D(X)=E(X^2)-[E(X)]^2=4.1-1.9^2=0.49$，从而 $D(2X-3)=2^2D(X)=4\times0.49=1.96$.

210 答案 44.

解析 >> 由 X 与 Y 相互独立得

$$D(3X-2Y)=D(3X)+D(-2Y)=3^2D(X)+(-2)^2D(Y)$$
$$=9\times4+4\times2=44.$$

211 答案 350，$\frac{875}{3}$.

解析 >> 设 $X_i(i=1,2,\cdots,100)$ 表示"第 i 次掷骰子出现的点数"，则 X_i 的概率分布为

$$P\{X_i=k\}=\frac{1}{6}(k=1,2,3,4,5,6),$$

于是

$$E(X_i)=\sum_{k=1}^{6}k\cdot\frac{1}{6}=\frac{7}{2},E(X_i^2)=\sum_{k=1}^{6}k^2\cdot\frac{1}{6}=\frac{91}{6},$$

所以 $D(X_i)=E(X_i^2)-[E(X_i)]^2=\frac{91}{6}-\left(\frac{7}{2}\right)^2=\frac{35}{12}$.

由题意知 $X_1,X_2,\cdots,X_{100}$ 相互独立，设 X 表示"掷骰子 100 次出现的点数之和"，则 $X=\sum_{i=1}^{100}X_i$，所以

$$E(X)=E\left(\sum_{i=1}^{100}X_i\right)=\sum_{i=1}^{100}E(X_i)=100\times\frac{7}{2}=350,$$
$$D(X)=D\left(\sum_{i=1}^{100}X_i\right)=\sum_{i=1}^{100}D(X_i)=100\times\frac{35}{12}=\frac{875}{3}.$$

评注

对于复杂的随机变量，不需要求其概率分布，将其分解为较简单的随机变量的组合再进行计算. 本题利用随机变量之和求数学期望与方差.

212 答案 $\frac{1}{2}$.

解析 >> 因为 $E(X_k)=\int_{-\infty}^{+\infty}xf(x)\mathrm{d}x=\int_0^1x\cdot1\,\mathrm{d}x=\frac{1}{2}$,

$$E(X_k^2)=\int_{-\infty}^{+\infty}x^2f(x)\mathrm{d}x=\int_0^1x^2\cdot1\,\mathrm{d}x=\frac{1}{3},$$

所以 $D(X_k)=E(X_k^2)-[E(X_k)]^2=\frac{1}{3}-\left(\frac{1}{2}\right)^2=\frac{1}{12}(k=1,2,3,4)$.

由于随机变量 X_1,X_2,X_3,X_4 相互独立，因此

$$D\left(\frac{1}{\sqrt{5}}\sum_{k=1}^{4}kX_k\right)=\left(\frac{1}{\sqrt{5}}\right)^2\sum_{k=1}^{4}D(kX_k)=\frac{1}{5}\sum_{k=1}^{4}k^2D(X_k)=\frac{1}{5}\sum_{k=1}^{4}k^2\cdot\frac{1}{12}$$
$$=\frac{1}{60}\sum_{k=1}^{4}k^2=\frac{1}{60}(1^2+2^2+3^2+4^2)=\frac{1}{2}.$$

评注

本题还可以根据概率密度函数的特征，得到随机变量 X_k 服从 $(0,1)$ 上的均匀分布，直接使用常见分布的期望与方差公式可得 $E(X_k)=\frac{1}{2},D(X_k)=\frac{1}{12}$，然后进行计算.

213 答案 (C).

解析>> 由 $X\sim N(1,2),Y\sim N(1,4)$ 得 $E(X)=1,D(X)=2,E(Y)=1,D(Y)=4$．由 X 与 Y 相互独立得 $E(XY)=E(X)E(Y),E(X^2Y^2)=E(X^2)E(Y^2)$，于是

$$D(XY)=E[(XY)^2]-[E(XY)]^2=E(X^2Y^2)-[E(X)E(Y)]^2$$
$$=E(X^2)E(Y^2)-[E(X)]^2[E(Y)]^2.$$

因为

$$E(X^2)=D(X)+[E(X)]^2=2+1^2=3,$$
$$E(Y^2)=D(Y)+[E(Y)]^2=4+1^2=5,$$

所以 $D(XY)=E(X^2)E(Y^2)-[E(X)]^2[E(Y)]^2=3\times5-1^2\times1^2=14$．故选 (C).

评注

期望的性质：当 X 与 Y 相互独立时，$E(XY)=E(X)\cdot E(Y)$. 对于方差，当 X 与 Y 相互独立时，$D(XY)\neq D(X)D(Y)$.

214 答案 (1) μ^2；(2) $2\sigma^2$.

解析>> 因为 $U=\max\{X,Y\}=\frac{X+Y+|X-Y|}{2},V=\min\{X,Y\}=\frac{X+Y-|X-Y|}{2}$，所以

(1) $UV=\frac{(X+Y)^2-(X-Y)^2}{4}=XY$，从而 $E(UV)=E(XY)\overset{独立}{=\!=}E(X)E(Y)=\mu^2$.

(2) $U+V=\frac{2(X+Y)}{2}=X+Y$，从而 $D(U+V)=D(X+Y)\overset{独立}{=\!=}D(X)+D(Y)=2\sigma^2$.

215 答案 8，0.3.

解析>> 因为 $X\sim B(n,p)$，所以 $E(X)=np,D(X)=np(1-p)$，于是 $\begin{cases}np=2.4\\np(1-p)=1.68\end{cases}$，解得 $n=8,p=0.3$.

216 答案 1.

解析>> 因为 $X\sim P(\lambda)$，所以 $E(X)=\lambda,D(X)=\lambda$.

$$E[(X-1)(X-2)]=E(X^2-3X+2)=E(X^2)-3E(X)+2$$
$$=D(X)+[E(X)]^2-3E(X)+2=\lambda+\lambda^2-3\lambda+2=\lambda^2-2\lambda+2=1,$$

即 $\lambda^2-2\lambda+1=0$，解得 $\lambda=1$.

217 答案 46.

解析 >> 由 $X_1 \sim U[0,6]$ 得 $D(X_1)=\dfrac{(6-0)^2}{12}=3$，由 $X_2 \sim N(0,2^2)$ 得 $D(X_2)=2^2=4$，由 $X_3 \sim P(3)$ 得 $D(X)=3$．因为 X_1,X_2,X_3 相互独立，所以

$$\begin{aligned}D(Y)&=D(X_1-2X_2+3X_3)=D(X_1)+(-2)^2D(X_2)+3^2D(X_3)\\&=3+(-2)^2\times4+3^2\times3=46.\end{aligned}$$

218 答案 $\dfrac{1}{2}$.

解析 >> 因为 X_1,X_2,X_3 相互独立，所以 X_1^2,X_2^2,X_3^2 相互独立．由 $X_i \sim N(0,\sigma^2)(i=1,2,3)$ 得 $E(X_i)=0,D(X_i)=\sigma^2$，即 $E(X_i^2)=D(X_i)+[E(X_i)]^2=\sigma^2$，于是

$$\begin{aligned}D(Y)&=D(X_1X_2X_3)=E[(X_1X_2X_3)^2]-[E(X_1X_2X_3)]^2\\&=E(X_1^2X_2^2X_3^2)-[E(X_1)E(X_2)E(X_3)]^2\\&=E(X_1^2)E(X_2^2)E(X_3^2)-[E(X_1)E(X_2)E(X_3)]^2\\&=\sigma^2\cdot\sigma^2\cdot\sigma^2-(0\times0\times0)^2=(\sigma^2)^3\overset{\text{已知}}{=\!=}\frac{1}{8},\end{aligned}$$

从而 $\sigma^2=\dfrac{1}{2}$.

219 答案 2.

解析 >> 由 $F(x)=\dfrac{1}{2}\varPhi(x)+\dfrac{1}{2}\varPhi\left(\dfrac{x-4}{2}\right)$ 得

$$f(x)=F'(x)=\frac{1}{2}\varphi(x)+\frac{1}{4}\varphi\left(\frac{x-4}{2}\right),$$

其中 $\varphi(x)$ 为标准正态概率密度函数，从而

$$\begin{aligned}E(X)&=\int_{-\infty}^{+\infty}xf(x)\mathrm{d}x=\int_{-\infty}^{+\infty}\frac{x}{2}\varphi(x)\mathrm{d}x+\int_{-\infty}^{+\infty}\frac{x}{4}\varphi\left(\frac{x-4}{2}\right)\mathrm{d}x\\&=\frac{1}{2}\int_{-\infty}^{+\infty}x\varphi(x)\mathrm{d}x+\int_{-\infty}^{+\infty}\frac{x-4}{2}\varphi\left(\frac{x-4}{2}\right)\mathrm{d}\left(\frac{x-4}{2}\right)+\int_{-\infty}^{+\infty}2\varphi\left(\frac{x-4}{2}\right)\mathrm{d}\left(\frac{x-4}{2}\right)\\&=0+\int_{-\infty}^{+\infty}t\varphi(t)\mathrm{d}t+2\int_{-\infty}^{+\infty}\varphi(t)\mathrm{d}t=2.\end{aligned}$$

评注

由于 $\varphi(x)$ 为标准正态分布 $N(0,1)$ 的概率密度函数，因此标准正态分布的期望的定义式 $\int_{-\infty}^{+\infty}x\varphi(x)\mathrm{d}x=0$，而 $\int_{-\infty}^{+\infty}\varphi(x)\mathrm{d}x=1$ 是连续型随机变量的概率密度函数的归一性质.

220 答案 e^2.

解析 >> 由题意 $X \sim N(0,1)$ 知 X 的概率密度函数 $\varphi(x)=\dfrac{1}{\sqrt{2\pi}}\mathrm{e}^{-\frac{x^2}{2}}$，于是

$$E[(X-2)^2\mathrm{e}^{2X}]=\int_{-\infty}^{+\infty}(x-2)^2\mathrm{e}^{2x}\varphi(x)\mathrm{d}x=\int_{-\infty}^{+\infty}(x-2)^2\mathrm{e}^{2x}\cdot\frac{1}{\sqrt{2\pi}}\mathrm{e}^{-\frac{x^2}{2}}\mathrm{d}x$$

$$=\mathrm{e}^2\int_{-\infty}^{+\infty}(x-2)^2\frac{1}{\sqrt{2\pi}}\mathrm{e}^{-\frac{(x-2)^2}{2}}\mathrm{d}x=\mathrm{e}^2.$$

评注

$f(x)=\frac{1}{\sqrt{2\pi}}\mathrm{e}^{-\frac{(x-2)^2}{2}}$ 是正态分布 $N(2,1)$ 的概率密度函数，且 $\int_{-\infty}^{+\infty}(x-2)^2\frac{1}{\sqrt{2\pi}}\mathrm{e}^{-\frac{(x-2)^2}{2}}\mathrm{d}x$ 正好是此正态分布的方差的定义式，所以 $\int_{-\infty}^{+\infty}(x-2)^2\frac{1}{\sqrt{2\pi}}\mathrm{e}^{-\frac{(x-2)^2}{2}}\mathrm{d}x=1$.

221 答案 $\frac{2}{\sqrt{2\pi}}$.

解析>> 令 $Z=X-Y$，因为 X 与 Y 相互独立，且均服从正态分布 $N\left(0,\frac{1}{2}\right)$，所以 $Z\sim N(0,1)$，Z 的概率密度函数 $\varphi(z)=\frac{1}{\sqrt{2\pi}}\mathrm{e}^{-\frac{z^2}{2}}$，于是

$$E(|X-Y|)=E(|Z|)=\int_{-\infty}^{+\infty}|z|\cdot\varphi(z)\mathrm{d}z=\int_{-\infty}^{+\infty}|z|\cdot\frac{1}{\sqrt{2\pi}}\mathrm{e}^{-\frac{z^2}{2}}\mathrm{d}z$$

$$=\frac{2}{\sqrt{2\pi}}\int_0^{+\infty}z\cdot\mathrm{e}^{-\frac{z^2}{2}}\mathrm{d}z=-\frac{2}{\sqrt{2\pi}}\int_0^{+\infty}\mathrm{e}^{-\frac{z^2}{2}}\mathrm{d}\left(-\frac{z^2}{2}\right)$$

$$=-\frac{2}{\sqrt{2\pi}}\mathrm{e}^{-\frac{z^2}{2}}\Big|_0^{+\infty}=\frac{2}{\sqrt{2\pi}}.$$

222 答案 2.

解析>> 由题意知 $\sum_{k=0}^{+\infty}P\{X=k\}=\sum_{k=0}^{+\infty}\frac{c}{2^k k!}=c\sum_{k=0}^{+\infty}\frac{\left(\frac{1}{2}\right)^k}{k!}=c\cdot\mathrm{e}^{\frac{1}{2}}=1$，解得 $c=\mathrm{e}^{-\frac{1}{2}}$，故 X 的概率分布为 $P\{X=k\}=\frac{c}{2^k k!}=\frac{\left(\frac{1}{2}\right)^k}{k!}\mathrm{e}^{-\frac{1}{2}},k=0,1,2,\cdots$，即 $X\sim P\left(\frac{1}{2}\right)$. 所以 $D(X)=\frac{1}{2}$，从而 $D(Y)=D(2X-3)=2^2D(X)=4\times\frac{1}{2}=2$.

评注

本题使用了幂级数展开式 $\mathrm{e}^x=\sum_{k=0}^{+\infty}\frac{x^k}{k!}$，当 $x=\frac{1}{2}$ 时，$\mathrm{e}^{\frac{1}{2}}=\sum_{k=0}^{+\infty}\frac{\left(\frac{1}{2}\right)^k}{k!}$.

223 答案 $\frac{8}{9}$.

解析>> 由 $X \sim U[-1,2]$ 得 X 的密度函数为 $f(x)=\begin{cases}\frac{1}{3}, & -1 \leqslant x \leqslant 2 \\ 0, & 其他\end{cases}$，于是

$$P\{Y=-1\}=P\{X<0\}=\int_{-\infty}^{0} f(x) \mathrm{d} x=\int_{-1}^{0} \frac{1}{3} \mathrm{d} x=\frac{1}{3},$$

$$P\{Y=0\}=P\{X=0\}=0,$$

$$P\{Y=1\}=P\{X>0\}=\int_{0}^{+\infty} f(x) \mathrm{d} x=\int_{0}^{2} \frac{1}{3} \mathrm{d} x=\frac{2}{3},$$

即 Y 的概率分布为

Y	-1	0	1
P	$\frac{1}{3}$	0	$\frac{2}{3}$

故

$$E(Y)=(-1) \times \frac{1}{3}+0 \times 0+1 \times \frac{2}{3}=\frac{1}{3}, E(Y^{2})=(-1)^{2} \times \frac{1}{3}+0^{2} \times 0+1^{2} \times \frac{2}{3}=1,$$

从而 $D(Y)=E(Y^{2})-[E(Y)]^{2}=1-\left(\frac{1}{3}\right)^{2}=\frac{8}{9}$.

224 答案 0.9772.

解析>> {活塞能装入气缸} $=\{X<Y\}=\{X-Y<0\}$. 由于 $X \sim N(22.4,0.03^{2})$, $Y \sim N(22.5,0.04^{2})$，且 X 与 Y 相互独立，因此

$$E(X-Y)=E(X)-E(Y)=22.4-22.5=-0.1,$$

$$D(X-Y)=D(X)+D(Y)=0.03^{2}+0.04^{2}=0.0025,$$

且 $X-Y \sim N(-0.1,0.0025)$，所求概率

$$P\{X<Y\}=P\{X-Y<0\}=P\left\{\frac{X-Y-(-0.1)}{\sqrt{0.0025}}<\frac{0-(-0.1)}{\sqrt{0.0025}}\right\}$$

$$=P\left\{\frac{X-Y-(-0.1)}{\sqrt{0.0025}}<2\right\}=\Phi(2)=0.9772.$$

225 答案 $\frac{1}{2}(1-\mathrm{e}^{-4})$.

解析>> 由 $X \sim E(2)$ 得 X 的概率密度函数为 $f(x)=\begin{cases}2 \mathrm{e}^{-2 x}, & x>0 \\ 0, & x \leqslant 0\end{cases}$，由

$Y=\min\{X, 2\}=\begin{cases}2, & X \geqslant 2 \\ X, & X<2\end{cases}$ 得

$$E(Y)=E(\min\{X,2\})=\int_{-\infty}^{+\infty}\min\{x,2\}f(x)\mathrm{d}x$$
$$=\int_{0}^{+\infty}\min\{x,2\}2\mathrm{e}^{-2x}\mathrm{d}x=\int_{0}^{2}x\cdot 2\mathrm{e}^{-2x}\mathrm{d}x+\int_{2}^{+\infty}2\cdot 2\mathrm{e}^{-2x}\mathrm{d}x$$
$$=-\int_{0}^{2}x\mathrm{d}(\mathrm{e}^{-2x})-2\mathrm{e}^{-2x}\Big|_{2}^{+\infty}=-x\mathrm{e}^{-2x}\Big|_{0}^{2}+\int_{0}^{2}\mathrm{e}^{-2x}\mathrm{d}x-2(0-\mathrm{e}^{-4})$$
$$=\frac{1}{2}(1-\mathrm{e}^{-4}).$$

226 答案 (1)

X \ Y	−1	1
−1	$\frac{1}{4}$	0
1	$\frac{1}{2}$	$\frac{1}{4}$

(2) 2.

解析 >> (1) 由 $U\sim U[-2,2]$ 得 U 的概率密度函数为 $f(u)=\begin{cases}\frac{1}{4}, & -2\leqslant u\leqslant 2\\ 0, & 其他\end{cases}$，于是 (X,Y) 可能的取值为 $(-1,-1),(-1,1),(1,-1),(1,1)$，根据题意有

$$P\{X=-1,Y=-1\}=P\{U\leqslant -1,U\leqslant 1\}=P\{U\leqslant -1\}=\int_{-2}^{-1}\frac{1}{4}\mathrm{d}x=\frac{1}{4},$$
$$P\{X=-1,Y=1\}=P\{U\leqslant -1,U>1\}=0,$$
$$P\{X=1,Y=-1\}=P\{U>-1,U\leqslant 1\}=P\{-1<U\leqslant 1\}=\int_{-1}^{1}\frac{1}{4}\mathrm{d}x=\frac{1}{2},$$
$$P\{X=1,Y=1\}=P\{U>-1,U>1\}=P\{U>1\}=\int_{1}^{2}\frac{1}{4}\mathrm{d}x=\frac{1}{4},$$

于是 (X,Y) 的联合分布为

X \ Y	−1	1
−1	$\frac{1}{4}$	0
1	$\frac{1}{2}$	$\frac{1}{4}$

(2) $E(X+Y)=[(-1)+(-1)]\times\frac{1}{4}+[(-1)+1]\times 0+[1+(-1)]\times\frac{1}{2}+(1+1)\times\frac{1}{4}=0$,

$E[(X+Y)^2]=[(-1)+(-1)]^2\times\frac{1}{4}+[(-1)+1]^2\times 0+[1+(-1)]^2\times\frac{1}{2}+(1+1)^2\times\frac{1}{4}=2$,

$D(X+Y)=E[(X+Y)^2]-[E(X+Y)]^2=2-0^2=2$.

227 答案　(1) 不相互独立；(2) 0.

解析 >> (1) 由题意得 X 与 Y 的联合分布为

X \ Y	-1	0	1
-1	0	$\frac{1}{4}$	0
0	$\frac{1}{4}$	0	$\frac{1}{4}$
1	0	$\frac{1}{4}$	0

边缘分布分别为

X	-1	0	1
P	$\frac{1}{4}$	$\frac{1}{2}$	$\frac{1}{4}$

Y	-1	0	1
P	$\frac{1}{4}$	$\frac{1}{2}$	$\frac{1}{4}$

因为 $P\{X=-1,Y=-1\}=0\neq P\{X=-1\}\cdot P\{Y=-1\}=\frac{1}{16}$，所以 X 与 Y 不相互独立.

(2) 因为 X 与 Y 有相同的概率分布，所以

$$E(X)=(-1)\times\frac{1}{4}+0\times\frac{1}{2}+1\times\frac{1}{4}=0,E(Y)=0.$$

而

$$\begin{aligned}E(XY)=&[(-1)\times(-1)]\times 0+[(-1)\times 0]\times\frac{1}{4}+[(-1)\times 1]\times 0+\\&[0\times(-1)]\times\frac{1}{4}+(0\times 0)\times 0+(0\times 1)\times\frac{1}{4}+\\&[1\times(-1)]\times 0+(1\times 0)\times\frac{1}{4}+(1\times 1)\times 0\\=&0,\end{aligned}$$

故 $\mathrm{Cov}(X,Y)=E(XY)-E(X)\cdot E(Y)=0$.

评注

若 X 与 Y 相互独立，必有 $\mathrm{Cov}(X,Y)=0$. 其逆命题不成立. 本题中 $\mathrm{Cov}(X,Y)=0$，但 X 与 Y 不相互独立.

228 答案　$\frac{3}{160}$，$\frac{43}{320}$.

解析 >> 先求出 $f_X(x),f_Y(y)$，再求 $E(X),E(Y)$.

$$f_X(x)=\int_{-\infty}^{+\infty}f(x,y)\mathrm{d}y=\begin{cases}\int_0^x 3x\mathrm{d}y, & 0<x<1\\ 0, & 其他\end{cases}=\begin{cases}3x^2, & 0<x<1\\ 0, & 其他\end{cases},$$

$$f_Y(y)=\int_{-\infty}^{+\infty}f(x,y)\mathrm{d}x=\begin{cases}\int_y^1 3x\mathrm{d}x, & 0<y<1\\ 0, & 其他\end{cases}=\begin{cases}\frac{3}{2}(1-y^2), & 0<y<1\\ 0, & 其他\end{cases}.$$

于是 $E(X)=\int_{-\infty}^{+\infty}xf_X(x)\mathrm{d}x=\int_0^1 x\cdot 3x^2\mathrm{d}x=\frac{3}{4}$,

$$E(Y)=\int_{-\infty}^{+\infty}yf_Y(y)\mathrm{d}y=\int_0^1 y\cdot\frac{3}{2}(1-y^2)\mathrm{d}y=\frac{3}{2}\left(\frac{y^2}{2}-\frac{y^4}{4}\right)\Bigg|_0^1=\frac{3}{8},$$

而 $E(XY)=\int_{-\infty}^{+\infty}\int_{-\infty}^{+\infty}xyf(x,y)\mathrm{d}x\mathrm{d}y=\int_0^1\mathrm{d}x\int_0^x xy\cdot 3x\mathrm{d}y=\int_0^1\frac{3x^4}{2}\mathrm{d}x=\frac{3}{10}$，所以

$$\mathrm{Cov}(X,Y)=E(XY)-E(X)\cdot E(Y)=\frac{3}{10}-\frac{3}{4}\times\frac{3}{8}=\frac{3}{160}.$$

因为 $E(X^2)=\int_{-\infty}^{+\infty}x^2f_X(x)\mathrm{d}x=\int_0^1 x^2\cdot 3x^2\mathrm{d}x=\frac{3}{5}$,

$$D(X)=E(X^2)-[E(X)]^2=\frac{3}{5}-\left(\frac{3}{4}\right)^2=\frac{3}{80},$$

$$E(Y^2)=\int_{-\infty}^{+\infty}y^2f_Y(y)\mathrm{d}y=\int_0^1 y^2\cdot\frac{3}{2}(1-y^2)\mathrm{d}y=\frac{3}{2}\left(\frac{y^3}{3}-\frac{y^5}{5}\right)\Bigg|_0^1=\frac{1}{5},$$

$$D(Y)=E(Y^2)-[E(Y)]^2=\frac{1}{5}-\left(\frac{3}{8}\right)^2=\frac{19}{320},$$

所以 $D(X+Y)=D(X)+D(Y)+2\mathrm{Cov}(X,Y)=\frac{3}{80}+\frac{19}{320}+2\times\frac{3}{160}=\frac{43}{320}$.

评注

我们也可以直接使用二维连续型随机变量函数的数学期望公式求 $E(X),E(Y)$.

$$E(X)=\int_{-\infty}^{+\infty}\int_{-\infty}^{+\infty}xf(x,y)\mathrm{d}x=\int_0^1\mathrm{d}x\int_0^x x\cdot 3x\mathrm{d}y=\int_0^1 3x^3\mathrm{d}x=\frac{3}{4},$$

$$E(Y)=\int_{-\infty}^{+\infty}\int_{-\infty}^{+\infty}yf(x,y)\mathrm{d}x\mathrm{d}y=\int_0^1\mathrm{d}x\int_0^x y\cdot 3x\mathrm{d}y=\int_0^1\frac{3x^3}{2}\mathrm{d}x=\frac{3}{8},$$

$$E(X^2)=\int_{-\infty}^{+\infty}\int_{-\infty}^{+\infty}x^2f(x,y)\mathrm{d}x\mathrm{d}y=\int_0^1\mathrm{d}x\int_0^x x^2\cdot 3x\mathrm{d}y=\int_0^1 3x^4\mathrm{d}x=\frac{3}{5},$$

$$E(Y^2)=\int_{-\infty}^{+\infty}\int_{-\infty}^{+\infty}y^2f(x,y)\mathrm{d}x\mathrm{d}y=\int_0^1\mathrm{d}x\int_0^x y^2\cdot 3x\mathrm{d}y=\int_0^1 x^4\mathrm{d}x=\frac{1}{5}.$$

229 答案 0.55，0.67，0.18，−1.45.

解析 >> 由题意知

$$D(X+Y)=D(X)+D(Y)+2\mathrm{Cov}(X,Y)=0.36+0.25+2\times(-0.03)=0.55,$$

$$D(X-Y)=D(X)+D(Y)-2\mathrm{Cov}(X,Y)=0.36+0.25-2\times(-0.03)=0.67,$$

$$\begin{aligned}\operatorname{Cov}(-2X,3Y+5)&=\operatorname{Cov}(-2X,3Y)+\operatorname{Cov}(-2X,5)\\&=(-2)\times3\times\operatorname{Cov}(X,Y)+0=(-2)\times3\times(-0.03)=0.18,\end{aligned}$$

$$\begin{aligned}&\operatorname{Cov}(3X-5Y,X+2Y)=\operatorname{Cov}(3X,X)+\operatorname{Cov}(3X,2Y)+\operatorname{Cov}(-5Y,X)+\operatorname{Cov}(-5Y,2Y)\\&=3\operatorname{Cov}(X,X)+3\times2\times\operatorname{Cov}(X,Y)+(-5)\times\operatorname{Cov}(Y,X)+(-5)\times2\times\operatorname{Cov}(Y,Y)\\&=3D(X)+\operatorname{Cov}(X,Y)-10D(Y)=3\times0.36+(-0.03)-10\times0.25=-1.45.\end{aligned}$$

230 答案　(C).

解析 >>　由题意知 $X_1,X_2,\cdots,X_n$ 独立同分布，且其方差为 $\sigma^2>0$，因此

$$\operatorname{Cov}(X_i,X_j)=\begin{cases}\sigma^2, & i=j\\ 0, & i\neq j\end{cases},D\left(\sum_{i=1}^{n}a_iX_i\right)=\sum_{i=1}^{n}a_i^2D(X_i)=\sigma^2\sum_{i=1}^{n}a_i^2.$$

对于选项 (A)，

$$\begin{aligned}D(X_1+Y)&=D\left(X_1+\frac{1}{n}\sum_{i=1}^{n}X_i\right)=D\left(\frac{n+1}{n}X_1+\frac{1}{n}\sum_{i=2}^{n}X_i\right)\\&=\left(\frac{n+1}{n}\right)^2D(X_1)+\frac{1}{n^2}\sum_{i=2}^{n}D(X_i)=\left(\frac{n+1}{n}\right)^2\sigma^2+\frac{1}{n^2}(n-1)\sigma^2\\&=\frac{n+3}{n}\sigma^2\neq\frac{n+2}{n}\sigma^2,\end{aligned}$$

所以 (A) 不正确.

类似地，

$$\begin{aligned}D(X_1-Y)&=D\left(X_1-\frac{1}{n}\sum_{i=1}^{n}X_i\right)=D\left(\frac{n-1}{n}X_1-\frac{1}{n}\sum_{i=2}^{n}X_i\right)\\&=\left(\frac{n-1}{n}\right)^2\sigma^2+\frac{1}{n^2}(n-1)\sigma^2=\frac{n-1}{n}\sigma^2\neq\frac{n+1}{n}\sigma^2,\end{aligned}$$

所以 (B) 不正确.

对于选项 (C)，

$$\begin{aligned}\operatorname{Cov}(X_1,Y)&=\operatorname{Cov}\left(X_1,\frac{1}{n}\sum_{i=1}^{n}X_i\right)\\&=\frac{1}{n}[\operatorname{Cov}(X_1,X_1)+\operatorname{Cov}(X_1,X_2)+\cdots+\operatorname{Cov}(X_1,X_n)]\\&=\frac{1}{n}\operatorname{Cov}(X_1,X_1)=\frac{1}{n}D(X_1)=\frac{\sigma^2}{n},\end{aligned}$$

所以 (C) 正确，(D) 不正确．故选 (C).

231 答案　(1) $\frac{1}{4}$；(2) $-\frac{2}{3}$.

解析 >>　(1) $P\{X=2Y\}=P\{X=0,Y=0\}+P\{X=2,Y=1\}=\frac{1}{4}+0=\frac{1}{4}$.

(2) X,Y 的边缘分布分别为

X	0	1	2
P	$\frac{1}{2}$	$\frac{1}{3}$	$\frac{1}{6}$

Y	0	1	2
P	$\frac{1}{3}$	$\frac{1}{3}$	$\frac{1}{3}$

于是

$$E(X)=0\times\frac{1}{2}+1\times\frac{1}{3}+2\times\frac{1}{6}=\frac{2}{3},$$

$$E(Y)=0\times\frac{1}{3}+1\times\frac{1}{3}+2\times\frac{1}{3}=1,E(Y^2)=0^2\times\frac{1}{3}+1^2\times\frac{1}{3}+2^2\times\frac{1}{3}=\frac{5}{3},$$

$$D(Y)=E(Y^2)-[E(Y)]^2=\frac{5}{3}-1^2=\frac{2}{3}.$$

因为

$$\begin{aligned}E(XY)=&(0\times0)\times\frac{1}{4}+(0\times1)\times0+(0\times2)\times\frac{1}{4}+\\&(1\times0)\times0+(1\times1)\times\frac{1}{3}+(1\times2)\times0+\\&(2\times0)\times\frac{1}{12}+(2\times1)\times0+(2\times2)\times\frac{1}{12}\\=&\frac{2}{3},\end{aligned}$$

$$\mathrm{Cov}(X,Y)=E(XY)-E(X)\cdot E(Y)=\frac{2}{3}-\frac{2}{3}\times1=0,$$

所以 $\mathrm{Cov}(X-Y,Y)=\mathrm{Cov}(X,Y)-\mathrm{Cov}(Y,Y)=\mathrm{Cov}(X,Y)-D(Y)=0-\frac{2}{3}=-\frac{2}{3}.$

232 答案 0.1.

解析 >> X 与 Y 的边缘分布分别为

X	1	2
P	0.3	0.7

Y	0	1	2
P	0.5	0.2	0.3

故

$$E(X)=1\times0.3+2\times0.7=1.7,$$

$$E(Y)=0\times0.5+1\times0.2+2\times0.3=0.8,$$

而 $$\begin{aligned}E(XY)=&(1\times0)\times0.1+(1\times1)\times0.2+(1\times2)\times0+\\&(2\times0)\times0.4+(2\times1)\times0+(2\times2)\times0.3\\=&1.4,\end{aligned}$$

X \ Y	0	1
0	$\frac{3}{10}$	$\frac{1}{5}$
1	$\frac{1}{5}$	$\frac{3}{10}$

X 与 Y 的边缘分布分别为

X	0	1
P	$\frac{1}{2}$	$\frac{1}{2}$

Y	0	1
P	$\frac{1}{2}$	$\frac{1}{2}$

则

$$E(X)=0\times\frac{1}{2}+1\times\frac{1}{2}=\frac{1}{2},E(X^2)=0^2\times\frac{1}{2}+1^2\times\frac{1}{2}=\frac{1}{2},$$

$$D(X)=E(X^2)-[E(X)]^2=\frac{1}{2}-\left(\frac{1}{2}\right)^2=\frac{1}{4}.$$

因为 X 与 Y 同分布，所以

$$E(Y)=E(X)=\frac{1}{2},D(Y)=D(X)=\frac{1}{4}.$$

由于 $E(XY)=(0\times0)\times\frac{3}{10}+(0\times1)\times\frac{1}{5}+(1\times0)\times\frac{1}{5}+(1\times1)\times\frac{3}{10}=\frac{3}{10}$，因此

$$\mathrm{Cov}(X,Y)=E(XY)-E(X)\cdot E(Y)=\frac{3}{10}-\frac{1}{2}\times\frac{1}{2}=\frac{1}{20},$$

从而

$$\rho_{XY}=\frac{\mathrm{Cov}(X,Y)}{\sqrt{D(X)}\sqrt{D(Y)}}=\frac{\frac{1}{20}}{\sqrt{\frac{1}{4}}\times\sqrt{\frac{1}{4}}}=\frac{1}{5}.$$

235 答案 (B).

解析 >> 由于 $\mathrm{Cov}(Y,Z)=\mathrm{Cov}(Y,aX+b)=\mathrm{Cov}(Y,aX)+\mathrm{Cov}(Y,b)$

$$=a\cdot\mathrm{Cov}(Y,X)+0=a\cdot\mathrm{Cov}(X,Y),$$

$D(Z)=D(aX+b)=a^2D(X)$，因此

$$\rho_{YZ}=\frac{\mathrm{Cov}(Y,Z)}{\sqrt{D(Y)}\sqrt{D(Z)}}=\frac{a\cdot\mathrm{Cov}(X,Y)}{\sqrt{D(Y)}\sqrt{a^2D(X)}}=\frac{a}{|a|}\rho_{XY}.$$

$\rho_{YZ}=\rho_{XY}\Leftrightarrow\frac{a}{|a|}=1$，即 $a>0$，故选 (B).

236 答案　(1) $\dfrac{a^2-b^2}{a^2+b^2}$；(2) $|a|=|b|$.

解析 >> 由 X 与 Y 相互独立得 $\mathrm{Cov}(X,Y)=0$，于是

$$\begin{aligned}\mathrm{Cov}(U,V)&=\mathrm{Cov}(aX+bY,aX-bY)\\&=\mathrm{Cov}(aX,aX)+\mathrm{Cov}(aX,-bY)+\mathrm{Cov}(bY,aX)+\mathrm{Cov}(bY,-bY)\\&=a^2\cdot\mathrm{Cov}(X,X)-ab\cdot\mathrm{Cov}(X,Y)+ab\cdot\mathrm{Cov}(Y,X)-b^2\cdot\mathrm{Cov}(Y,Y)\\&=a^2D(X)-b^2D(Y)=(a^2-b^2)\sigma^2.\end{aligned}$$

由于 X 与 Y 独立同分布，因此

$$D(U)=D(aX+bY)=a^2D(X)+b^2D(Y)=(a^2+b^2)\sigma^2,$$

$$D(V)=D(aX-bY)=a^2D(X)+(-b)^2D(Y)=(a^2+b^2)\sigma^2.$$

(1) U 与 V 的相关系数

$$\rho_{UV}=\frac{\mathrm{Cov}(U,V)}{\sqrt{D(U)}\sqrt{D(V)}}=\frac{a^2-b^2}{a^2+b^2}.$$

(2) U 和 V 不相关 $\Leftrightarrow \rho_{UV}=0 \Leftrightarrow \dfrac{a^2-b^2}{a^2+b^2}=0 \Leftrightarrow |a|=|b|$.

237 答案　-1.

解析 >> 由题意知 $X+Y=n$，即 $Y=-X+n$.

方法一：X 与 Y 之间具有线性关系 $Y=-X+n$，且斜率 $a=-1<0$，所以 $\rho_{XY}=-1$.

方法二：

$$\begin{aligned}\mathrm{Cov}(X,Y)&=\mathrm{Cov}(X,-X+n)=\mathrm{Cov}(X,-X)+\mathrm{Cov}(X,n)\\&=-\mathrm{Cov}(X,X)+0=-D(X),\end{aligned}$$

$$D(Y)=D(-X+n)=(-1)^2D(X)=D(X),$$

所以

$$\rho_{XY}=\frac{\mathrm{Cov}(X,Y)}{\sqrt{D(X)}\sqrt{D(Y)}}=\frac{-D(X)}{\sqrt{D(X)}\sqrt{D(X)}}=-1.$$

238 答案　(1) 0，0；(2) $\dfrac{R^2}{4}$，$\dfrac{R^2}{4}$；(3) 0，0；(4) 不相互独立.

解析 >> 先求出 X 与 Y 的边缘密度函数 $f_X(x)$ 和 $f_Y(y)$.

当 $|x|>R$ 时，$f_X(x)=0$；

当 $|x|\leqslant R$ 时，$f_X(x)=\int_{-\infty}^{+\infty}f(x,y)\mathrm{d}y=\int_{-\sqrt{R^2-x^2}}^{\sqrt{R^2-x^2}}\dfrac{1}{\pi R^2}\mathrm{d}y=\dfrac{2\sqrt{R^2-x^2}}{\pi R^2}$.

所以，$f_X(x)=\begin{cases}\dfrac{2\sqrt{R^2-x^2}}{\pi R^2}, & -R\leqslant x\leqslant R\\ 0, & \text{其他}\end{cases}$. 同理，

$$f_Y(y)=\begin{cases}\dfrac{2\sqrt{R^2-y^2}}{\pi R^2}, & -R\leqslant y\leqslant R\\ 0, & \text{其他}\end{cases}.$$

(1) $E(X)=\int_{-\infty}^{+\infty} x f_X(x)\mathrm{d}x=\int_{-R}^{R} x\cdot\frac{2\sqrt{R^2-x^2}}{\pi R^2}\mathrm{d}x=0$，同理可得 $E(Y)=0$.

(2) $$E(X^2)=\int_{-\infty}^{+\infty} x^2 f_X(x)\mathrm{d}x=\int_{-R}^{R} x^2\cdot\frac{2\sqrt{R^2-x^2}}{\pi R^2}\mathrm{d}x$$
$$=\frac{4}{\pi R^2}\int_0^R x^2\cdot\sqrt{R^2-x^2}\mathrm{d}x$$
$$\xlongequal{x=R\sin t}\frac{4}{\pi R^2}\int_0^{\frac{\pi}{2}} R^2\sin^2 t\cdot R\cos t\cdot R\cos t\mathrm{d}t$$
$$=\frac{R^2}{\pi}\int_0^{\frac{\pi}{2}}\sin^2 2t\mathrm{d}t=\frac{R^2}{\pi}\int_0^{\frac{\pi}{2}}\frac{1-\cos 4t}{2}\mathrm{d}t=\frac{R^2}{4},$$

故 $D(X)=E(X^2)-[E(X)]^2=\frac{R^2}{4}$. 同理可得 $D(Y)=\frac{R^2}{4}$.

(3) 由于

$$E(XY)=\int_{-\infty}^{+\infty}\int_{-\infty}^{+\infty} xyf(x,y)\mathrm{d}x\mathrm{d}y=\iint\limits_{x^2+y^2\leqslant R^2} xy\cdot\frac{1}{\pi R^2}\mathrm{d}x\mathrm{d}y$$
$$=\frac{1}{\pi R^2}\int_{-R}^{R}\left[\int_{-\sqrt{R^2-x^2}}^{\sqrt{R^2-x^2}} xy\mathrm{d}y\right]\mathrm{d}x=0,$$

因此 $\mathrm{Cov}(X,Y)=E(XY)-E(X)\cdot E(Y)=0$，故 $\rho_{XY}=0$，即 X 与 Y 不相关.

(4) 由于 $f(x,y)\neq f_X(x)f_Y(y)$，因此 X 与 Y 不相互独立.

评注

本题 X 与 Y 不相关，且 X 与 Y 不相互独立，说明 X 与 Y 之间无线性关系，但 X 与 Y 之间存在非线性关系.

239 答案 0.

解析 >> θ 的概率密度函数为 $f(\theta)=\begin{cases}\frac{1}{2\pi}, & -\pi\leqslant\theta\leqslant\pi\\ 0, & \text{其他}\end{cases}$，于是

$$E(X)=E(\sin\theta)=\int_{-\infty}^{+\infty}\sin\theta f(\theta)\mathrm{d}\theta=\int_{-\pi}^{\pi}\sin\theta\cdot\frac{1}{2\pi}\mathrm{d}\theta=0,$$
$$E(Y)=E(\cos\theta)=\int_{-\infty}^{+\infty}\cos\theta f(\theta)\mathrm{d}\theta=\int_{-\pi}^{\pi}\cos\theta\cdot\frac{1}{2\pi}\mathrm{d}\theta=0,$$
$$E(XY)=E(\sin\theta\cos\theta)=\int_{-\infty}^{+\infty}\sin\theta\cos\theta f(\theta)\mathrm{d}\theta=\int_{-\pi}^{\pi}\sin\theta\cos\theta\cdot\frac{1}{2\pi}\mathrm{d}\theta=0,$$

所以 $\mathrm{Cov}(X,Y)=E(XY)-E(X)\cdot E(Y)=0$，故 $\rho_{XY}=0$，即 X 与 Y 不相关.

评注

本题 $\rho_{XY}=0$，即 X 与 Y 不线性相关. 显然，$X^2+Y^2=1$，即 X 与 Y 之间存在非线性关系.

240 答案 (1) 0，2；(2) 0，不相关；(3) 不相互独立，因为 $F(1,1) \neq F_X(1)F_{|X|}(1)$.

解析 >> (1) $E(X)=\int_{-\infty}^{+\infty} x f_X(x)\mathrm{d}x=\int_{-\infty}^{+\infty} x\cdot\frac{1}{2}\mathrm{e}^{-|x|}\mathrm{d}x=0$，

$$E(X^2)=\int_{-\infty}^{+\infty} x^2 f_X(x)\mathrm{d}x=\int_{-\infty}^{+\infty} x^2\cdot\frac{1}{2}\mathrm{e}^{-|x|}\mathrm{d}x=\int_0^{+\infty} x^2\cdot\mathrm{e}^{-x}\mathrm{d}x=\Gamma(3)=2!=2,$$

$$D(X)=E(X^2)-[E(X)]^2=2-0^2=2.$$

积分中使用了 $\Gamma(n+1)=\int_0^{+\infty} x^n\mathrm{e}^{-x}\mathrm{d}x=n!$，故 $\Gamma(3)=\int_0^{+\infty} x^2\mathrm{e}^{-x}\mathrm{d}x=2!$.

(2) 由 $E(X\cdot|X|)=\int_{-\infty}^{+\infty} x|x|\cdot f_X(x)\mathrm{d}x=\int_{-\infty}^{+\infty} x|x|\cdot\frac{1}{2}\mathrm{e}^{-|x|}\mathrm{d}x=0$ 得

$$\mathrm{Cov}(X,|X|)=E(X\cdot|X|)-E(X)\cdot E(|X|)=0-0\cdot E(|X|)=0,$$

从而 $\rho_{X|X|}=0$，故 X 与 $|X|$ 不相关.

(3) 设 $F(x,y)$ 为二维随机变量 $(X,|X|)$ 的联合分布函数，

$$F(1,1)=P\{X\leqslant 1,|X|\leqslant 1\}=P\{-1\leqslant X\leqslant 1\}=\int_{-1}^{1} f(x)\mathrm{d}x=\int_{-1}^{1}\frac{1}{2}\mathrm{e}^{-|x|}\mathrm{d}x$$
$$=\int_0^1\mathrm{e}^{-x}\mathrm{d}x=1-\frac{1}{\mathrm{e}},$$

$$F_X(1)=P\{X\leqslant 1\}=\int_{-\infty}^{1} f(x)\mathrm{d}x=\int_{-\infty}^{1}\frac{1}{2}\mathrm{e}^{-|x|}\mathrm{d}x=\int_{-\infty}^{0}\frac{1}{2}\mathrm{e}^{x}\mathrm{d}x+\int_0^1\frac{1}{2}\mathrm{e}^{-x}\mathrm{d}x=1-\frac{1}{2\mathrm{e}},$$

$$F_{|X|}(1)=P\{|X|\leqslant 1\}=P\{-1\leqslant X\leqslant 1\}=\int_{-1}^{1} f(x)\mathrm{d}x=\int_{-1}^{1}\frac{1}{2}\mathrm{e}^{-|x|}\mathrm{d}x$$
$$=\int_0^1\mathrm{e}^{-x}\mathrm{d}x=1-\frac{1}{\mathrm{e}}.$$

因为 $F(1,1)\neq F_X(1)F_{|X|}(1)$，所以 X 与 $|X|$ 不相互独立.

241 答案 85，37，568.

解析 >> 由 $\rho_{XY}=\dfrac{\mathrm{Cov}(X,Y)}{\sqrt{D(X)}\sqrt{D(Y)}}$ 得

$$\mathrm{Cov}(X,Y)=\rho_{XY}\sqrt{D(X)}\sqrt{D(Y)}=0.4\times\sqrt{25}\times\sqrt{36}=12,$$

所以

$$D(X+Y)=D(X)+D(Y)+2\mathrm{Cov}(X,Y)=25+36+2\times 12=85,$$

$$D(X-Y)=D(X)+D(Y)-2\mathrm{Cov}(X,Y)=25+36-2\times 12=37,$$

$$D(2X+3Y)=D(2X)+D(3Y)+2\mathrm{Cov}(2X,3Y)$$
$$=4D(X)+9D(Y)+12\mathrm{Cov}(X,Y)$$
$$=4\times 25+9\times 36+12\times 12=568.$$

242 答案　1，3．

解析 >>　$E(X+Y+Z)=E(X)+E(Y)+E(Z)=1+1+(-1)=1$.

$D(X+Y+Z)=D(X)+D(Y)+D(Z)+2\text{Cov}(X,Y)+2\text{Cov}(X,Z)+2\text{Cov}(Y,Z)$

$=D(X)+D(Y)+D(Z)+2\rho_{XY}\sqrt{D(X)}\sqrt{D(Y)}+2\rho_{XZ}\sqrt{D(X)}\sqrt{D(Z)}+2\rho_{YZ}\sqrt{D(Y)}\sqrt{D(Z)}$

$=1+1+1+2\times 0\times\sqrt{1}\times\sqrt{1}+2\times\frac{1}{2}\times\sqrt{1}\times\sqrt{1}+2\times\left(-\frac{1}{2}\right)\times\sqrt{1}\times\sqrt{1}=3$.

243 答案　(D)．

解析 >>　由于 $X_1,X_2,\cdots,X_n$ 相互独立，因此

$$\text{Cov}(X_i,X_i)=D(X_i)=\sigma^2,\text{Cov}(X_i,X_j)=0(i\neq j).$$

$$\text{Cov}(\bar{X},\bar{X})=D(\bar{X})=D\left(\frac{1}{n}\sum_{i=1}^{n}X_i\right)=\frac{1}{n^2}\sum_{i=1}^{n}D(X_i)=\frac{1}{n^2}\cdot n\sigma^2=\frac{\sigma^2}{n},$$

$$\begin{aligned}\text{Cov}(X_1-\bar{X},X_2-\bar{X})&=\text{Cov}(X_1,X_2)+\text{Cov}(X_1,-\bar{X})+\text{Cov}(-\bar{X},X_2)+\text{Cov}(-\bar{X},-\bar{X})\\&=0-\text{Cov}(X_1,\bar{X})-\text{Cov}(\bar{X},X_2)+\text{Cov}(\bar{X},\bar{X})\\&=-\text{Cov}\left(X_1,\frac{1}{n}\sum_{i=1}^{n}X_i\right)-\text{Cov}\left(\frac{1}{n}\sum_{i=1}^{n}X_i,X_2\right)+D(\bar{X})\\&=-\frac{1}{n}\sum_{i=1}^{n}\text{Cov}(X_1,X_i)-\frac{1}{n}\sum_{i=1}^{n}\text{Cov}(X_i,X_2)+\frac{\sigma^2}{n}\\&=-\frac{1}{n}\text{Cov}(X_1,X_1)-\frac{1}{n}\text{Cov}(X_2,X_2)+\frac{\sigma^2}{n}\\&=-\frac{1}{n}\sigma^2-\frac{1}{n}\sigma^2+\frac{\sigma^2}{n}=-\frac{1}{n}\sigma^2\neq 0,\end{aligned}$$

所以 $X_1-\bar{X}$ 与 $X_2-\bar{X}$ 相关，于是 $X_1-\bar{X}$ 与 $X_2-\bar{X}$ 不相互独立．故选 (D)．

244 答案　(1) $\frac{1}{3}$，3；(2) 0；(3) 相互独立．

解析 >>　(1) 由 $(X,Y)\sim N\left(1,0;9,16;-\frac{1}{2}\right)$ 知 $X\sim N(1,9),Y\sim N(0,16),\rho_{XY}=-\frac{1}{2}$,

$$E(Z)=E\left(\frac{X}{3}+\frac{Y}{2}\right)=\frac{1}{3}E(X)+\frac{1}{2}E(Y)=\frac{1}{3}\times 1+\frac{1}{2}\times 0=\frac{1}{3},$$

$$\begin{aligned}D(Z)=D\left(\frac{X}{3}+\frac{Y}{2}\right)&=\left(\frac{1}{3}\right)^2D(X)+\left(\frac{1}{2}\right)^2D(Y)+2\times\frac{1}{3}\times\frac{1}{2}\text{Cov}(X,Y)\\&=\frac{1}{9}\times 9+\frac{1}{4}\times 16+\frac{1}{3}\rho_{XY}\sqrt{D(X)}\sqrt{D(Y)}\\&=1+4+\frac{1}{3}\times\left(-\frac{1}{2}\right)\times\sqrt{9}\times\sqrt{16}=3.\end{aligned}$$

(2) $\mathrm{Cov}(X,Z)=\mathrm{Cov}\left(X,\frac{X}{3}+\frac{Y}{2}\right)=\mathrm{Cov}\left(X,\frac{X}{3}\right)+\mathrm{Cov}\left(X,\frac{Y}{2}\right)$

$$=\frac{1}{3}\mathrm{Cov}(X,X)+\frac{1}{2}\mathrm{Cov}(X,Y)=\frac{1}{3}D(X)+\frac{1}{2}\rho_{XY}\sqrt{D(X)}\sqrt{D(Y)}$$

$$=\frac{1}{3}\times 9+\frac{1}{2}\times\left(-\frac{1}{2}\right)\times\sqrt{9}\times\sqrt{16}=0,$$

所以 $\rho_{XZ}=\frac{\mathrm{Cov}(X,Z)}{\sqrt{D(X)}\sqrt{D(Z)}}=0$.

(3) 因为 (X,Y) 服从二维正态分布，且 $\begin{vmatrix}1 & 0\\ \frac{1}{3} & \frac{1}{2}\end{vmatrix}=\frac{1}{2}\neq 0$，所以 $\left(X,\frac{X}{3}+\frac{Y}{2}\right)$，即 (X,Z) 也服从二维正态分布．又因为 $\rho_{XZ}=0$，所以 X 与 Z 相互独立．

评注

设 (X,Y) 服从二维正态分布，如果 $\begin{vmatrix}a & b\\ c & d\end{vmatrix}\neq 0$，那么二维随机变量 $(aX+bY,cX+dY)$ 也服从二维正态分布.

245 答案 $\frac{1}{2}$.

解析 >> 因为 (X,Y) 服从二维正态分布 $N(1,0;1,1;0)$，所以 $\rho_{XY}=0$，即 X 与 Y 相互独立，且 $X\sim N(1,1),Y\sim N(0,1)$，于是

$$P\{XY-Y<0\}=P\{(X-1)Y<0\}=P\{X<1\}P\{Y>0\}+P\{X>1\}P\{Y<0\}$$

$$=\frac{1}{2}\times\frac{1}{2}+\frac{1}{2}\times\frac{1}{2}=\frac{1}{2}.$$

246 答案 $\frac{1}{18}$.

解析 >> 三角形区域为 $G=\{(x,y)\mid 0\leqslant x\leqslant 1,1-x\leqslant y\leqslant 1\}$，随机变量 X 与 Y 的联合密度函数为 $f(x,y)=\begin{cases}2, & (x,y)\in G\\ 0, & (x,y)\notin G\end{cases}$.

方法一：利用二维随机变量函数的数学期望公式，得

$$E(Z)=E(X+Y)=\int_{-\infty}^{+\infty}\int_{-\infty}^{+\infty}(x+y)f(x,y)\mathrm{d}x\mathrm{d}y$$

$$=\int_0^1\mathrm{d}y\int_{1-y}^1 2(x+y)\mathrm{d}x=\int_0^1(y^2+2y)\mathrm{d}y=\frac{4}{3},$$

$$E(Z^2)=E[(X+Y)^2]=\int_{-\infty}^{+\infty}\int_{-\infty}^{+\infty}(x+y)^2 f(x,y)\mathrm{d}x\mathrm{d}y$$

$$=\int_0^1\mathrm{d}y\int_{1-y}^1 2(x+y)^2\mathrm{d}x=\int_0^1\left(2y^2+2y+\frac{2}{3}y^3\right)\mathrm{d}y=\frac{11}{6},$$

所以

$$D(Z)=E(Z^2)-[E(Z)]^2=\frac{11}{6}-\frac{16}{9}=\frac{1}{18}.$$

方法二：先求出 X 与 Y 的边缘密度函数，再应用方差的性质计算 $D(Z)$.

设随机变量 X 与 Y 的边缘密度函数分别为 $f_X(x),f_Y(y)$，则

$$f_X(x)=\int_{-\infty}^{+\infty}f(x,y)\mathrm{d}y=\begin{cases}\int_{1-x}^{1}2\mathrm{d}y, & 0\leqslant x\leqslant 1\\ 0, & \text{其他}\end{cases}=\begin{cases}2x, & 0\leqslant x\leqslant 1\\ 0, & \text{其他}\end{cases}.$$

同理，$f_Y(y)=\begin{cases}2y, & 0\leqslant y\leqslant 1\\ 0, & \text{其他}\end{cases}$，于是

$$E(X)=\int_{-\infty}^{+\infty}xf_X(x)\mathrm{d}x=\int_0^1 2x^2\mathrm{d}x=\frac{2}{3},$$

$$E(X^2)=\int_{-\infty}^{+\infty}x^2f_X(x)\mathrm{d}x=\int_0^1 2x^3\mathrm{d}x=\frac{1}{2},$$

$$D(X)=E(X^2)-[E(X)]^2=\frac{1}{18}.$$

由 X 与 Y 同分布得 $E(Y)=\frac{2}{3},D(Y)=\frac{1}{18}$. 因为

$$E(XY)=\iint_G 2xy\mathrm{d}x\mathrm{d}y=\int_0^1\mathrm{d}y\int_{1-y}^1 2xy\mathrm{d}x=\int_0^1(2y^2-y^3)\mathrm{d}y=\frac{5}{12},$$

$$\mathrm{Cov}(X,Y)=E(XY)-E(X)\cdot E(Y)=\frac{5}{12}-\frac{4}{9}=-\frac{1}{36},$$

所以

$$D(Z)=D(X+Y)=D(X)+D(Y)+2\mathrm{Cov}(X,Y)=\frac{1}{18}+\frac{1}{18}-\frac{2}{36}=\frac{1}{18}.$$

方法三：先求出 $Z=X+Y$ 的密度函数 $f_Z(z)$，再求 $E(Z),E(Z^2)$，进而求出 $D(Z)$.

由于 $P\{1\leqslant X+Y\leqslant 2\}=1$，因此当 $z<1$ 或 $z>2$ 时，$f_Z(z)=0$；当 $1\leqslant z\leqslant 2$ 时，

$$f_Z(z)=\int_{-\infty}^{+\infty}f(x,z-x)\mathrm{d}x=\int_{z-1}^{1}2\mathrm{d}x=2(2-z).$$

于是

$$E(Z)=\int_{-\infty}^{+\infty}zf_Z(z)\mathrm{d}z=\int_1^2 2z(2-z)\mathrm{d}z=\frac{4}{3},$$

$$E(Z^2)=\int_{-\infty}^{+\infty}z^2f_Z(z)\mathrm{d}z=\int_1^2 2z^2(2-z)\mathrm{d}z=\frac{11}{6},$$

所以

$$D(Z)=E(Z^2)-[E(Z)]^2=\frac{11}{6}-\frac{16}{9}=\frac{1}{18}.$$

评注

在方法三中，我们也可以先求出 $Z=X+Y$ 的分布函数 $F_Z(z)$，再求导得密度函数 $f_Z(z)$. 当 $1\leqslant z\leqslant 2$ 时，区域 $D=\{(x,y)\mid x+y\leqslant z\}\cap G$，

$$F_Z(z)=P\{X+Y\leqslant z\}=\frac{S_D}{S_G}=\frac{\frac{1}{2}-\frac{1}{2}(2-z)^2}{\frac{1}{2}}=1-(2-z)^2;$$

当 $z<1$ 时，$F_Z(z)=0$；当 $z>2$ 时，$F_Z(z)=1$.

因此，$f_Z(z)=F_Z'(z)=\begin{cases}2(2-z), & 1\leqslant z\leqslant 2\\ 0, & \text{其他}\end{cases}$.

247 答案 (C).

解析 >> 由 $(X,Y)\sim N\left(0,0;1,4;-\frac{1}{2}\right)$ 得 $X\sim N(0,1),Y\sim N(0,4)$，且

$$E(X)=0,E(Y)=0,D(X)=1,D(Y)=4,\rho_{XY}=-\frac{1}{2}.$$

由二维正态分布的相关结论（见 244 题评注）知选项 (A)、选项 (B)、选项 (C)、选项 (D) 都服从正态分布，且

$$E(X+Y)=E(X)+E(Y)=0,E(X-Y)=E(X)-E(Y)=0,$$

$$D(X+Y)=D(X)+D(Y)+2\rho_{XY}\sqrt{D(X)}\sqrt{D(Y)}=1+4+2\times\left(-\frac{1}{2}\right)\times\sqrt{1}\times\sqrt{4}=3,$$

$$D(X-Y)=D(X)+D(Y)-2\rho_{XY}\sqrt{D(X)}\sqrt{D(Y)}=1+4-2\times\left(-\frac{1}{2}\right)\times\sqrt{1}\times\sqrt{4}=7.$$

对于选项 (A)，

$$E\left[\frac{\sqrt{5}}{5}(X+Y)\right]=\frac{\sqrt{5}}{5}E(X+Y)=0,D\left[\frac{\sqrt{5}}{5}(X+Y)\right]=\left(\frac{\sqrt{5}}{5}\right)^2D(X+Y)=\frac{3}{5},$$

它为非标准正态分布，所以不选 (A).

对于选项 (B)，

$$E\left[\frac{\sqrt{5}}{5}(X-Y)\right]=\frac{\sqrt{5}}{5}E(X-Y)=0,D\left[\frac{\sqrt{5}}{5}(X-Y)\right]=\left(\frac{\sqrt{5}}{5}\right)^2D(X-Y)=\frac{7}{5},$$

它为非标准正态分布，所以不选 (B).

对于选项 (C)，

$$E\left[\frac{\sqrt{3}}{3}(X+Y)\right]=\frac{\sqrt{3}}{3}E(X+Y)=0,D\left[\frac{\sqrt{3}}{3}(X+Y)\right]=\left(\frac{\sqrt{3}}{3}\right)^2D(X+Y)=1,$$

$$\mathrm{Cov}\left(X,\frac{\sqrt{3}}{3}(X+Y)\right)=\frac{\sqrt{3}}{3}[\mathrm{Cov}(X,X)+\mathrm{Cov}(X,Y)]$$

$$=\frac{\sqrt{3}}{3}[D(X)+\rho_{XY}\sqrt{D(X)}\sqrt{D(Y)}]$$
$$=\frac{\sqrt{3}}{3}\left[1+\left(-\frac{1}{2}\right)\times\sqrt{1}\times\sqrt{4}\right]=0.$$

令 $Z=\frac{\sqrt{3}}{3}(X+Y)$，于是 $\rho_{XZ}=0$．因为 (X,Y) 服从二维正态分布，且 $\begin{vmatrix}1 & 0\\ \frac{\sqrt{3}}{3} & \frac{\sqrt{3}}{3}\end{vmatrix}\neq 0$，所以 $\left(X,\frac{\sqrt{3}}{3}(X+Y)\right)$，即 (X,Z) 也服从二维正态分布．又因为 $\rho_{XZ}=0$，所以 X 与 Z 相互独立．且 $Z=\frac{\sqrt{3}}{3}(X+Y)\sim N(0,1)$．故选 (C)．

对于选项 (D)，

$$E\left[\frac{\sqrt{3}}{3}(X-Y)\right]=\frac{\sqrt{3}}{3}E(X-Y)=0,D\left[\frac{\sqrt{3}}{3}(X-Y)\right]=\left(\frac{\sqrt{3}}{3}\right)^2D(X-Y)=\frac{7}{3},$$

它为非标准正态分布，所以不选 (D)．

综上所述，应选 (C)．

248 答案　(1) 0.28；(2) −0.02．

解析 >>　(1) $E(X^2Y^2)=[0^2\times(-1)^2]\times 0.07+(0^2\times 0^2)\times 0.18+(0^2\times 1^2)\times 0.15+[1^2\times(-1)^2]\times 0.08+(1^2\times 0^2)\times 0.32+(1^2\times 1^2)\times 0.20=0.28.$

(2) $E\{[X^2-E(X^2)][Y^2-E(Y^2)]\}=\mathrm{Cov}(X^2,Y^2)=E(X^2Y^2)-E(X^2)\cdot E(Y^2)$．由题意得 X 与 Y 的边缘分布分别为

X	0	1
P	0.4	0.6

Y	−1	0	1
P	0.15	0.5	0.35

$$E(X^2)=0^2\times 0.4+1^2\times 0.6=0.6,$$
$$E(Y^2)=(-1)^2\times 0.15+0^2\times 0.5+1^2\times 0.35=0.5,$$

所以 X^2 与 Y^2 的 1+1 阶混合中心矩

$$E\{[X^2-E(X^2)][Y^2-E(Y^2)]\}=E(X^2Y^2)-E(X^2)E(Y^2)=0.28-0.6\times 0.5=-0.02.$$

249 答案　$-\frac{1}{3}$.

解析 >>　由题意知 $D(X)=1,D(Y)=9,\mathrm{Cov}(X,Y)=-1$，则

$$\rho_{XY}=\frac{\mathrm{Cov}(X,Y)}{\sqrt{D(X)}\sqrt{D(Y)}}=\frac{-1}{\sqrt{1}\cdot\sqrt{9}}=-\frac{1}{3}.$$

第5章 大数定律与中心极限定理

250 答案 $\geqslant \frac{7}{16}$.

解析>> 由题意知 $X \sim B(100,0.1)$，故 $E(X)=10, D(X)=9$．切比雪夫不等式为 $P\{|X-10|<\varepsilon\} \geqslant 1-\frac{9}{\varepsilon^2}$，因此

$$P\{6<X<14\}=P\{|X-10|<4\} \geqslant 1-\frac{9}{4^2}=\frac{7}{16}.$$

251 答案 $\leqslant \frac{1}{4}$.

解析>> 由题意知 X 服从 $\lambda=3$ 的泊松分布，故 $E(X)=3, D(X)=3$．切比雪夫不等式为 $P\{|X-3| \geqslant \varepsilon\} \leqslant \frac{3}{\varepsilon^2}$，取 $\varepsilon=2\sqrt{3}$，则

$$P\{|X-3| \geqslant 2\sqrt{3}\} \leqslant \frac{3}{(2\sqrt{3})^2}=\frac{1}{4}.$$

252 答案 (D).

解析>> 因为 $E\left(\sum_{i=1}^{9} X_i\right)=\sum_{i=1}^{9} E(X_i)=9, D\left(\sum_{i=1}^{9} X_i\right)=\sum_{i=1}^{9} D(X_i)=9$，对 $\sum_{i=1}^{9} X_i$ 使用切比雪夫不等式，有

$$P\left\{\left|\sum_{i=1}^{9} X_i-9\right|<\varepsilon\right\} \geqslant 1-\frac{9}{\varepsilon^2},$$

所以选项(D)正确，选项(A)和选项(C)不正确．

又因为 $E\left(\frac{1}{9}\sum_{i=1}^{9} X_i\right)=\frac{1}{9}\sum_{i=1}^{9} E(X_i)=1, D\left(\frac{1}{9}\sum_{i=1}^{9} X_i\right)=\frac{1}{9^2}\sum_{i=1}^{9} D(X_i)=\frac{1}{9}$，对 $\frac{1}{9}\sum_{i=1}^{9} X_i$ 使用切比雪夫不等式，有

$$P\left\{\left|\frac{1}{9}\sum_{i=1}^{9} X_i-1\right|<\varepsilon\right\} \geqslant 1-\frac{1}{9\varepsilon^2},$$

所以选项(B)不正确，故选(D)．

253 答案 $\frac{1}{12}$.

解析>> 因为 $E(X+Y)=E(X)+E(Y)=-2+2=0$，

$$\begin{aligned} D(X+Y) &= D(X)+D(Y)+2\rho\sqrt{D(X)}\sqrt{D(Y)} \\ &= 1+4+2\times(-0.5)\times 1\times 2=3, \end{aligned}$$

所以 $P\{|X+Y| \geqslant 6\}=P\{|X+Y-E(X+Y)| \geqslant 6\} \leqslant \frac{D(X+Y)}{6^2}=\frac{1}{12}$.

254 答案 3，2．

解析>> 由题意知 $E(X)=\frac{b-1}{2}, D(X)=\frac{(b+1)^2}{12}$．切比雪夫不等式为

$$P\left\{\left|X-\frac{b-1}{2}\right|<\varepsilon\right\}\geqslant 1-\frac{(b+1)^2}{12\varepsilon^2},$$

因为$P\{|X-1|<\varepsilon\}\geqslant\frac{2}{3}$，所以$\begin{cases}\frac{b-1}{2}=1\\ 1-\frac{(b+1)^2}{12\varepsilon^2}=\frac{2}{3}\end{cases}$，解得$b=3,\varepsilon=2$.

255答案 (1) $\geqslant\frac{3}{4}$；(2) $\leqslant\frac{1}{4}$.

解析>> 由题意知切比雪夫不等式为

$$P\{|X-2|\geqslant\varepsilon\}\leqslant\frac{1}{\varepsilon^2}\text{或}P\{|X-2|<\varepsilon\}\geqslant 1-\frac{1}{\varepsilon^2}.$$

(1) $P\{0<X<5\}\geqslant P\{0<X<4\}=P\{|X-2|<2\}\geqslant 1-\frac{1}{2^2}=\frac{3}{4}$.

(2) 因为$\{X<-1\text{或}X>4\}\subset\{X\leqslant 0\text{或}X>4\}\subset\{X\leqslant 0\text{或}X\geqslant 4\}$，所以

$$P\{X<-1\text{或}X>4\}\leqslant P\{X\leqslant 0\text{或}X\geqslant 4\}=P\{|X-2|\geqslant 2\}\leqslant\frac{1}{2^2}=\frac{1}{4}.$$

本题需要调整区间端点，才能符合切比雪夫不等式，再估计概率.

256答案 (1) $\geqslant 0.1875$；(2) 0.733.

解析>> (1) 由题意知$E(X)=-1,E(Y)=1,D(X)=4,D(Y)=1,\rho=-0.5$，则

$$E(2X+3Y)=2E(X)+3E(Y)=1,$$

$$D(2X+3Y)=4D(X)+9D(Y)+12\times(-0.5)\times\sqrt{4}\times\sqrt{1}=13.$$

由切比雪夫不等式知

$$P\{-3<2X+3Y<5\}=P\{|2X+3Y-1|<4\}\geqslant 1-\frac{D(2X+3Y)}{4^2}=1-\frac{13}{16}=0.1875.$$

(2) 因为(X,Y)服从二维正态分布，且$\begin{vmatrix}1&0\\2&3\end{vmatrix}\neq 0$，所以$(X,2X+3Y)$也服从二维正态分布，从而边缘分布也是正态分布，即$2X+3Y\sim N(1,13)$，则

$$\begin{aligned}P\{-3<2X+3Y<5\}&=P\{|2X+3Y-1|<4\}\\&=P\left\{\left|\frac{2X+3Y-1}{\sqrt{13}}\right|<\frac{4}{\sqrt{13}}\right\}=2\Phi\left(\frac{4}{\sqrt{13}}\right)-1=0.733.\end{aligned}$$

评注

(1) 由于切比雪夫不等式只需期望与方差的值，不需要具体分布的信息，因此估计概率的结果很粗糙.

(2) 若(X,Y)服从二维正态分布，且行列式$\begin{vmatrix}a&b\\c&d\end{vmatrix}\neq 0$，则$(aX+bY,cX+dY)$也服从二维正态分布.

257 答案　(C).

解析>> 因为 $X_1,X_2,\cdots,X_n,\cdots$ 相互独立且同分布，期望与方差都存在，分别为 $E(X_i)=2$, $D(X_i)=2,i=1,2,\cdots$，且方差有界，由切比雪夫大数定律的推论知

$$\lim_{n\to+\infty}P\left\{\left|\frac{1}{n}\sum_{i=1}^{n}X_i-2\right|<\varepsilon\right\}=1,$$

即当 $n\to+\infty$ 时，$Y_n=\frac{1}{n}\sum_{i=1}^{n}X_i$ 依概率收敛于 2．故选 (C).

258 答案　1.

解析>> 因为 $X_1,X_2,\cdots,X_n,\cdots$ 相互独立且同分布，

$$E(X_i)=\int_{-\infty}^{+\infty}xf(x)\mathrm{d}x=\int_{-\infty}^{+\infty}x\frac{\lambda}{2}\mathrm{e}^{-\lambda|x|}\mathrm{d}x=0,i=1,2,\cdots,$$

满足辛钦大数定律的条件，所以

$$\lim_{n\to+\infty}P\left\{\left|\frac{1}{n}\sum_{i=1}^{n}X_i-0\right|<\varepsilon\right\}=1,\text{ 即 }\lim_{n\to+\infty}P\left\{\left|\sum_{i=1}^{n}X_i\right|<n\varepsilon\right\}=1,$$

取 $\varepsilon=1$，则 $\lim_{n\to+\infty}P\left\{\left|\sum_{i=1}^{n}X_i\right|<n\right\}=1$.

259 答案　不适用切比雪夫大数定律，适用辛钦大数定律.

解析>> 由于 $\{X_n\}$ 相互独立且同分布，且 $\sum_{k=1}^{+\infty}\frac{2^k}{k^2}\cdot\frac{1}{2^k}=\sum_{k=1}^{+\infty}\frac{1}{k^2}$ 收敛，因此 $E(X_n)$ 存在．由比值判别法知 $\sum_{k=1}^{+\infty}\left(\frac{2^k}{k^2}\right)^2\cdot\frac{1}{2^k}=\sum_{k=1}^{+\infty}\frac{2^k}{k^4}$ 发散，即 $E(X_n^2)$ 不存在，从而 $D(X_n)$ 不存在．所以，$\{X_n\}$ 不适用切比雪夫大数定律，但适用辛钦大数定律.

260 答案　(D).

解析>> 由于 $X_1,X_2,\cdots,X_n,\cdots$ 相互独立且同分布，因此 $X_1^2,X_2^2,\cdots,X_n^2,\cdots$ 也相互独立且同分布，且

$$E(X_i)=\frac{1}{2},D(X_i)=\frac{1}{4},E(X_i^2)=D(X_i)+[E(X_i)]^2=\frac{1}{4}+\left(\frac{1}{2}\right)^2=\frac{1}{2},$$

$$E(Y_n)=\frac{1}{n}\sum_{i=1}^{n}E(X_i^2)=\frac{1}{2}.$$

根据辛钦大数定律，当 $n\to+\infty$ 时，$Y_n=\frac{1}{n}\sum_{i=1}^{n}X_i^2$ 依概率收敛于其期望值 $\frac{1}{2}$，故选 (D).

261 答案　(1) 满足切比雪夫大数定律的条件，$\lim_{n\to+\infty}P\left\{\left|\frac{1}{n}\sum_{i=1}^{n}X_i\right|<\varepsilon\right\}=1$；

(2) 不满足辛钦大数定律的条件.

解析>> (1) 由概率分布知期望与方差分别为

$$E(X_k)=-ka\cdot\frac{1}{2k^2}+0\cdot\left(1-\frac{1}{k^2}\right)+ka\cdot\frac{1}{2k^2}=0,$$

$$E(X_k^2)=(-ka)^2\cdot\frac{1}{2k^2}+0^2\cdot\left(1-\frac{1}{k^2}\right)+(ka)^2\cdot\frac{1}{2k^2}=a^2,$$

$$D(X_k)=E(X_k^2)-[E(X_k)]^2=a^2,$$

因为 $X_1,X_2,\cdots,X_n,\cdots$ 相互独立，期望 $E(X_k)$ 与方差 $D(X_k)$ 都存在，且方差有界，所以满足切比雪夫大数定律的条件．由于

$$E\left(\frac{1}{n}\sum_{i=1}^{n}X_i\right)=\frac{1}{n}\sum_{i=1}^{n}E(X_i)=0,$$

因此切比雪夫大数定律的结论为

$$\lim_{n\to+\infty}P\left\{\left|\frac{1}{n}\sum_{i=1}^{n}X_i\right|<\varepsilon\right\}=1.$$

(2) 虽然随机变量序列 $X_1,X_2,\cdots,X_n,\cdots$ 相互独立，但分布不同，所以不满足辛钦大数定律的条件．

262 答案 $\frac{1}{6}$，0．

解析 >> 由 $X_1,X_2,\cdots,X_n,\cdots$ 相互独立且同分布知 $X_1^2,X_2^2,\cdots,X_n^2,\cdots$ 也相互独立且同分布，且

$$E(X_i^2)=\int_{-\infty}^{+\infty}x^2f(x)\mathrm{d}x=\int_{-1}^{1}x^2(1-|x|)\mathrm{d}x\overset{\text{对称性}}{=\!=}2\int_0^1x^2(1-x)\mathrm{d}x=\frac{1}{6},$$

由辛钦大数定律得

$$\lim_{n\to+\infty}P\left\{\left|\frac{1}{n}\sum_{i=1}^{n}X_i^2-E(X_i^2)\right|<\varepsilon\right\}=1，即\lim_{n\to+\infty}P\left\{\left|Y_n-\frac{1}{6}\right|<\varepsilon\right\}=1.$$

当 $n\to+\infty$ 时，$Y_n=\frac{1}{n}\sum_{i=1}^{n}X_i^2$ 依概率收敛于 $\frac{1}{6}$．

因为 $X_1^3,X_2^3,\cdots,X_n^3,\cdots$ 相互独立且同分布，且

$$E(X_i^3)=\int_{-\infty}^{+\infty}x^3f(x)\mathrm{d}x=\int_{-1}^{1}x^3(1-|x|)\mathrm{d}x=0,$$

由辛钦大数定律得

$$\lim_{n\to+\infty}P\left\{\left|\frac{1}{n}\sum_{i=1}^{n}X_i^3-E(X_i^3)\right|<\varepsilon\right\}=1，即\lim_{n\to+\infty}P\{|Z_n-0|<\varepsilon\}=1.$$

当 $n\to+\infty$ 时，$Z_n=\frac{1}{n}\sum_{i=1}^{n}X_i^3$ 依概率收敛于 0．

263 答案 (C)．

解析 >> $X_1,X_2,\cdots,X_n,\cdots$ 相互独立且同分布，需考察期望与方差的存在性．因为 $f(x)=F'(x)=\frac{3}{\pi(9+x^2)}$，所以

$$\int_{-\infty}^{+\infty}|x|f(x)\mathrm{d}x=\int_{-\infty}^{+\infty}\frac{3|x|}{\pi(9+x^2)}\mathrm{d}x=\int_{-\infty}^{0}\frac{-3x}{\pi(9+x^2)}\mathrm{d}x+\int_{0}^{+\infty}\frac{3x}{\pi(9+x^2)}\mathrm{d}x,$$

其中，$\int_{0}^{+\infty}\frac{3x}{\pi(9+x^2)}\mathrm{d}x=\frac{3}{2\pi}\int_{0}^{+\infty}\frac{1}{9+x^2}\mathrm{d}(9+x^2)=\frac{3}{2\pi}\ln(9+x^2)\Big|_{0}^{+\infty}=+\infty$，因此 $\int_{-\infty}^{+\infty}|x|f(x)\mathrm{d}x$ 发散，$E(X_i)$ 不存在，从而 $X_1,X_2,\cdots,X_n,\cdots$ 不适用切比雪夫大数定律，也不适用辛钦大数定律．显然，$X_1,X_2,\cdots,X_n,\cdots$ 不适用伯努利大数定律．故选 (C)．

264 答案 0.97725，0.47725．

解析 >> 因为 $E\left(\sum_{i=1}^{100}X_i\right)=100,D\left(\sum_{i=1}^{100}X_i\right)=25$，由独立同分布的中心极限定理知 $\sum_{i=1}^{100}X_i$ 近似服从 $N(100,25)$，所以

$$P\left\{\sum_{i=1}^{100}X_i\geqslant 90\right\}=1-P\left\{\sum_{i=1}^{100}X_i<90\right\}\approx 1-\varPhi\left(\frac{90-100}{\sqrt{25}}\right)=\varPhi(2)=0.97725,$$

$$P\left\{90\leqslant\sum_{i=1}^{100}X_i\leqslant 100\right\}\approx\varPhi\left(\frac{100-100}{\sqrt{25}}\right)-\varPhi\left(\frac{90-100}{\sqrt{25}}\right)$$
$$=\varPhi(0)-\varPhi(-2)=0.47725.$$

265 答案 0.94514．

解析 >> 设 X_i 表示"第 i 次射击所得的环数"，$i=1,2,\cdots,100$，$X_1,X_2,\cdots,X_{100}$ 相互独立且同分布，100 次射击中所得的总环数为 $\sum_{i=1}^{100}X_i$．因为

$$E(X_i)=10\times0.5+9\times0.3+8\times0.2=9.3,$$
$$E(X_i^2)=10^2\times0.5+9^2\times0.3+8^2\times0.2=87.1,$$
$$D(X_i)=E(X_i^2)-[E(X_i)]^2=87.1-9.3^2=0.61,$$

所以

$$E\left(\sum_{i=1}^{100}X_i\right)=930,D\left(\sum_{i=1}^{100}X_i\right)=61.$$

由独立同分布的中心极限定理知 $\sum_{i=1}^{100}X_i$ 近似服从 $N(930,61)$，因此

$$P\left\{915\leqslant\sum_{i=1}^{100}X_i\leqslant 945\right\}\approx\varPhi\left(\frac{945-930}{\sqrt{61}}\right)-\varPhi\left(\frac{915-930}{\sqrt{61}}\right)$$
$$\approx 2\varPhi(1.92)-1=0.94514.$$

266 答案 0.002．

解析 >> 设 X_i 表示"第 i 位顾客的消费额"，$i=1,2,\cdots,100$，则商店的日销售额为 $\sum_{i=1}^{100}X_i$．因为 $X_1,X_2,\cdots,X_{100}$ 相互独立且同分布，都服从 $U[0,60]$，所以

$$E(X_i)=\frac{0+60}{2}=30,D(X_i)=\frac{(60-0)^2}{12}=300,$$

$$E\left(\sum_{i=1}^{100}X_i\right)=3000,D\left(\sum_{i=1}^{100}X_i\right)=30000.$$

由独立同分布的中心极限定理知$\sum_{i=1}^{100}X_i$近似服从$N(3000,30000)$，所求概率

$$P\left\{\sum_{i=1}^{100}X_i>3500\right\}=1-P\left\{\sum_{i=1}^{100}X_i\leqslant 3500\right\}\approx 1-\Phi\left(\frac{3500-3000}{\sqrt{30000}}\right)$$
$$\approx 1-\Phi(2.89)=0.002.$$

267 答案 (C).

解析 >> 因为$X_1,X_2,\cdots,X_n,\cdots$相互独立且同分布，都服从参数为$\lambda(\lambda>1)$的指数分布，所以期望$E(X_i)=\frac{1}{\lambda}$，方差$D(X_i)=\frac{1}{\lambda^2}$，且

$$E\left(\sum_{i=1}^{n}X_i\right)=\frac{n}{\lambda},D\left(\sum_{i=1}^{n}X_i\right)=\frac{n}{\lambda^2}.$$

由独立同分布的中心极限定理得

$$\lim_{n\to+\infty}P\left\{\frac{\sum_{i=1}^{n}X_i-\frac{n}{\lambda}}{\sqrt{\frac{n}{\lambda^2}}}\leqslant x\right\}=\lim_{n\to+\infty}P\left\{\frac{\lambda\sum_{i=1}^{n}X_i-n}{\sqrt{n}}\leqslant x\right\}=\Phi(x).$$

故选(C).

268 答案 (C).

解析 >> 由题设知随机变量序列$X_1,X_2,\cdots,X_n,\cdots$满足独立同分布的中心极限定理，则对任意的实数$x$，有

$$\lim_{n\to+\infty}P\left(\frac{\sum_{i=1}^{n}X_i-n\mu}{\sqrt{n}\sigma}\leqslant x\right)=\Phi(x),$$

从而

$$\lim_{n\to+\infty}P\left(\frac{\sum_{i=1}^{n}X_i-n\mu}{\sqrt{n}}\leqslant \sigma\right)=\lim_{n\to+\infty}P\left(\frac{\sum_{i=1}^{n}X_i-n\mu}{\sqrt{n}\sigma}\leqslant 1\right)=\Phi(1),$$

即$\lim_{n\to+\infty}P\left(\frac{\sum_{i=1}^{n}X_i-n\mu}{\sqrt{n}}\leqslant \sigma\right)$的值是常数，故选(C).

269 答案 $\Phi(\sqrt{3})$.

解析 >> 由题设知$E(X_i)=0,D(X_i)=\frac{[1-(-1)]^2}{12}=\frac{1}{3}$，则

$$E\left(\sum_{i=1}^{n}X_i\right)=0,D\left(\sum_{i=1}^{n}X_i\right)=\frac{n}{3},$$

由独立同分布的中心极限定理得

$$\lim_{n\to+\infty} P\left\{\frac{\sum_{i=1}^{n} X_i - 0}{\sqrt{\frac{n}{3}}} \leqslant x\right\} = \Phi(x)，即 \lim_{n\to+\infty} P\left\{\sum_{i=1}^{n} X_i \leqslant \frac{\sqrt{n}}{\sqrt{3}} x\right\} = \Phi(x).$$

将 $x=\sqrt{3}$ 代入上式，得 $\lim\limits_{n\to+\infty} P\left\{\sum\limits_{i=1}^{n} X_i \leqslant \sqrt{n}\right\} = \Phi(\sqrt{3})$.

270 答案　(C).

解析 >> 列维－林德伯格中心极限定理要求的条件是 $X_1, X_2, \cdots, X_n, \cdots$ 相互独立且同分布，以及期望与方差都存在，当 n 充分大时，S_n 才近似服从正态分布.

选项 (A) 和选项 (B) 不能保证 $X_1, X_2, \cdots, X_n$ 同分布，选项 (D) 不能保证期望或方差存在，故选 (C).

271 答案　(B).

解析 >> 选项 (A) 和选项 (B) 都服从指数分布，且 $E(X_i)=\frac{1}{\lambda}, D(X_i)=\frac{1}{\lambda^2}$. 由独立同分布的中心极限定理得 $\sum\limits_{i=1}^{n} X_i$ 近似服从 $N\left(\frac{n}{\lambda}, \frac{n}{\lambda^2}\right)$，则 $\bar{X}$ 近似服从 $N\left(\frac{1}{\lambda}, \frac{1}{n\lambda^2}\right)$. (B) 正确.

选项 (C) 和选项 (D) 都服从泊松分布，且 $E(X_i)=\lambda, D(X_i)=\lambda$. 由独立同分布的中心极限定理得 $\sum\limits_{i=1}^{n} X_i$ 近似服从 $N(n\lambda, n\lambda)$，则 $\bar{X}$ 近似服从 $N\left(\lambda, \frac{1}{n}\lambda\right)$. (C) 和 (D) 都不正确. 故选 (B).

272 答案　98.

解析 >> 设最多可以装 n 箱，$X_i (i=1,2,\cdots,n)$ 表示“装运的第 i 箱产品的重量（单位：千克）”，则 n 箱产品的总重量为 $T_n = X_1 + X_2 + \cdots + X_n$.

因为 $X_1, X_2, \cdots, X_n$ 相互独立且同分布，由条件知

$$E(X_i)=50, \sqrt{D(X_i)}=5, E(T_n)=50n, \sqrt{D(T_n)}=5\sqrt{n},$$

根据列维－林德伯格中心极限定理，T_n 近似服从正态分布 $N(50n, 25n)$，则汽车不超载的概率

$$P\{T_n \leqslant 5000\} = P\left\{\frac{T_n - 50n}{5\sqrt{n}} \leqslant \frac{5000-50n}{5\sqrt{n}}\right\} \approx \Phi\left(\frac{1000-10n}{\sqrt{n}}\right) > 0.977 = \Phi(2),$$

故 $\frac{1000-10n}{\sqrt{n}} > 2$，解得 $n < 98.0199$，即最多可以装 98 箱.

273 答案　643.

解析 >> 设 X 表示“1000 个学生中去食堂吃早餐的人数”，由题意知 $X \sim B(1000, 0.6)$，且 $E(X)=600, D(X)=240$.

设食堂每天应准备n份早餐，由棣莫弗－拉普拉斯中心极限定理知，保障供应的概率

$$P\{X \leqslant n\} = P\left\{\frac{X-600}{\sqrt{240}} \leqslant \frac{n-600}{\sqrt{240}}\right\} \approx \Phi\left(\frac{n-600}{\sqrt{240}}\right),$$

由题设知$P\{X \leqslant n\} = 99.7\%$，即$\Phi\left(\frac{n-600}{\sqrt{240}}\right) = 0.997$．因为$\Phi(2.75) = 0.997$，所以

$$\frac{n-600}{\sqrt{240}} = 2.75，解得 n \approx 643,$$

即食堂每天应准备643份早餐，才能以99.7%的把握保障供应．

274 答案 (1) 0；(2) 0.5．

解析 >> 设一年内投保的10000人中死亡的人数为X，由题设知$X \sim B(10000, 0.006)$，且$E(X) = 60, D(X) = 59.64$．由棣莫弗－拉普拉斯中心极限定理知，$\frac{X-60}{\sqrt{59.64}}$近似服从$N(0,1)$．

(1) 保险公司亏本等价于$1000X > 12 \times 10000$，即$X > 120$，则保险公司亏本的概率

$$P\{X > 120\} = 1 - P\{X \leqslant 120\} = 1 - P\left\{\frac{X-60}{\sqrt{59.64}} \leqslant \frac{120-60}{\sqrt{59.64}}\right\}$$
$$\approx 1 - \Phi(7.77) \approx 0.$$

(2) 保险公司一年的利润不少于60000元等价于$12 \times 10000 - 1000X \geqslant 60000$，即$0 \leqslant X \leqslant 60$，则保险公司一年的利润不少于60000元的概率

$$P\{0 \leqslant X \leqslant 60\} = P\left\{\frac{0-60}{\sqrt{59.64}} \leqslant \frac{X-60}{\sqrt{59.64}} \leqslant \frac{60-60}{\sqrt{59.64}}\right\}$$
$$\approx \Phi(0) - \Phi(-7.77) \approx 0.5.$$

第6章 样本及抽样分布

275 答案 $p^n(1-p)^{\sum_{i=1}^{n}x_i-n}$，其中 $x_i=1,2,\cdots(i=1,2,\cdots,n)$.

解析>> 总体 X 服从参数为 p 的几何分布，则总体的概率分布为

$$P\{X=x\}=p(1-p)^{x-1},x=1,2,\cdots,$$

所以样本 $X_1,X_2,\cdots,X_n$ 的联合概率分布为

$$P\{X_1=x_1,X_2=x_2,\cdots,X_n=x_n\}=\prod_{i=1}^{n}P\{X=x_i\}$$

$$=\prod_{i=1}^{n}p(1-p)^{x_i-1}=p^n(1-p)^{\sum_{i=1}^{n}x_i-n},$$

其中 $x_i=1,2,\cdots(i=1,2,\cdots,n)$.

276 答案 $f(x_1,x_2,\cdots,x_n)=\begin{cases}\lambda^n\mathrm{e}^{-\lambda\sum_{i=1}^{n}x_i}, & x_i>0(i=1,2,\cdots,n).\\0, & 其他\end{cases}$

解析>> 总体 X 服从参数为 λ 的指数分布，则总体 X 的概率密度函数为

$$f(x)=\begin{cases}\lambda\mathrm{e}^{-\lambda x}, & x>0\\0, & 其他\end{cases},$$

所以样本 $X_1,X_2,\cdots,X_n$ 的联合密度函数为

$$f(x_1,x_2,\cdots,x_n)=\prod_{i=1}^{n}f(x_i)=\prod_{i=1}^{n}\begin{cases}\lambda\mathrm{e}^{-\lambda x_i}, & x_i>0\\0, & 其他\end{cases}$$

$$=\begin{cases}\prod_{i=1}^{n}\lambda\mathrm{e}^{-\lambda x_i}, & x_i>0(i=1,2,\cdots,n)\\0, & 其他\end{cases}=\begin{cases}\lambda^n\mathrm{e}^{-\lambda\sum_{i=1}^{n}x_i}, & x_i>0(i=1,2,\cdots,n).\\0, & 其他\end{cases}$$

277 答案 (1) T_1 是统计量；(2) T_2 是统计量；(3) T_3 不是统计量；(4) T_4 是统计量.

解析>> 统计量是不含总体中任何未知参数的样本的函数，因为 μ 已知，σ^2 未知，所以 $T_3=\sum_{i=1}^{n}\left(\frac{X_i-\mu}{\sigma}\right)^2$ 不是统计量，而 T_1、T_2、T_4 是统计量.

278 答案 (1) $\frac{a+b}{2}$，$\frac{(b-a)^2}{12n}$，$\frac{(b-a)^2}{12}$；(2) np^2.

解析>> (1) 由总体 $X\sim U[a,b]$ 知 $E(X)=\frac{a+b}{2},D(X)=\frac{(b-a)^2}{12}$，于是由统计量的性质得

$$E(\bar{X})=E(X)=\frac{a+b}{2},D(\bar{X})=\frac{1}{n}D(X)=\frac{(b-a)^2}{12n},E(S^2)=D(X)=\frac{(b-a)^2}{12}.$$

(2) 由 $X\sim B(n,p)$ 知 $E(X)=np,D(X)=np(1-p)$，则

$$E(T)=E(\bar{X}-S^2)=E(\bar{X})-E(S^2)=E(X)-D(X)=np-np(1-p)=np^2.$$

所以 $\mathrm{Cov}(X,Y)=E(XY)-E(X)\cdot E(Y)=1.4-1.7\times 0.8=0.04$．由于

$$E(X^2)=1^2\times 0.3+2^2\times 0.7=3.1,$$

$$D(X)=E(X^2)-[E(X)]^2=3.1-1.7^2=0.21,$$

$$E(Y^2)=0^2\times 0.5+1^2\times 0.2+2^2\times 0.3=1.4,$$

$$D(Y)=E(Y^2)-[E(Y)]^2=1.4-0.8^2=0.76,$$

因此 $\rho_{XY}=\dfrac{\mathrm{Cov}(X,Y)}{\sqrt{D(X)}\sqrt{D(Y)}}=\dfrac{0.04}{\sqrt{0.21}\times\sqrt{0.76}}\approx 0.1$．

233 答案 $\dfrac{1}{2}$.

解析 >> 由题意得 $S_D=\dfrac{1}{2}$，所以 (X,Y) 的联合密度函数为 $f(x,y)=\begin{cases}2, & (x,y)\in D\\ 0, & 其他\end{cases}$，于是

$$E(X)=\int_{-\infty}^{+\infty}\int_{-\infty}^{+\infty}xf(x,y)\mathrm{d}x\mathrm{d}y=\int_0^1\mathrm{d}x\int_0^x x\cdot 2\mathrm{d}y=\int_0^1 2x^2\mathrm{d}x=\frac{2}{3},$$

$$E(X^2)=\int_{-\infty}^{+\infty}\int_{-\infty}^{+\infty}x^2f(x,y)\mathrm{d}x\mathrm{d}y=\int_0^1\mathrm{d}x\int_0^x x^2\cdot 2\mathrm{d}y=\int_0^1 2x^3\mathrm{d}x=\frac{1}{2},$$

所以 $D(X)=E(X^2)-[E(X)]^2=\dfrac{1}{2}-\left(\dfrac{2}{3}\right)^2=\dfrac{1}{18}$.

$$E(Y)=\int_{-\infty}^{+\infty}\int_{-\infty}^{+\infty}yf(x,y)\mathrm{d}x\mathrm{d}y=\int_0^1 y\left[\int_y^1 2\mathrm{d}x\right]\mathrm{d}y=\int_0^1 y(2-2y)\mathrm{d}y=\frac{1}{3},$$

$$E(Y^2)=\int_{-\infty}^{+\infty}\int_{-\infty}^{+\infty}y^2f(x,y)\mathrm{d}x\mathrm{d}y=\int_0^1 y^2\left[\int_y^1 2\mathrm{d}x\right]\mathrm{d}y=\int_0^1 y^2(2-2y)\mathrm{d}y=\frac{1}{6},$$

所以 $D(Y)=E(Y^2)-[E(Y)]^2=\dfrac{1}{6}-\left(\dfrac{1}{3}\right)^2=\dfrac{1}{18}$.

$$E(XY)=\int_{-\infty}^{+\infty}\int_{-\infty}^{+\infty}xyf(x,y)\mathrm{d}x\mathrm{d}y=\int_0^1\mathrm{d}x\int_0^x xy\cdot 2\mathrm{d}y=\int_0^1 x^3\mathrm{d}x=\frac{1}{4},$$

$$\mathrm{Cov}(X,Y)=E(XY)-E(X)\cdot E(Y)=\frac{1}{4}-\frac{2}{3}\times\frac{1}{3}=\frac{1}{36},$$

从而 $\rho_{XY}=\dfrac{\mathrm{Cov}(X,Y)}{\sqrt{D(X)}\sqrt{D(Y)}}=\dfrac{\frac{1}{36}}{\sqrt{\frac{1}{18}}\times\sqrt{\frac{1}{18}}}=\dfrac{1}{2}$.

234 答案 $\dfrac{1}{5}$.

解析 >> (X,Y) 可能的取值为 $(0,0),(0,1),(1,0),(1,1)$，对应的概率

$$P\{X=0,Y=0\}=\frac{1}{2}\times\frac{3}{5}=\frac{3}{10},P\{X=0,Y=1\}=\frac{1}{2}\times\frac{2}{5}=\frac{1}{5},$$

$$P\{X=1,Y=0\}=\frac{1}{2}\times\frac{2}{5}=\frac{1}{5},P\{X=1,Y=1\}=\frac{1}{2}\times\frac{3}{5}=\frac{3}{10},$$

所以 (X,Y) 的联合分布为

279 答案 (B).

解析>> 样本方差 $S^2=\frac{1}{n-1}\sum_{i=1}^{n}(X_i-\bar{X})^2$，因为 $E(S^2)=D(X)=m\theta(1-\theta)$，所以 $E\left[\frac{1}{n-1}\sum_{i=1}^{n}(X_i-\bar{X})^2\right]=m\theta(1-\theta)$，于是 $E\left[\sum_{i=1}^{n}(X_i-\bar{X})^2\right]=m(n-1)\theta(1-\theta)$. 故选 (B).

280 答案 $2(n-1)\sigma^2$.

解析>> 方法一：$X_1,X_2,\cdots,X_{2n}$ 相互独立且均服从 $N(\mu,\sigma^2)$，则 $(X_1+X_{n+1}),(X_2+X_{n+2}),\cdots,(X_n+X_{2n})$ 相互独立且均服从 $N(2\mu,2\sigma^2)$. 若设 $Y_i=X_i+X_{n+i}(i=1,2,\cdots,n)$，则 $Y_1,Y_2,\cdots,Y_n$ 可作为来自总体 $Y\sim N(2\mu,2\sigma^2)$ 的样本，其样本均值为 $\bar{Y}=\frac{1}{n}\sum_{i=1}^{n}Y_i=\frac{1}{n}\sum_{i=1}^{n}(X_i+X_{n+i})=\frac{1}{n}\sum_{i=1}^{2n}X_i=2\bar{X}$，样本方差为 $S_Y^2=\frac{1}{n-1}\sum_{i=1}^{n}(Y_i-\bar{Y})^2=\frac{1}{n-1}\sum_{i=1}^{n}(X_i+X_{n+i}-2\bar{X})^2=\frac{1}{n-1}T$. 因为 $E(S_Y^2)=D(Y)=2\sigma^2$，所以 $E\left(\frac{1}{n-1}T\right)=2\sigma^2$，即 $E(T)=2(n-1)\sigma^2$.

方法二：记 $\bar{X}^{(1)}=\frac{1}{n}\sum_{i=1}^{n}X_i,\bar{X}^{(2)}=\frac{1}{n}\sum_{i=1}^{n}X_{n+i}$，可见 $\bar{X}^{(1)}+\bar{X}^{(2)}=2\bar{X}$，于是

$$
\begin{aligned}
E(T)&=E\left[\sum_{i=1}^{n}(X_i+X_{n+i}-2\bar{X})^2\right]=E\left\{\sum_{i=1}^{n}[(X_i-\bar{X}^{(1)})+(X_{n+i}-\bar{X}^{(2)})]^2\right\}\\
&=E\left\{\sum_{i=1}^{n}[(X_i-\bar{X}^{(1)})^2+2(X_i-\bar{X}^{(1)})(X_{n+i}-\bar{X}^{(2)})+(X_{n+i}-\bar{X}^{(2)})^2]\right\}\\
&=E\left[\sum_{i=1}^{n}(X_i-\bar{X}^{(1)})^2\right]+0+E\left[\sum_{i=1}^{n}(X_{n+i}-\bar{X}^{(2)})^2\right]\\
&=E\left[(n-1)\cdot\frac{1}{n-1}\sum_{i=1}^{n}(X_i-\bar{X}^{(1)})^2\right]+E\left[(n-1)\cdot\frac{1}{n-1}\sum_{i=1}^{n}(X_{n+i}-\bar{X}^{(2)})^2\right]\\
&=(n-1)\cdot\sigma^2+(n-1)\cdot\sigma^2=2(n-1)\sigma^2.
\end{aligned}
$$

方法三：

$$
\begin{aligned}
T&=\sum_{i=1}^{n}(X_i+X_{n+i}-2\bar{X})^2\\
&=\sum_{i=1}^{n}(X_i^2+X_{n+i}^2+2X_iX_{n+i}-4\bar{X}X_i-4\bar{X}X_{n+i}+4\bar{X}^2)\\
&=\sum_{i=1}^{2n}X_i^2+2\sum_{i=1}^{n}X_iX_{n+i}-4\bar{X}\sum_{i=1}^{2n}X_i+4n\bar{X}^2\\
&=\sum_{i=1}^{2n}X_i^2+2\sum_{i=1}^{n}X_iX_{n+i}-4n\bar{X}^2.
\end{aligned}
$$

由 $D(\bar{X})=E(\bar{X}^2)-[E(\bar{X})]^2$ 得

$$E(\bar{X}^2)=D(\bar{X})+[E(\bar{X})]^2=\frac{D(X)}{2n}+[E(X)]^2=\frac{\sigma^2}{2n}+\mu^2,$$

同理，$E(X_i^2)=D(X_i)+[E(X_i)]^2=D(X)+[E(X)]^2=\sigma^2+\mu^2$，所以

$$E(T)=E\left[\sum_{i=1}^{n}(X_i+X_{n+i}-2\bar{X})^2\right]=E\left[\sum_{i=1}^{2n}X_i^2+2\sum_{i=1}^{n}X_iX_{n+i}-4n\bar{X}^2\right]$$
$$=\sum_{i=1}^{2n}E(X_i^2)+2\sum_{i=1}^{n}E(X_i)E(X_{n+i})-4nE(\bar{X}^2)$$
$$=2n(\sigma^2+\mu^2)+2n\mu^2-4n\left(\frac{\sigma^2}{2n}+\mu^2\right)$$
$$=2(n-1)\sigma^2.$$

281 答案 (D).

解析 >> 已知总体 $X\sim P(\lambda)$，则 $E(X)=\lambda, D(X)=\lambda$，于是由统计量的性质得

$$E(T_1)=E\left(\frac{1}{n}\sum_{i=1}^{n}X_i\right)=E(\bar{X})=E(X)=\lambda,$$
$$E(T_2)=E\left(\frac{1}{n-1}\sum_{i=1}^{n-1}X_i+\frac{1}{n}X_n\right)=\frac{1}{n-1}\sum_{i=1}^{n-1}E(X_i)+\frac{1}{n}E(X_n)$$
$$=\frac{1}{n-1}\sum_{i=1}^{n-1}E(X)+\frac{1}{n}E(X)=\frac{1}{n-1}(n-1)\lambda+\frac{1}{n}\lambda=\frac{n+1}{n}\lambda,$$

所以 $E(T_1)<E(T_2)$，故选项 (A) 和选项 (B) 不正确.

$$D(T_1)=D\left(\frac{1}{n}\sum_{i=1}^{n}X_i\right)=D(\bar{X})=\frac{1}{n}D(X)=\frac{\lambda}{n},$$
$$D(T_2)=D\left(\frac{1}{n-1}\sum_{i=1}^{n-1}X_i+\frac{1}{n}X_n\right)=\frac{1}{(n-1)^2}\sum_{i=1}^{n-1}D(X_i)+\frac{1}{n^2}D(X_n)$$
$$=\frac{1}{(n-1)^2}\sum_{i=1}^{n-1}D(X)+\frac{1}{n^2}D(X)=\frac{1}{(n-1)^2}(n-1)\lambda+\frac{1}{n^2}\lambda$$
$$=\frac{1}{n-1}\lambda+\frac{1}{n^2}\lambda,$$

所以 $D(T_1)<D(T_2)$.

综上可知，应选 (D).

282 答案 $F_5(x)=\begin{cases}0, & x<4.6\\ \frac{1}{5}, & 4.6\leqslant x<5.5\\ \frac{3}{5}, & 5.5\leqslant x<5.8\\ \frac{4}{5}, & 5.8\leqslant x<6.6\\ 1, & 6.6\leqslant x\end{cases}$.

解析 >> 将样本观测值由小到大排序，为 4.6,5.5,5.5,5.8,6.6，则由定义得 X 的经验分布函数为

$$F_5(x)=\begin{cases}0, & x<4.6\\ \dfrac{1}{5}, & 4.6\leqslant x<5.5\\ \dfrac{3}{5}, & 5.5\leqslant x<5.8\\ \dfrac{4}{5}, & 5.8\leqslant x<6.6\\ 1, & 6.6\leqslant x\end{cases}.$$

283 答案 (1) 1.96，−1.96，2.33；(2) $u_{\frac{1-\alpha}{2}}$.

解析>> (1) 要求 $u_{0.025}$，由公式 2 知 $\alpha=0.025$，所以 $1-\alpha=0.975$，而 $\Phi(u_{0.025})=1-\alpha=0.975$，反查标准正态分布表知 $\Phi(1.96)=0.975$，故 $u_{0.025}=1.96$.

要求 $u_{0.975}$，由公式 1 知 $u_{0.975}=-u_{0.025}$，因为 $u_{0.025}=1.96$，所以 $u_{0.975}=-u_{0.025}=-1.96$.

要求 $u_{0.01}$，由公式 2 知 $\alpha=0.01$，所以 $1-\alpha=0.99$，而 $\Phi(u_{0.01})=1-\alpha=0.99$，反查标准正态分布表知 $\Phi(2.33)=0.99$，故 $u_{0.01}=2.33$.

(2) 由于 $P\{|X|<x\}=\alpha$，因此 $P\{|X|\geqslant x\}=1-\alpha$，从而 $P\{X\geqslant x\}=\dfrac{1-\alpha}{2}$，于是 $x=u_{\frac{1-\alpha}{2}}$.

284 答案 6，40.

解析>> 由 $X_1\sim N(0,2)$ 得 $\dfrac{X_1}{\sqrt{2}}\sim N(0,1)$，所以 $\left(\dfrac{X_1}{\sqrt{2}}\right)^2=\dfrac{1}{2}X_1^2\sim\chi^2(1)$，于是

$$E\left(\frac{1}{2}X_1^2\right)=1, D\left(\frac{1}{2}X_1^2\right)=2.$$

由 $X_2\sim N(0,2), X_3\sim N(0,2)$ 且 X_2 与 X_3 相互独立得 $X_2-X_3\sim N(0,4)$，即 $\dfrac{X_2-X_3}{2}\sim N(0,1)$，故 $\left(\dfrac{X_2-X_3}{2}\right)^2=\dfrac{1}{4}(X_2-X_3)^2\sim\chi^2(1)$，于是

$$E\left[\frac{1}{4}(X_2-X_3)^2\right]=1, D\left[\frac{1}{4}(X_2-X_3)^2\right]=2.$$

由 X_1, X_2, X_3 相互独立得 $\dfrac{1}{2}X_1^2$ 与 $\dfrac{1}{4}(X_2-X_3)^2$ 相互独立，所以

$$\begin{aligned}E(Z)&=E[X_1^2+(X_2-X_3)^2]=E(X_1^2)+E[(X_2-X_3)^2]\\&=2E\left(\frac{1}{2}X_1^2\right)+4E\left[\frac{1}{4}(X_2-X_3)^2\right]=2\times1+4\times1=6.\end{aligned}$$

$$\begin{aligned}D(Z)&=D[X_1^2+(X_2-X_3)^2]=D\left(2\times\frac{1}{2}X_1^2+4\times\frac{1}{4}(X_2-X_3)^2\right)\\&=4D\left(\frac{1}{2}X_1^2\right)+16D\left[\frac{1}{4}(X_2-X_3)^2\right]=4\times2+16\times2=40.\end{aligned}$$

285 答案　(1) 18.3，25.2，3.94；(2) 0.045.

解析 >> (1) 自由度 $n=10$，查表得 $\chi^2_{0.05}(10)=18.3, \chi^2_{0.005}(10)=25.2, \chi^2_{0.95}(10)=3.94$.

(2) 因为 $X_1,X_2,\cdots,X_{10}$ 是来自总体 $X\sim N(\mu,\sigma^2)$ 的样本，所以 $\dfrac{X_i-\mu}{\sigma}\sim N(0,1)(i=1,2,\cdots,10)$，且 $\dfrac{X_1-\mu}{\sigma},\dfrac{X_2-\mu}{\sigma},\cdots,\dfrac{X_{10}-\mu}{\sigma}$ 相互独立，故由 χ^2 分布的典型模式知

$$\sum_{i=1}^{10}\left(\frac{X_i-\mu}{\sigma}\right)^2\sim\chi^2(10).$$

于是

$$\begin{aligned}&P\left\{1.83\sigma^2\leqslant\frac{1}{10}\sum_{i=1}^{10}(X_i-\mu)^2\leqslant 2.52\sigma^2\right\}\\&=P\left\{18.3\leqslant\sum_{i=1}^{10}\left(\frac{X_i-\mu}{\sigma}\right)^2\leqslant 25.2\right\}\\&=P\left\{\sum_{i=1}^{10}\left(\frac{X_i-\mu}{\sigma}\right)^2\geqslant 18.3\right\}-P\left\{\sum_{i=1}^{10}\left(\frac{X_i-\mu}{\sigma}\right)^2\geqslant 25.2\right\}\qquad①\end{aligned}$$

$\chi^2_{0.05}(10)=18.3, \chi^2_{0.005}(10)=25.2$，即

$$P\left\{\sum_{i=1}^{10}\left(\frac{X_i-\mu}{\sigma}\right)^2\geqslant 18.3\right\}=0.05, P\left\{\sum_{i=1}^{10}\left(\frac{X_i-\mu}{\sigma}\right)^2\geqslant 25.2\right\}=0.005,$$

代入①式得

$$P\left\{1.83\sigma^2\leqslant\frac{1}{10}\sum_{i=1}^{10}(X_i-\mu)^2\leqslant 2.52\sigma^2\right\}=0.05-0.005=0.045.$$

286 答案　$\dfrac{1}{8}$，$\dfrac{1}{24}$.

解析 >> $X_1,X_2,\cdots,X_5$ 相互独立且同分布，因为 $X\sim N(1,4)$，所以 $X_1-X_2\sim N(0,8)$，故 $\dfrac{X_1-X_2}{\sqrt{8}}\sim N(0,1)$. $2X_3-X_4-X_5\sim N(0,24)$，故 $\dfrac{2X_3-X_4-X_5}{\sqrt{24}}\sim N(0,1)$. 因为 $\dfrac{X_1-X_2}{\sqrt{8}}$ 与 $\dfrac{2X_3-X_4-X_5}{\sqrt{24}}$ 相互独立，所以由 χ^2 分布的典型模式知

$$\left(\frac{X_1-X_2}{\sqrt{8}}\right)^2+\left(\frac{2X_3-X_4-X_5}{\sqrt{24}}\right)^2=\frac{1}{8}(X_1-X_2)^2+\frac{1}{24}(2X_3-X_4-X_5)^2\sim\chi^2(2),$$

因此 $a=\dfrac{1}{8},b=\dfrac{1}{24}$.

287 答案　2.447，1.943，1.44，−1.943.

解析 >> 查 t 分布的上侧 α 分位数表，得

$$t_{0.025}(6)=2.447,t_{0.05}(6)=1.943,t_{0.1}(6)=1.44,t_{0.95}(6)=-t_{0.05}(6)=-1.943.$$

288 答案 $t(9)$.

解析>> 由总体 X 与 Y 相互独立知 $X_1,X_2,\cdots,X_9$ 和 $Y_1,Y_2,\cdots,Y_9$ 之间均相互独立，且均服从正态分布 $N(0,9)$，因此

$$X_1+\cdots+X_9\sim N(0,81),\bar{X}=\frac{1}{9}\sum_{i=1}^{9}X_i\sim N(0,1),\frac{Y_i}{3}\sim N(0,1),\sum_{i=1}^{9}\left(\frac{Y_i}{3}\right)^2\sim\chi^2(9).$$

因为 $\bar{X}=\frac{1}{9}\sum_{i=1}^{9}X_i$ 与 $\sum_{i=1}^{9}\left(\frac{Y_i}{3}\right)^2$ 相互独立，所以由 t 分布的典型模式知

$$T=\frac{\bar{X}}{\sqrt{\sum_{i=1}^{9}\left(\frac{Y_i}{3}\right)^2\Big/9}}=\frac{\frac{1}{9}\sum_{i=1}^{9}X_i}{\frac{1}{9}\sqrt{\sum_{i=1}^{9}Y_i^2}}=\frac{X_1+\cdots+X_9}{\sqrt{Y_1^2+\cdots+Y_9^2}}\sim t(9).$$

289 答案 $\frac{1}{4}$.

解析>> 由总体 X 与 Y 相互独立知 $X_1,X_2,\cdots,X_m$ 和 $Y_1,Y_2,\cdots,Y_n$ 之间均相互独立，且均服从正态分布 $N(0,\sigma^2)$，因此 $X_1+X_2+\cdots+X_m\sim N(0,m\sigma^2)$，故 $\frac{X_1+X_2+\cdots+X_m}{\sqrt{m}\sigma}\sim N(0,1)$.

因为 $\frac{Y_i}{\sigma}\sim N(0,1)(i=1,2,\cdots,n)$，所以

$$\left(\frac{Y_1}{\sigma}\right)^2+\left(\frac{Y_2}{\sigma}\right)^2+\cdots+\left(\frac{Y_n}{\sigma}\right)^2=\frac{Y_1^2+Y_2^2+\cdots+Y_n^2}{\sigma^2}\sim\chi^2(n),$$

且 $\frac{X_1+X_2+\cdots+X_m}{\sqrt{m}\sigma}$ 与 $\frac{Y_1^2+Y_2^2+\cdots+Y_n^2}{\sigma^2}$ 相互独立，故由 t 分布的典型模式知

$$T=\frac{\frac{X_1+X_2+\cdots+X_m}{\sqrt{m}\sigma}}{\sqrt{\frac{Y_1^2+Y_2^2+\cdots+Y_n^2}{\sigma^2}\Big/n}}=\sqrt{\frac{n}{m}}\frac{X_1+X_2+\cdots+X_m}{\sqrt{Y_1^2+Y_2^2+\cdots+Y_n^2}}\sim t(n).$$

由题设知 $\sqrt{\frac{n}{m}}=2$，解得 $\frac{m}{n}=\frac{1}{4}$.

290 答案 2.262.

解析>> 由总体 $X\sim N(0,1)$ 知 $X_1,X_2,\cdots,X_{10}$ 相互独立且同分布 $N(0,1)$，因此 $X_1\sim N(0,1)$，$X_2^2+\cdots+X_{10}^2\sim\chi^2(9)$，且 X_1 与 $X_2^2+\cdots+X_{10}^2$ 相互独立，故由 t 分布的典型模式知

$$T=\frac{X_1}{\sqrt{(X_2^2+\cdots+X_{10}^2)/9}}=\frac{3X_1}{\sqrt{X_2^2+\cdots+X_{10}^2}}\sim t(9).$$

$P\{|T|>a\}=0.05$，即 $P\{T>a\}=0.025$．查 t 分布的上侧 α 分位数表，得 $t_{0.025}(9)=2.262$，所以 $a=2.262$.

291 答案 6.6，19.35，$\dfrac{1}{19.3}$.

解析 >> 查 F 分布的上侧 α 分位数表，得

$$F_{0.025}(3,6)=6.6, F_{0.05}(7,2)=19.35, F_{0.95}(2,5)=\frac{1}{F_{0.05}(5,2)}=\frac{1}{19.3}.$$

292 答案 【证明】由题设及分位点的定义知 $P\{F>F_{1-\alpha}(m,n)\}=1-\alpha$，则

$$P\left\{\frac{1}{F}<\frac{1}{F_{1-\alpha}(m,n)}\right\}=1-\alpha,$$

故

$$P\left\{\frac{1}{F}>\frac{1}{F_{1-\alpha}(m,n)}\right\}=\alpha \qquad ①$$

由 F 分布的性质 2 知 $\dfrac{1}{F}\sim F(n,m)$，且

$$P\left\{\frac{1}{F}>F_{\alpha}(n,m)\right\}=\alpha \qquad ②$$

比较①式和②式，得

$$\frac{1}{F_{1-\alpha}(m,n)}=F_{\alpha}(n,m)\text{，即 } F_{1-\alpha}(m,n)=\frac{1}{F_{\alpha}(n,m)}.$$

293 答案 $F(10,5)$.

解析 >> 由总体 $X\sim N(0,9)$ 知 $X_1,X_2,\cdots,X_{15}$ 相互独立，且均服从 $N(0,9)$，因此 $\dfrac{1}{3}X_i\sim N(0,1),\left(\dfrac{1}{3}X_i\right)^2=\dfrac{1}{9}X_i^2\sim\chi^2(1)(i=1,2,\cdots,15)$，且它们相互独立，于是

$$\frac{1}{9}(X_1^2+X_2^2+\cdots+X_{10}^2)\sim\chi^2(10),$$

$$\frac{1}{9}(X_{11}^2+X_{12}^2+\cdots+X_{15}^2)\sim\chi^2(5),$$

且两者相互独立，故由 F 分布的典型模式知

$$Y=\frac{\dfrac{(X_1^2+X_2^2+\cdots+X_{10}^2)/9}{10}}{\dfrac{(X_{11}^2+X_{12}^2+\cdots+X_{15}^2)/9}{5}}=\frac{1}{2}\frac{X_1^2+X_2^2+\cdots+X_{10}^2}{X_{11}^2+X_{12}^2+\cdots+X_{15}^2}\sim F(10,5).$$

294 答案 2.

解析 >> 由总体 $X\sim N(0,\sigma^2)$ 知 $X_1,X_2,\cdots,X_{10}$ 相互独立且同分布 $N(0,\sigma^2)$，故 $\dfrac{X_1}{\sigma},\dfrac{X_2}{\sigma},\cdots,\dfrac{X_{10}}{\sigma}$ 均服从 $N(0,1)$，且相互独立，于是

$$\left(\frac{X_1}{\sigma}\right)^2+\cdots+\left(\frac{X_k}{\sigma}\right)^2=\frac{X_1^2+\cdots+X_k^2}{\sigma^2}\sim\chi^2(k),$$

$$\left(\frac{X_{k+1}}{\sigma}\right)^2+\cdots+\left(\frac{X_{10}}{\sigma}\right)^2=\frac{X_{k+1}^2+\cdots+X_{10}^2}{\sigma^2}\sim\chi^2(10-k),$$

且 $\dfrac{X_1^2+\cdots+X_k^2}{\sigma^2}$ 与 $\dfrac{X_{k+1}^2+\cdots+X_{10}^2}{\sigma^2}$ 相互独立，所以由 F 分布的典型模式知

$$T=\frac{\dfrac{X_1^2+\cdots+X_k^2}{\sigma^2}\Big/k}{\dfrac{X_{k+1}^2+\cdots+X_{10}^2}{\sigma^2}\Big/(10-k)}=\frac{10-k}{k}\cdot\frac{X_1^2+\cdots+X_k^2}{X_{k+1}^2+\cdots+X_{10}^2}\sim F(k,10-k).$$

由题意知 $\dfrac{10-k}{k}=4$，解得 $k=2$.

295 答案 (1) $F(1,1)$；(2) 0.05.

解析 >> (1) 由于

$$f(x,y)=\frac{1}{12\pi}\mathrm{e}^{-\frac{1}{72}(9x^2+4y^2-8y+4)}=\frac{1}{2\pi\times2\times3}\mathrm{e}^{-\left(\frac{x^2}{2\times2^2}+\frac{(y-1)^2}{2\times3^2}\right)},$$

因此 (X,Y) 服从二维正态分布 $N(0,1;2^2,3^2;0)$，故 $X\sim N(0,2^2),Y\sim N(1,3^2)$，且 X,Y 相互独立，于是 $\dfrac{X}{2}\sim N(0,1),\left(\dfrac{X}{2}\right)^2\sim\chi^2(1)$，且 $\dfrac{Y-1}{3}\sim N(0,1),\left(\dfrac{Y-1}{3}\right)^2\sim\chi^2(1)$. 因为 $\left(\dfrac{X}{2}\right)^2$ 与 $\left(\dfrac{Y-1}{3}\right)^2$ 相互独立，所以由 F 分布的典型模式知

$$T=\frac{\left(\dfrac{X}{2}\right)^2\Big/1}{\left(\dfrac{Y-1}{3}\right)^2\Big/1}=\frac{9X^2}{4(Y-1)^2}\sim F(1,1).$$

(2) 查 F 分布的上侧 α 分位数表，得 $F_{0.05}(1,1)=161.4$，故 $P\{T>161.4\}=0.05$.

296 答案 6.87.

解析 >> 由总体 $X\sim N(\mu,\sigma^2)$ 得 $\bar{X}\sim N\left(\mu,\dfrac{\sigma^2}{n}\right)$，其中 $n=16$，因此 $\dfrac{\bar{X}-\mu}{\sigma}\sqrt{n}=\dfrac{4(\bar{X}-\mu)}{\sigma}\sim N(0,1)$，已知 $P\{|\bar{X}-\mu|>4\}=0.02$，故

$$P\{|\bar{X}-\mu|>4\}=1-P\{|\bar{X}-\mu|\leqslant4\}=1-P\left\{\left|\frac{4(\bar{X}-\mu)}{\sigma}\right|\leqslant\frac{16}{\sigma}\right\}$$

$$=1-\left[2\Phi\left(\frac{16}{\sigma}\right)-1\right]=2\left[1-\Phi\left(\frac{16}{\sigma}\right)\right]=0.02,$$

即 $\Phi\left(\dfrac{16}{\sigma}\right)=0.99$，查表得 $\dfrac{16}{\sigma}=2.33$，解得 $\sigma\approx6.87$.

297 答案 $\chi^2(n-1)$，$F(1,n-1)$.

解析 >> 由题设及结论 1 知 $\bar{X}\sim N\left(0,\dfrac{1}{n}\right)$，故 $\dfrac{\bar{X}}{\sqrt{\frac{1}{n}}}=\sqrt{n}\bar{X}\sim N(0,1),(\sqrt{n}\bar{X})^2=n\bar{X}^2\sim\chi^2(1)$.

由结论 2 知 $\dfrac{(n-1)S^2}{\sigma^2}=(n-1)S^2\sim\chi^2(n-1)$，所以 $\sum\limits_{i=1}^{n}X_i^2-n\bar{X}^2=\sum\limits_{i=1}^{n}(X_i-\bar{X})^2=(n-1)S^2\sim$

$\chi^2(n-1)$．由 $\bar{X}$ 与 S^2 相互独立得 $n\bar{X}^2$ 与 $(n-1)S^2$ 相互独立，故由 F 分布的典型模式知

$$\frac{(n\bar{X}^2)/1}{[(n-1)S^2]/(n-1)}=\frac{n\bar{X}^2}{S^2}\sim F(1,n-1).$$

298 答案　(1) 0.99；(2) 0.6854．

解析 >> (1) 由总体 $X\sim N(\mu,\sigma^2),n=16$ 得 $\frac{(n-1)S^2}{\sigma^2}=\frac{15S^2}{\sigma^2}\sim\chi^2(15)$，于是

$$P\left\{\frac{S^2}{\sigma^2}\leqslant 2.039\right\}=P\left\{\frac{15S^2}{\sigma^2}\leqslant 30.585\right\}=1-P\left\{\frac{15S^2}{\sigma^2}>30.585\right\},$$

查表得 $\chi^2_{0.01}(15)=30.585$，即 $P\left\{\frac{15S^2}{\sigma^2}>30.585\right\}=0.01$，所以

$$P\left\{\frac{S^2}{\sigma^2}\leqslant 2.039\right\}=1-0.01=0.99.$$

(2) $n=16$，由结论 3 知 $T=\frac{\bar{X}-\mu}{S}\sqrt{n}=\frac{4(\bar{X}-\mu)}{\sqrt{5.32}}\sim t(15)$，因为 t 分布具有对称性，所以

$$P\{|\bar{X}-\mu|<0.6\}=P\left\{\frac{4|\bar{X}-\mu|}{\sqrt{5.32}}<\frac{4\times 0.6}{\sqrt{5.32}}\right\}=2F\left(\frac{4\times 0.6}{\sqrt{5.32}}\right)-1\approx 2F(1.0405)-1.$$

由于 $F(1.0405)=P\{T\leqslant 1.0405\}=1-P\{T>1.0405\}=1-0.1573=0.8427$，因此

$$P\{|\bar{X}-\mu|<0.6\}=2\times 0.8427-1=0.6854.$$

299 答案　(B)．

解析 >> 由 $X_i\sim N(1,\sigma^2)(i=1,2,3,4)$ 且相互独立知

$$X_1-X_2\sim N(0,2\sigma^2),\frac{X_1-X_2}{\sqrt{2\sigma^2}}\sim N(0,1),$$

$$X_3+X_4\sim N(2,2\sigma^2),\frac{X_3+X_4-2}{\sqrt{2\sigma^2}}\sim N(0,1),\frac{(X_3+X_4-2)^2}{2\sigma^2}\sim\chi^2(1).$$

因为 X_1,X_2,X_3,X_4 相互独立，所以 $\frac{X_1-X_2}{\sqrt{2\sigma^2}}$ 与 $\frac{(X_3+X_4-2)^2}{2\sigma^2}$ 相互独立，由 t 分布的典型模式得

$$\frac{\frac{X_1-X_2}{\sqrt{2\sigma^2}}}{\sqrt{\frac{(X_3+X_4-2)^2}{2\sigma^2}\Big/1}}=\frac{X_1-X_2}{|X_3+X_4-2|}\sim t(1).$$

故选 (B)．

300 答案　(D)．

解析 >> 总体 $X\sim N(0,1)$，$X_1,X_2,\cdots,X_n$ 相互独立且同分布 $N(0,1)$．

对于选项 (A)，$\frac{\bar{X}-\mu}{\sigma}\sqrt{n}=\frac{\bar{X}-0}{1}\sqrt{n}=\sqrt{n}\bar{X}\sim N(0,1)$，故 (A) 不正确．

对于选项 (B)，$\frac{(n-1)S^2}{\sigma^2}=(n-1)S^2\sim\chi^2(n-1)$，故 (B) 不正确．

对于选项 (C)，因为 $\sqrt{n}\bar{X} \sim N(0,1),(n-1)S^2 \sim \chi^2(n-1)$，且由 $\bar{X}$ 与 S^2 相互独立得 $\sqrt{n}\bar{X}$ 与 $(n-1)S^2$ 相互独立，所以由 t 分布的典型模式知 $\dfrac{\sqrt{n}\bar{X}}{\sqrt{(n-1)S^2/(n-1)}} = \dfrac{\sqrt{n}\bar{X}}{S} \sim t(n-1)$，故 (C) 不正确．

对于选项 (D)，$X_1 \sim N(0,1), X_1^2 \sim \chi^2(1), \sum\limits_{i=2}^{n} X_i^2 \sim \chi^2(n-1)$，且 X_1^2 与 $\sum\limits_{i=2}^{n} X_i^2$ 相互独立，所以由 F 分布的典型模式知 $\dfrac{X_1^2/1}{\sum\limits_{i=2}^{n} X_i^2 \Big/ (n-1)} = \dfrac{(n-1)X_1^2}{\sum\limits_{i=2}^{n} X_i^2} \sim F(1,n-1)$，(D) 正确．故选 (D)．

301 答案 0.7642．

解析 >> 总体 X 与 Y 均服从 $N(\mu,3)$，且 X 与 Y 相互独立，从两个总体中分别抽取容量为 $n_1=9, n_2=27$ 的样本，则 $\bar{X} \sim N\left(\mu,\dfrac{3}{9}\right), \bar{Y} \sim N\left(\mu,\dfrac{3}{27}\right)$，$\bar{X}$ 与 $\bar{Y}$ 相互独立 $\Rightarrow \bar{X}-\bar{Y} \sim N\left(0,\dfrac{4}{9}\right)$，即

$$U = \frac{\bar{X}-\bar{Y}}{\frac{2}{3}} = \frac{3(\bar{X}-\bar{Y})}{2} \sim N(0,1).$$

于是

$$P\{|\bar{X}-\bar{Y}|>0.2\} = 1-P\left\{\left|\frac{3(\bar{X}-\bar{Y})}{2}\right| < \frac{3\times 0.2}{2}\right\} = 1-[2\Phi(0.3)-1] = 0.7642.$$

302 答案 0.05．

解析 >> $X \sim N(\mu_1,\sigma_1^2), Y \sim N(\mu_2,\sigma_2^2)$，总体 X 与 Y 相互独立，由结论 6 知 $F = \dfrac{S_1^2/\sigma_1^2}{S_2^2/\sigma_2^2} \sim F(m-1,n-1)$，即 $F \sim F(7,9)$，从而

$$P\{\sigma_1^2 < \sigma_2^2\} = P\left\{\frac{\sigma_2^2}{\sigma_1^2} > 1\right\} = P\left\{\frac{S_1^2/\sigma_1^2}{S_2^2/\sigma_2^2} > \frac{S_1^2}{S_2^2}\right\} = P\left\{F > \frac{8.75}{2.66}\right\} \approx P\{F > 3.289\},$$

查表得 $F_{0.05}(7,9) = 3.289$，即 $P\{F>3.289\} = 0.05$，故 $P\{\sigma_1^2 < \sigma_2^2\} = 0.05$．

303 答案 $t(2)$．

解析 >> 由题设及结论 2、结论 4 知 $\dfrac{2S^2}{\sigma^2} = \dfrac{\sum\limits_{i=7}^{9}(X_i-Y_2)^2}{\sigma^2} \sim \chi^2(2)$，且 Y_1, Y_2, S^2 相互独立．因为 $Y_1 = \dfrac{1}{6}(X_1+X_2+\cdots+X_6) \sim N\left(\mu,\dfrac{1}{6}\sigma^2\right), Y_2 = \dfrac{1}{3}(X_7+X_8+X_9) \sim N\left(\mu,\dfrac{1}{3}\sigma^2\right)$，所以 $Y_1-Y_2 \sim N\left(0,\dfrac{1}{2}\sigma^2\right)$，即 $\dfrac{Y_1-Y_2}{\sqrt{\frac{1}{2}\sigma^2}} \sim N(0,1)$．由于 $\dfrac{Y_1-Y_2}{\sqrt{\frac{1}{2}\sigma^2}}$ 与 $\dfrac{2S^2}{\sigma^2}$ 相互独立，因此由 t 分布的

典型模式知

$$Z=\frac{\dfrac{Y_1-Y_2}{\sqrt{\dfrac{1}{2}\sigma^2}}}{\sqrt{\dfrac{2S^2}{\sigma^2}\Big/2}}=\frac{\sqrt{2}(Y_1-Y_2)}{S}\sim t(2).$$

304 答案 (1) σ^2；(2) $t(m+n-2)$.

解析 >> (1) 由于$E(S_1^2)=D(X)=\sigma^2, E(S_2^2)=D(Y)=\sigma^2$，因此

$$E\left[\frac{1}{m-1}\sum_{i=1}^{m}(X_i-\bar{X})^2\right]=\sigma^2, E\left[\frac{1}{n-1}\sum_{j=1}^{n}(Y_j-\bar{Y})^2\right]=\sigma^2,$$

于是

$$E\left[\sum_{i=1}^{m}(X_i-\bar{X})^2\right]=(m-1)\sigma^2, E\left[\sum_{j=1}^{n}(Y_j-\bar{Y})^2\right]=(n-1)\sigma^2,$$

所以

$$E\left[\frac{\sum_{i=1}^{m}\left(X_i-\bar{X}\right)^2+\sum_{j=1}^{n}\left(Y_j-\bar{Y}\right)^2}{m+n-2}\right]=\frac{1}{m+n-2}\left\{E\left[\sum_{i=1}^{m}\left(X_i-\bar{X}\right)^2\right]+E\left[\sum_{j=1}^{n}\left(Y_j-\bar{Y}\right)^2\right]\right\}$$

$$=\frac{1}{m+n-2}[(m-1)\sigma^2+(n-1)\sigma^2]=\sigma^2.$$

(2) 由$X\sim N(\mu_1,\sigma^2), Y\sim N(\mu_2,\sigma^2)$得

$$\bar{X}\sim N\left(\mu_1,\frac{\sigma^2}{m}\right),\bar{Y}\sim N\left(\mu_2,\frac{\sigma^2}{n}\right),$$

故$E(\bar{X})=\mu_1, D(\bar{X})=\dfrac{\sigma^2}{m}, E(\bar{Y})=\mu_2, D(\bar{Y})=\dfrac{\sigma^2}{n}$. 于是

$$E[a(\bar{X}-\mu_1)+b(\bar{Y}-\mu_2)]=a[E(\bar{X})-\mu_1]+b[E(\bar{Y})-\mu_2]=0,$$

$$D[a(\bar{X}-\mu_1)+b(\bar{Y}-\mu_2)]=a^2D(\bar{X})+b^2D(\bar{Y})=a^2\cdot\frac{\sigma^2}{m}+b^2\cdot\frac{\sigma^2}{n}=\left(\frac{a^2}{m}+\frac{b^2}{n}\right)\sigma^2.$$

由总体X与Y相互独立得$\bar{X}$与$\bar{Y}$相互独立且均服从正态分布，故$\bar{X}$与$\bar{Y}$的线性组合仍服从正态分布，即

$$a(\bar{X}-\mu_1)+b(\bar{Y}-\mu_2)\sim N\left(0,\left(\frac{a^2}{m}+\frac{b^2}{n}\right)\sigma^2\right),$$

则

$$U=\frac{a(\bar{X}-\mu_1)+b(\bar{Y}-\mu_2)}{\sqrt{\dfrac{a^2}{m}+\dfrac{b^2}{n}}\cdot\sigma}\sim N(0,1).$$

$\frac{(m-1)S_1^2}{\sigma^2} \sim \chi^2(m-1), \frac{(n-1)S_2^2}{\sigma^2} \sim \chi^2(n-1)$，且 S_1^2 与 S_2^2 相互独立，由 χ^2 分布的性质得

$$S_W^2 = \frac{(m-1)S_1^2}{\sigma^2} + \frac{(n-1)S_2^2}{\sigma^2} \sim \chi^2(m+n-2).$$

U 与 S_W^2 相互独立，故由 t 分布的典型模式知

$$Z = \frac{U}{\sqrt{S_W^2/(m+n-2)}} = \frac{\dfrac{a(\overline{X}-\mu_1)+b(\overline{Y}-\mu_2)}{\sqrt{\dfrac{a^2}{m}+\dfrac{b^2}{n}}\cdot\sigma}}{\sqrt{\left[\dfrac{(m-1)S_1^2}{\sigma^2}+\dfrac{(n-1)S_2^2}{\sigma^2}\right]\Big/(m+n-2)}}$$

$$= \frac{a(\overline{X}-\mu_1)+b(\overline{Y}-\mu_2)}{\sqrt{\dfrac{(m-1)S_1^2+(n-1)S_2^2}{m+n-2}}\sqrt{\dfrac{a^2}{m}+\dfrac{b^2}{n}}} \sim t(m+n-2).$$

第 7 章 参数估计

305 答案 $\hat{\mu}=\bar{X}$，$\hat{\sigma}^2=B_2=\frac{1}{n}\sum_{i=1}^{n}(X_i-\bar{X})^2$.

解析 >> 总体分布含有两个未知参数，且

$$E(X)=\mu,E(X^2)=D(X)+[E(X)]^2=\sigma^2+\mu^2.$$

令$\begin{cases}E(X)=\bar{X}\\E(X^2)=\frac{1}{n}\sum_{i=1}^{n}X_i^2\end{cases}$，解得

$$\hat{\mu}=\bar{X},\hat{\sigma}^2=\frac{1}{n}\sum_{i=1}^{n}X_i^2-(\bar{X})^2=\frac{1}{n}\sum_{i=1}^{n}(X_i-\bar{X})^2=B_2.$$

评注

(1) 本题矩估计的结果适用于任何总体，可以作为结论.

(2) 我们可以直接用样本二阶中心矩 B_2 估计总体二阶中心矩 σ^2，得 $\hat{\sigma}^2=B_2$.

306 答案 $\hat{\theta}=\bar{X}$.

解析 >> 由题设知 X 服从参数为 $\frac{1}{\theta}$ 的指数分布，则期望 $E(X)=\theta$. 令 $E(X)=\bar{X}$，得 θ 的矩估计量 $\hat{\theta}=\bar{X}$.

评注

我们也可以利用期望的定义求期望，$E(X)=\int_{-\infty}^{+\infty}xf(x)\mathrm{d}x=\frac{1}{\theta}\int_{0}^{+\infty}x\mathrm{e}^{-\frac{1}{\theta}x}\mathrm{d}x=\theta$.

307 答案 $\hat{\theta}=\frac{-1+\sqrt{5}}{2}$.

解析 >> 由概率分布得

$$E(X)=1\times(1-\theta)+2(\theta-\theta^2)+3\theta^2=1+\theta+\theta^2.$$

样本均值 $\bar{x}=\frac{1}{6}(2+1+2+3+3+1)=2$，根据矩估计的定义，令 $E(X)=\bar{x}$，即 $1+\theta+\theta^2=2$，解得 $\hat{\theta}=\frac{-1+\sqrt{5}}{2}$ 或 $\hat{\theta}=\frac{-1-\sqrt{5}}{2}$. 因为 $\hat{\theta}=\frac{-1-\sqrt{5}}{2}\notin(0,1)$，所以舍去，因此 θ 的矩估计值 $\hat{\theta}=\frac{-1+\sqrt{5}}{2}$.

【计算器操作】以卡西欧 fx-999CN CW 为例，使用计算器的方程功能. 按◐⌂开机打开主屏幕，选择方程应用，按OK进入.

选择一元二次方程：按⌄OK打开多项式方程菜单，按OK打开二次方程系数输入界面，如图 7-1 所示.

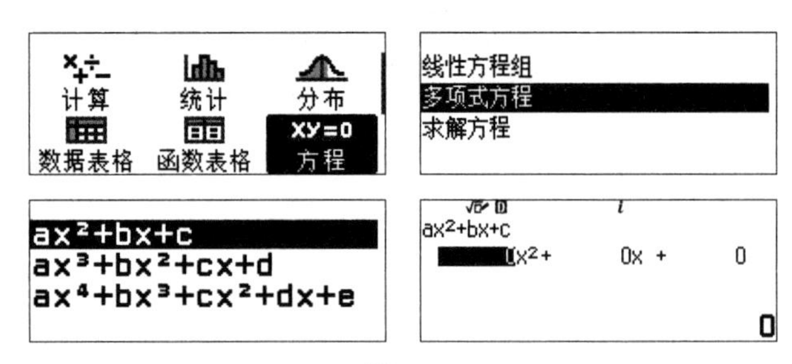

图 7-1

输入系数解方程：每输入一个系数按EXE确认，输完后按EXE EXE分别得到方程的两个解，如图 7-2 所示．

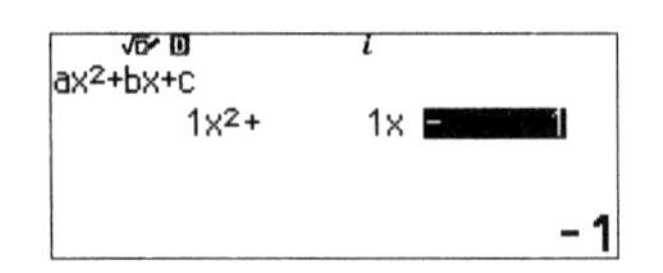

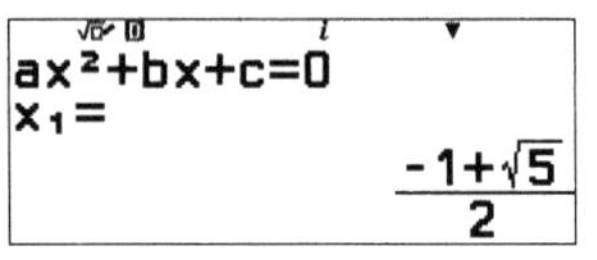

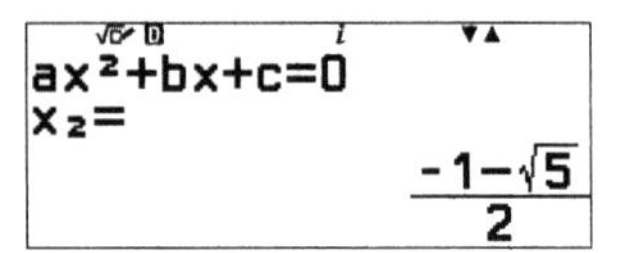

图 7-2

我们也可以先求出矩估计量 $\hat{\theta}=\dfrac{-1+\sqrt{4\bar{X}-3}}{2}$，再代入 $\bar{x}=2$.

308 答案　$\hat{b}=2\bar{X}$.

解析 >> 方法一： 由题意知 $E(X)=\dfrac{b}{2}$．令 $E(X)=\bar{X}$，即 $\dfrac{b}{2}=\bar{X}$，解得 b 的矩估计量 $\hat{b}=2\bar{X}$.

方法二： 因为 X 在区间 $(0,b)$ 上服从均匀分布，所以 $X\sim f(x)=\begin{cases}\dfrac{1}{b}, 0<x<b\\ 0, 其他\end{cases}$，且

$$E(X^2)=\int_{-\infty}^{+\infty}x^2 f(x)\mathrm{d}x=\frac{1}{b}\int_0^b x^2\mathrm{d}x=\frac{1}{3}b^2.$$

令 $E(X^2)=A_2=\dfrac{1}{n}\sum\limits_{i=1}^{n}X_i^2$，即 $\dfrac{1}{3}b^2=\dfrac{1}{n}\sum\limits_{i=1}^{n}X_i^2$，因为 $b>0$，解得 b 的矩估计量 $\hat{b}=\sqrt{\dfrac{3}{n}\sum\limits_{i=1}^{n}X_i^2}$.

方法三： 因为 X 在区间 $(0,b)$ 上服从均匀分布，所以方差 $D(X)=\dfrac{b^2}{12}$．直接用样本二阶中心矩 B_2 估计总体二阶中心矩 $D(X)$，即 $\dfrac{b^2}{12}=B_2=\dfrac{1}{n}\sum\limits_{i=1}^{n}(X_i-\bar{X})^2$．由于 $b>0$，解得 b 的矩估计量 $\hat{b}=\sqrt{\dfrac{12}{n}\sum\limits_{i=1}^{n}(X_i-\bar{X})^2}$.

评 注

本题说明：同一个未知参数的矩估计量可以不唯一，通常选择最低阶（方法一）的那一个.

309 答案 $\hat{p}=\dfrac{\overline{X}}{m}$.

解析>> 总体 X 的概率分布为

$$P\{X=x\}=\mathrm{C}_m^x p^x(1-p)^{m-x}, x=0,1,2,\cdots,m.$$

设 $x_1,x_2,\cdots,x_n$ 为样本观测值，则似然函数

$$\begin{aligned}L(p)=L(x_1,x_2,\cdots,x_n;p)&=\prod_{i=1}^{n}\mathrm{C}_m^{x_i}p^{x_i}(1-p)^{m-x_i}\\&=\left(\prod_{i=1}^{n}\mathrm{C}_m^{x_i}\right)p^{\sum\limits_{i=1}^{n}x_i}(1-p)^{nm-\sum\limits_{i=1}^{n}x_i},\end{aligned}$$

取对数，得

$$\ln L(p)=\ln\left(\prod_{i=1}^{n}\mathrm{C}_m^{x_i}\right)+\left(\sum_{i=1}^{n}x_i\right)\ln p+\left(nm-\sum_{i=1}^{n}x_i\right)\ln(1-p),$$

对参数 p 求导并令其为0，得似然方程

$$\frac{\mathrm{d}\ln L(p)}{\mathrm{d}p}=\frac{1}{p}\sum_{i=1}^{n}x_i-\frac{1}{1-p}\left(nm-\sum_{i=1}^{n}x_i\right)=0,$$

解得 p 的最大似然估计值 $\hat{p}=\dfrac{1}{nm}\sum\limits_{i=1}^{n}x_i=\dfrac{\overline{x}}{m}$，从而 p 的最大似然估计量

$$\hat{p}=\frac{1}{nm}\sum_{i=1}^{n}X_i=\frac{\overline{X}}{m}.$$

310 答案 $\hat{\mu}=\overline{X}$，$\hat{\sigma}^2=\dfrac{1}{n}\sum\limits_{i=1}^{n}(X_i-\overline{X})^2=B_2$.

解析>> 总体 X 的概率密度函数为

$$f(x;\mu,\sigma^2)=\frac{1}{\sqrt{2\pi}\sigma}\mathrm{e}^{-\frac{(x-\mu)^2}{2\sigma^2}},$$

则似然函数

$$L(\mu,\sigma^2)=\prod_{i=1}^{n}f(x_i;\mu,\sigma^2)=\prod_{i=1}^{n}\frac{1}{\sqrt{2\pi}\sigma}\mathrm{e}^{-\frac{(x_i-\mu)^2}{2\sigma^2}}=(2\pi\sigma^2)^{-\frac{n}{2}}\mathrm{e}^{-\frac{1}{2\sigma^2}\sum\limits_{i=1}^{n}(x_i-\mu)^2},$$

取对数，得

$$\ln L(\mu,\sigma^2)=-\frac{n}{2}\ln(2\pi)-\frac{n}{2}\ln\sigma^2-\frac{1}{2\sigma^2}\sum_{i=1}^{n}(x_i-\mu)^2,$$

令

$$\begin{cases}\dfrac{\partial\ln L(\mu,\sigma^2)}{\partial\mu}=\dfrac{1}{\sigma^2}\sum\limits_{i=1}^{n}(x_i-\mu)=0\\\dfrac{\partial\ln L(\mu,\sigma^2)}{\partial\sigma^2}=-\dfrac{n}{2\sigma^2}+\dfrac{1}{2\sigma^4}\sum\limits_{i=1}^{n}(x_i-\mu)^2=0\end{cases},$$

解上述似然方程组，得 μ,σ^2 的最大似然估计值

$$\hat{\mu}=\frac{1}{n}\sum_{i=1}^{n}x_i=\overline{x},\hat{\sigma}^2=\frac{1}{n}\sum_{i=1}^{n}(x_i-\overline{x})^2,$$

从而 μ,σ^2 的最大似然估计量 $\hat{\mu}=\overline{X},\hat{\sigma}^2=\frac{1}{n}\sum_{i=1}^{n}(X_i-\overline{X})^2=B_2$.

311 答案 $\hat{\theta}=\min\{X_1,X_2,\cdots,X_n\}$.

解析 >> 设 $x_1,x_2,\cdots,x_n$ 是样本值，则似然函数

$$L(\theta)=\prod_{i=1}^{n}f(x_i)=\begin{cases}\prod_{i=1}^{n}2\mathrm{e}^{-2(x_i-\theta)}, & x_i\geqslant\theta,i=1,2,\cdots,n\\0, & 其他\end{cases}$$

$$=\begin{cases}2^n\mathrm{e}^{-2\sum_{i=1}^{n}x_i+2n\theta}, & x_i\geqslant\theta,i=1,2,\cdots,n,\\0, & 其他\end{cases}$$

当 $x_i\geqslant\theta,i=1,2,\cdots,n$ 时，取对数，得

$$\ln L(\theta)=n\ln 2-2\sum_{i=1}^{n}x_i+2n\theta.$$

由于 $\frac{\mathrm{d}\ln L(\theta)}{\mathrm{d}\theta}=2n>0$（似然方程无解），因此 $L(\theta)$ 是 θ 的单调递增函数，所以当 θ 最大时，$L(\theta)$ 最大．因为 $\theta\leqslant x_i,i=1,2,\cdots,n$，即 $\theta\leqslant\min\{x_1,x_2,\cdots,x_n\}$，取"="时 θ 达到最大，所以 θ 的最大似然估计值 $\hat{\theta}=\min\{x_1,x_2,\cdots,x_n\}$，最大似然估计量 $\hat{\theta}=\min\{X_1,X_2,\cdots,X_n\}$.

312 答案 $\hat{\theta}=\max\{X_1,X_2,\cdots,X_n\}$.

解析 >> 由题设知总体 X 的密度函数为

$$f(x)=\begin{cases}\frac{1}{\theta-1}, & 1\leqslant x\leqslant\theta\\0, & 其他\end{cases},$$

设 $x_1,x_2,\cdots,x_n$ 是样本值，则似然函数

$$L(\theta)=\prod_{i=1}^{n}f(x_i)=\begin{cases}\frac{1}{(\theta-1)^n}, & 1\leqslant x_i\leqslant\theta,i=1,2,\cdots,n\\0, & 其他\end{cases},$$

当 $1\leqslant x_i\leqslant\theta,i=1,2,\cdots,n$ 时，取对数，得 $\ln L(\theta)=-n\ln(\theta-1)$．由于 $\frac{\mathrm{d}\ln L(\theta)}{\mathrm{d}\theta}=-\frac{n}{\theta-1}<0$（似然方程无解），因此 $L(\theta)$ 是 θ 的单调递减函数，所以当 θ 最小时，$L(\theta)$ 最大．

因为 $\theta\geqslant x_i,i=1,2,\cdots,n$，即 $\theta\geqslant\max\{x_1,x_2,\cdots,x_n\}$，取"="时 θ 达到最小，所以 θ 的最大似然估计值 $\hat{\theta}=\max\{x_1,x_2,\cdots,x_n\}$，最大似然估计量 $\hat{\theta}=\max\{X_1,X_2,\cdots,X_n\}$.

313 答案 (A).

解析 >> 由题意知

$$E(X)=1\times\frac{1-\theta}{2}+2\times\frac{1+\theta}{4}+3\times\frac{1+\theta}{4}=\frac{7}{4}+\frac{3}{4}\theta,$$

令 $E(X)=\bar{X}$，即 $\frac{7}{4}+\frac{3}{4}\theta=\bar{X}$，解得 θ 的矩估计量 $\hat{\theta}=\frac{4}{3}\bar{X}-\frac{7}{3}$. 由样本值 $1,3,2,2,1,3,1,2$ 得 $\bar{x}=\frac{15}{8}$，故 θ 的矩估计值 $\hat{\theta}=\frac{1}{6}$.

因为似然函数

$$L(\theta)=P\{X_1=1,X_2=3,X_3=2,X_4=2,X_5=1,X_6=3,X_7=1,X_8=2\}$$
$$=\left(\frac{1-\theta}{2}\right)^3\left(\frac{1+\theta}{4}\right)^3\left(\frac{1+\theta}{4}\right)^2=\left(\frac{1-\theta}{2}\right)^3\left(\frac{1+\theta}{4}\right)^5,$$

取对数，得

$$\ln L(\theta)=3\ln(1-\theta)-3\ln 2+5\ln(1+\theta)-5\ln 4,$$

令 $\frac{\mathrm{d}\ln L(\theta)}{\mathrm{d}\theta}=-\frac{3}{1-\theta}+\frac{5}{1+\theta}=0$，解得 θ 的最大似然估计值 $\hat{\theta}=\frac{1}{4}$. 故选 (A).

314 答案 (1) $\hat{\theta}=\bar{X}$；(2) $\hat{\theta}=\dfrac{2n}{\sum\limits_{i=1}^{n}\frac{1}{X_i}}$.

解析 >> (1) 因为 $E(X)=\int_{-\infty}^{+\infty}xf(x)\mathrm{d}x=\int_0^{+\infty}x\cdot\frac{\theta^2}{x^3}\mathrm{e}^{-\frac{\theta}{x}}\mathrm{d}x=\theta$，令 $E(X)=\bar{X}$，得参数 θ 的矩估计量 $\hat{\theta}=\bar{X}=\frac{1}{n}\sum\limits_{i=1}^{n}X_i$.

(2) 设 $x_1,x_2,\cdots,x_n$ 是样本值，当 $x_i>0,i=1,2,\cdots,n$ 时，似然函数

$$L(\theta)=\prod_{i=1}^{n}\left(\frac{\theta^2}{(x_i)^3}\mathrm{e}^{-\frac{\theta}{x_i}}\right)=\theta^{2n}\frac{1}{\prod\limits_{i=1}^{n}(x_i)^3}\mathrm{e}^{-\theta\sum\limits_{i=1}^{n}\frac{1}{x_i}},$$

取对数，得

$$\ln L(\theta)=2n\ln\theta-\ln\left[\prod_{i=1}^{n}(x_i)^3\right]-\theta\sum_{i=1}^{n}\frac{1}{x_i},$$

对参数 θ 求导并令其为 0，得似然方程

$$\frac{\mathrm{d}\ln L(\theta)}{\mathrm{d}\theta}=\frac{2n}{\theta}-\sum_{i=1}^{n}\frac{1}{x_i}=0,$$

解得 $\hat{\theta}=\dfrac{2n}{\sum\limits_{i=1}^{n}\frac{1}{x_i}}$，所以 θ 的最大似然估计量 $\hat{\theta}=\dfrac{2n}{\sum\limits_{i=1}^{n}\frac{1}{X_i}}$.

315 答案 (1) $\hat{\theta}=\frac{3}{2}-\bar{X}$；(2) $\hat{\theta}=\frac{N}{n}$.

解析 >> (1) 因为 $E(X)=\int_{-\infty}^{+\infty}xf(x)\mathrm{d}x=\int_0^1 x\cdot\theta\mathrm{d}x+\int_1^2 x\cdot(1-\theta)\mathrm{d}x=\frac{3}{2}-\theta$，令 $E(X)=\bar{X}$，即 $\frac{3}{2}-\theta=\bar{X}$，则 θ 的矩估计量 $\hat{\theta}=\frac{3}{2}-\bar{X}$.

(2) 在样本值$x_1,x_2,\cdots,x_n$中，$0<x_i<1$的有N个，所以$1\leqslant x_j<2$的有$n-N$个，故似然函数

$$L(\theta)=\theta^N(1-\theta)^{n-N},$$

取对数，得

$$\ln L(\theta)=N\ln\theta+(n-N)\ln(1-\theta),$$

令

$$\frac{\mathrm{d}\ln L(\theta)}{\mathrm{d}\theta}=\frac{N}{\theta}-\frac{n-N}{1-\theta}=0,$$

解得θ的最大似然估计$\hat{\theta}=\frac{N}{n}$.

316 答案 (1) $\hat{\beta}=\frac{\bar{X}}{\bar{X}-1}$；(2) $\hat{\beta}=\frac{n}{\sum\limits_{i=1}^{n}\ln X_i}$；(3) $\hat{\alpha}=\min\{X_1,X_2,\cdots,X_n\}$.

解析>> (1) 当$\alpha=1$时，X的分布函数与密度函数分别为

$$F(x;\beta)=\begin{cases}1-\left(\frac{1}{x}\right)^{\beta}, & x\geqslant 1\\ 0, & x<1\end{cases},f(x;\beta)=\begin{cases}\frac{\beta}{x^{\beta+1}}, x\geqslant 1\\ 0, \quad x<1\end{cases}.$$

因为$E(X)=\int_1^{+\infty}x\cdot\frac{\beta}{x^{\beta+1}}\mathrm{d}x=\frac{\beta}{\beta-1}$，根据矩估计的定义，令$E(X)=\bar{X}$，即$\frac{\beta}{\beta-1}=\bar{X}$，解得$\beta$的矩估计量$\hat{\beta}=\frac{\bar{X}}{\bar{X}-1}$.

(2) 当$\alpha=1$时，设样本值为$x_1,x_2,\cdots,x_n$，则似然函数

$$L(\beta)=\prod_{i=1}^{n}f(x_i;\beta)=\begin{cases}\frac{\beta^n}{(x_1x_2\cdots x_n)^{\beta+1}}, & x_i\geqslant 1,i=1,2,\cdots,n\\ 0, & \text{其他}\end{cases},$$

当$x_i\geqslant 1,i=1,2,\cdots,n$时，取对数，得

$$\ln L(\beta)=n\ln\beta-(\beta+1)\ln(x_1x_2\cdots x_n)=n\ln\beta-(\beta+1)\sum_{i=1}^{n}\ln x_i,$$

似然方程

$$\frac{\mathrm{d}\ln L(\beta)}{\mathrm{d}\beta}=\frac{n}{\beta}-\sum_{i=1}^{n}\ln x_i=0,$$

解得β的最大似然估计值$\hat{\beta}=\frac{n}{\sum\limits_{i=1}^{n}\ln x_i}$，最大似然估计量$\hat{\beta}=\frac{n}{\sum\limits_{i=1}^{n}\ln X_i}$.

(3) 当$\beta=2$时，X的分布函数与密度函数分别为

$$F(x;\alpha)=\begin{cases}1-\left(\frac{\alpha}{x}\right)^{2}, & x\geqslant \alpha\\ 0, & x<\alpha\end{cases},f(x;\alpha)=\begin{cases}\frac{2\alpha^2}{x^3}, x\geqslant \alpha\\ 0, \quad x<\alpha\end{cases}.$$

设样本值为 $x_1,x_2,\cdots,x_n$，则似然函数

$$L(\alpha)=\prod_{i=1}^{n}f(x_i;\alpha)=\begin{cases}\dfrac{2^n\alpha^{2n}}{(x_1x_2\cdots x_n)^3}, & x_i\geqslant\alpha,i=1,2,\cdots,n\\0, & \text{其他}\end{cases},$$

当 $x_i\geqslant\alpha,i=1,2,\cdots,n$ 时，$\ln L(\alpha)=n\ln 2+2n\ln\alpha-3\ln(x_1x_2\cdots x_n)$，因为 $\dfrac{\mathrm{d}\ln L(\alpha)}{\mathrm{d}\alpha}=\dfrac{2n}{\alpha}>0$，所以 $L(\alpha)$ 是 α 的单调递增函数，因此当 α 最大时，$L(\alpha)$ 最大．因为 $\alpha\leqslant x_i,i=1,2,\cdots,n$，即 $\alpha\leqslant\min\{x_1,x_2,\cdots,x_n\}$，取"="时 α 达到最大，所以 α 的最大似然估计值 $\hat{\alpha}=\min\{x_1,x_2,\cdots,x_n\}$，最大似然估计量 $\hat{\alpha}=\min\{X_1,X_2,\cdots,X_n\}$．

317 答案 (C)．

解析 >> 因为

$$E(T_1)=\frac{1}{3}[E(X_1)+E(X_2)+E(X_3)]=\frac{1}{3}\times 3\mu=\mu,$$

$$E(T_2)=\frac{1}{3}E(X_1)+\frac{2}{3}E(X_2)=\frac{1}{3}\mu+\frac{2}{3}\mu=\mu,$$

所以 T_1,T_2 都是 μ 的无偏估计，故选项 (A) 正确．

因为 $E(T_1)\neq\sigma^2,E(T_2)\neq\sigma^2$，所以 T_1,T_2 都不是 σ^2 的无偏估计，即选项 (C) 不正确，选项 (D) 正确．

又因为 $T_3=\dfrac{1}{2}\sum\limits_{i=1}^{3}(X_i-\bar{X})^2$ 是样本方差 S^2，所以 $E(T_3)=E(S^2)=D(X)=\sigma^2$，即 T_3 是 σ^2 的无偏估计，因此选项 (B) 正确．故选 (C)．

318 答案 $\dfrac{2}{5n}$．

解析 >> 由总体 X 的密度函数得

$$E(X^2)=\int_{-\infty}^{+\infty}x^2f(x)\mathrm{d}x=\int_{\theta}^{2\theta}x^2\frac{2x}{3\theta^2}\mathrm{d}x=\frac{5}{2}\theta^2,$$

由于统计量 $T=c\sum\limits_{i=1}^{n}X_i^2$ 是 θ^2 的无偏估计，因此 $E(T)=\theta^2$．因为

$$E(T)=c\sum_{i=1}^{n}E(X_i^2)=cnE(X^2)=\frac{5}{2}cn\theta^2,$$

所以 $\dfrac{5}{2}cn\theta^2=\theta^2$，即 $c=\dfrac{2}{5n}$．

319 答案 $-\dfrac{1}{n}$．

解析 >> 由题设知 $E(X)=D(X)=\lambda,E(X^2)=\lambda+\lambda^2$，且

$$E(\bar{X})=\lambda,D(\bar{X})=\frac{1}{n}\lambda,E(S^2)=D(X)=\lambda,$$

$$E[(\bar{X})^2+kS^2]=E[(\bar{X})^2]+kE(S^2)=D(\bar{X})+[E(\bar{X})]^2+kD(X)$$
$$=\frac{1}{n}\lambda+\lambda^2+k\lambda,$$

因为$(\bar{X})^2+kS^2$是λ^2的无偏估计，所以$E[(\bar{X})^2+kS^2]=\lambda^2$，即$\frac{1}{n}\lambda+\lambda^2+k\lambda=\lambda^2$，解得$k=-\frac{1}{n}$.

320 答案 (1) $f_Z(z)=\frac{1}{\sqrt{6\pi}\sigma}\mathrm{e}^{-\frac{z^2}{6\sigma^2}}, z\in(-\infty,+\infty)$；(2) $\hat{\sigma}^2=\frac{1}{3n}\sum_{i=1}^{n}Z_i^2$；(3) $E(\hat{\sigma}^2)=\sigma^2$.

解析>> (1) 因为X与Y相互独立，且$X\sim N(\mu,\sigma^2), Y\sim N(\mu,2\sigma^2)$，所以

$$Z=X-Y\sim N(0,3\sigma^2),$$

故Z的概率密度函数为

$$f_Z(z)=\frac{1}{\sqrt{2\pi}\sqrt{3}\sigma}\mathrm{e}^{-\frac{z^2}{6\sigma^2}}=\frac{1}{\sqrt{6\pi}\sigma}\mathrm{e}^{-\frac{z^2}{6\sigma^2}}, -\infty<z<+\infty.$$

(2) 设$z_1,z_2,\cdots,z_n$为样本$Z_1,Z_2,\cdots,Z_n$的观测值，则似然函数

$$L(\sigma^2)=\prod_{i=1}^{n}f_Z(z_i)=\prod_{i=1}^{n}\frac{1}{\sqrt{6\pi}\sigma}\mathrm{e}^{-\frac{z_i^2}{6\sigma^2}}=\frac{1}{(\sqrt{6\pi})^n(\sigma^2)^{\frac{n}{2}}}\mathrm{e}^{-\frac{\sum_{i=1}^{n}z_i^2}{6\sigma^2}},$$

取对数，得

$$\ln L(\sigma^2)=-n\ln\sqrt{6\pi}-\frac{n}{2}\ln(\sigma^2)-\frac{1}{6\sigma^2}\sum_{i=1}^{n}z_i^2,$$

令

$$\frac{\mathrm{d}\ln L(\sigma^2)}{\mathrm{d}(\sigma^2)}=-\frac{n}{2\sigma^2}+\frac{1}{6\sigma^4}\sum_{i=1}^{n}z_i^2=0,$$

解得$\hat{\sigma}^2=\frac{1}{3n}\sum_{i=1}^{n}z_i^2$，故$\sigma^2$的最大似然估计量$\hat{\sigma}^2=\frac{1}{3n}\sum_{i=1}^{n}Z_i^2$.

(3) 因为$Z=X-Y\sim N(0,3\sigma^2)$，所以$E(Z^2)=D(Z)+[E(Z)]^2=3\sigma^2$，且

$$E(\hat{\sigma}^2)=E\left(\frac{1}{3n}\sum_{i=1}^{n}Z_i^2\right)=\frac{1}{3n}\sum_{i=1}^{n}E(Z_i^2)=\frac{1}{3}E(Z^2)=\sigma^2,$$

因此$\hat{\sigma}^2$是σ^2的无偏估计.

321 答案 Z_4.

解析>> 先求期望验证无偏性，再求方差判断有效性.

$$E(Z_1)=E(X_1)=\mu,$$

$$E(Z_2)=\frac{1}{3}E(X_1)+\frac{2}{3}E(X_2)=\frac{1}{3}\mu+\frac{2}{3}\mu=\mu,$$

$$E(Z_3)=\frac{1}{3}E(X_1)+\frac{1}{3}E(X_2)+\frac{1}{3}E(X_3)=\frac{1}{3}\mu+\frac{1}{3}\mu+\frac{1}{3}\mu=\mu,$$

$$E(Z_4)=\frac{1}{4}[E(X_1)+E(X_2)+E(X_3)+E(X_4)]=\frac{1}{4}\times 4\mu=\mu,$$

即 Z_1,Z_2,Z_3,Z_4 均为 μ 的无偏估计.

因为

$$D(Z_1)=D(X_1)=\sigma^2,$$

$$D(Z_2)=\frac{1}{9}D(X_1)+\frac{4}{9}D(X_2)=\frac{1}{9}\sigma^2+\frac{4}{9}\sigma^2=\frac{5}{9}\sigma^2,$$

$$D(Z_3)=\frac{1}{9}D(X_1)+\frac{1}{9}D(X_2)+\frac{1}{9}D(X_3)=\frac{1}{3}\sigma^2,$$

$$D(Z_4)=\frac{1}{16}[D(X_1)+D(X_2)+D(X_3)+D(X_4)]=\frac{1}{4}\sigma^2,$$

所以 $D(Z_4)<D(Z_3)<D(Z_2)<D(Z_1)$，即 Z_4 最有效.

322 答案 (1) $\hat{\theta}=\frac{1}{n+m}\left(\sum_{i=1}^{n}X_i+\frac{1}{2}\sum_{j=1}^{m}Y_j\right)$；(2) 是；(3) $\hat{\theta}$ 比 $\bar{X}$ 更有效.

解析 >> (1) 由题设知 $X\sim E\left(\frac{1}{\theta}\right),Y\sim E\left(\frac{1}{2\theta}\right)$，即

$$X\sim f_X(x)=\begin{cases}\frac{1}{\theta}\mathrm{e}^{-\frac{1}{\theta}x}, & x>0\\ 0, & x\leqslant 0\end{cases},Y\sim f_Y(y)=\begin{cases}\frac{1}{2\theta}\mathrm{e}^{-\frac{1}{2\theta}y}, & y>0\\ 0, & y\leqslant 0\end{cases}.$$

利用样本值 $x_1,x_2,\cdots,x_n$ 和 $y_1,y_2,\cdots,y_m$，当 $x_i>0,y_j>0,i=1,2,\cdots,n;j=1,2,\cdots,m$ 时，似然函数

$$L(\theta)=\prod_{i=1}^{n}f_X(x_i)\cdot\prod_{j=1}^{m}f_Y(y_j)=\prod_{i=1}^{n}\frac{1}{\theta}\mathrm{e}^{-\frac{1}{\theta}x_i}\cdot\prod_{j=1}^{m}\frac{1}{2\theta}\mathrm{e}^{-\frac{1}{2\theta}y_j}$$

$$=\frac{1}{2^m\theta^{n+m}}\mathrm{e}^{-\frac{1}{\theta}\sum_{i=1}^{n}x_i-\frac{1}{2\theta}\sum_{j=1}^{m}y_j},$$

取对数，得

$$\ln L(\theta)=-m\ln 2-(n+m)\ln\theta-\frac{1}{\theta}\sum_{i=1}^{n}x_i-\frac{1}{2\theta}\sum_{j=1}^{m}y_j,$$

令 $\frac{\mathrm{d}\ln L(\theta)}{\mathrm{d}\theta}=-\frac{n+m}{\theta}+\frac{1}{\theta^2}\sum_{i=1}^{n}x_i+\frac{1}{2\theta^2}\sum_{j=1}^{m}y_j=0$，解得

$$\hat{\theta}=\frac{1}{n+m}\left(\sum_{i=1}^{n}x_i+\frac{1}{2}\sum_{j=1}^{m}y_j\right),$$

故 θ 的最大似然估计量 $\hat{\theta}=\frac{1}{n+m}\left(\sum_{i=1}^{n}X_i+\frac{1}{2}\sum_{j=1}^{m}Y_j\right)$.

(2) 因为

$$E(\hat{\theta})=\frac{1}{n+m}\left(\sum_{i=1}^{n}E(X_i)+\frac{1}{2}\sum_{j=1}^{m}E(Y_j)\right)$$

$$=\frac{1}{n+m}\left(\sum_{i=1}^{n}\theta+\frac{1}{2}\sum_{j=1}^{m}2\theta\right)=\frac{1}{n+m}(n\theta+m\theta)=\theta,$$

所以 $\hat{\theta}$ 是 θ 的无偏估计.

(3) 因为 $E(\bar{X})=\frac{1}{n}\sum_{i=1}^{n}E(X_i)=\theta$，所以 $\bar{X}$ 与 $\hat{\theta}$ 都是 θ 的无偏估计. 又因为

$$D(X_i)=D(X)=\theta^2, D(Y_j)=D(Y)=4\theta^2,$$

$$D(\hat{\theta})=\frac{1}{(n+m)^2}\left(\sum_{i=1}^{n}D(X_i)+\frac{1}{4}\sum_{j=1}^{m}D(Y_j)\right)=\frac{1}{(n+m)^2}(n\theta^2+m\theta^2)=\frac{1}{n+m}\theta^2,$$

$$D(\bar{X})=\frac{1}{n}D(X)=\frac{1}{n}\theta^2,$$

且 $D(\hat{\theta})=\frac{1}{n+m}\theta^2<D(\bar{X})=\frac{1}{n}\theta^2$，所以 $\hat{\theta}$ 比 $\bar{X}$ 更有效.

323答案 证明>> 由大数定律知当 $n\to+\infty$ 时，$\bar{X}=\frac{1}{n}\sum_{i=1}^{n}X_i\xrightarrow{P}\mu,\frac{1}{n}\sum_{i=1}^{n}X_i^2\xrightarrow{P}E(X^2)$.

因为 $S^2=\frac{1}{n-1}\sum_{i=1}^{n}(X_i-\bar{X})^2=\frac{n}{n-1}\left(\frac{1}{n}\sum_{i=1}^{n}X_i^2-(\bar{X})^2\right)$，所以当 $n\to+\infty$ 时，

$\frac{n}{n-1}\to1,\frac{1}{n}\sum_{i=1}^{n}X_i^2\xrightarrow{P}E(X^2),(\bar{X})^2\xrightarrow{P}\mu^2$，即

$$S^2\xrightarrow{P}E(X^2)-\mu^2=D(X)+\mu^2-\mu^2=\sigma^2,$$

故样本方差 S^2 是 σ^2 的相合估计量.

324答案 $\left(\bar{X}-\frac{\sigma_0}{\sqrt{n}}u_{\frac{\alpha}{2}},\bar{X}+\frac{\sigma_0}{\sqrt{n}}u_{\frac{\alpha}{2}}\right)$.

解析>> 由点估计知样本均值 $\bar{X}=\frac{1}{n}\sum_{i=1}^{n}X_i$ 是 μ 的优良估计量，且 $\bar{X}\sim N\left(\mu,\frac{1}{n}\sigma_0^2\right)$，故选取枢轴变量及其分布为 $U=\frac{\bar{X}-\mu}{\sigma_0/\sqrt{n}}\sim N(0,1)$.

根据标准正态分布的对称性质，可求出上分位点 $u_{1-\frac{\alpha}{2}}=-u_{\frac{\alpha}{2}}$ 与 $u_{\frac{\alpha}{2}}$，使得

$$P\left\{-u_{\frac{\alpha}{2}}<U<u_{\frac{\alpha}{2}}\right\}=1-\alpha，即 P\left\{-u_{\frac{\alpha}{2}}<\frac{\bar{X}-\mu}{\sigma_0/\sqrt{n}}<u_{\frac{\alpha}{2}}\right\}=1-\alpha.$$

解上式中的参数 μ，得

$$P\left\{\bar{X}-\frac{\sigma_0}{\sqrt{n}}u_{\frac{\alpha}{2}}<\mu<\bar{X}+\frac{\sigma_0}{\sqrt{n}}u_{\frac{\alpha}{2}}\right\}=1-\alpha,$$

即参数 μ 的置信度为 $1-\alpha$ 的置信区间为 $\left(\bar{X}-\frac{\sigma_0}{\sqrt{n}}u_{\frac{\alpha}{2}},\bar{X}+\frac{\sigma_0}{\sqrt{n}}u_{\frac{\alpha}{2}}\right)$.

评注

枢轴变量 G 需满足两个条件：(1) G 的分布已知，查表可求出上分位点；(2) G 中含且只含待估的参数是未知的，其余都是样本已知的函数.

325 答案 (1) $(39.51,40.49)$；(2) $(39.467,40.533)$.

解析 >> (1) 当 $\sigma^2=1$ 时，选取枢轴变量

$$U=\frac{\bar{X}-\mu}{\sigma_0/\sqrt{n}}\sim N(0,1),$$

由置信度 $1-\alpha=0.95\Rightarrow\alpha=0.05$. 因为 $P\left\{|U|<u_{\frac{\alpha}{2}}\right\}=1-\alpha$，所以

$$P\left\{|U|<u_{\frac{0.05}{2}}\right\}=1-0.05=0.95,$$

故 $2\Phi(u_{0.025})-1=0.95$，即 $\Phi(u_{0.025})=0.975$. 查标准正态分布函数表，得分位点 $u_{0.025}=1.96$.

将 $\bar{x}=40,n=16,\sigma_0=1$ 代入 $\left(\bar{X}-\frac{\sigma_0}{\sqrt{n}}u_{\frac{\alpha}{2}},\bar{X}+\frac{\sigma_0}{\sqrt{n}}u_{\frac{\alpha}{2}}\right)$，则 μ 的置信度为 0.95 的置信区间为 $\left(40-\frac{1}{\sqrt{16}}u_{0.025},40+\frac{1}{\sqrt{16}}u_{0.025}\right)$，即 $(39.51,40.49)$.

(2) 当 σ^2 未知时，参数 μ 的置信度为 $1-\alpha$ 的置信区间为

$$\left(\bar{X}-\frac{S}{\sqrt{n}}t_{\frac{\alpha}{2}}(n-1),\bar{X}+\frac{S}{\sqrt{n}}t_{\frac{\alpha}{2}}(n-1)\right).$$

将 $\bar{x}=40,n=16,s=1,t_{\frac{0.05}{2}}(16-1)=t_{0.025}(15)=2.131$ 代入，得 μ 的置信度为 0.95 的置信区间为 $\left(40-\frac{1}{\sqrt{16}}\times2.131,40+\frac{1}{\sqrt{16}}\times2.131\right)$，即 $(39.467,40.533)$.

326 答案 $(8.2,10.8)$.

解析 >> 无论总体方差 σ^2 是否已知，μ 的置信区间都关于样本均值 $\bar{x}=9.5$ 对称，即 μ 的置信区间为 $(9.5-a,9.5+a)$. 因为置信区间的上限是 10.8，所以 $9.5+a=10.8$，即 $a=1.3$，则置信区间的下限是 $9.5-1.3=8.2$，故 μ 的置信度为 0.9 的双侧置信区间为 $(8.2,10.8)$.

327 答案 $(0.021,0.471)$.

解析 >> 因为均值 μ 未知，所以方差 σ^2 的置信区间为

$$\left(\frac{\sum_{i=1}^{n}(X_i-\bar{X})^2}{\chi^2_{\frac{\alpha}{2}}(n-1)},\frac{\sum_{i=1}^{n}(X_i-\bar{X})^2}{\chi^2_{1-\frac{\alpha}{2}}(n-1)}\right).$$

这里 $n=5,\alpha=0.05$，查标准正态分布函数表，得分位点

$$\chi^2_{\frac{0.05}{2}}(5-1)=\chi^2_{0.025}(4)=11.1,\chi^2_{1-\frac{0.05}{2}}(5-1)=\chi^2_{0.975}(4)=0.484.$$

计算得

$$\bar{x}=\frac{1}{5}(14.6+15.1+14.9+15.2+15.1)=14.98,$$

$$\sum_{i=1}^{5}(x_i-\bar{x})^2=(14.6-14.98)^2+(15.1-14.98)^2+(14.9-14.98)^2+$$

$$(15.2-14.98)^2+(15.1-14.98)^2=0.228,$$

$$\frac{\sum_{i=1}^{5}(x_i-\bar{x})^2}{\chi^2_{0.025}(4)}=\frac{0.228}{11.1}\approx 0.021,\frac{\sum_{i=1}^{5}(x_i-\bar{x})^2}{\chi^2_{0.975}(4)}=\frac{0.228}{0.484}\approx 0.471,$$

于是每个滚珠的直径方差σ^2的置信区间为$(0.021,0.471)$.

328 答案 385.

解析 >> 设至少需要随机调查n名游客，X_i表示“第i名游客的消费额”，$i=1,2,\cdots,n$. $X_1,X_2,\cdots,X_n$是来自总体$X\sim N(\mu,500^2)$的样本，由点估计知样本均值$\bar{X}$是μ的优良估计量，使这个估计的绝对误差小于50元，即$|\bar{X}-\mu|<50$，且置信度不小于0.95，即

$$P\{|\bar{X}-\mu|<50\}\geqslant 0.95,$$

故

$$P\left\{\left|\frac{\bar{X}-\mu}{\sigma/\sqrt{n}}\right|<\frac{50}{\sigma/\sqrt{n}}\right\}\geqslant 0.95 \tag{①}$$

因为方差$\sigma^2=500^2$已知，求μ的置信度为0.95的置信区间时，有

$$P\left\{\left|\frac{\bar{X}-\mu}{\sigma/\sqrt{n}}\right|<u_{\frac{\alpha}{2}}\right\}=0.95 \tag{②}$$

且$u_{\frac{\alpha}{2}}=u_{\frac{0.05}{2}}=1.96$，比较①式和②式，得$\frac{50}{\sigma/\sqrt{n}}\geqslant u_{\frac{\alpha}{2}}=1.96$，代入$\sigma=500$，解得$n\geqslant 384.16$，故至少需要随机调查385名游客，才能有不小于0.95的把握使得用调查所得的$\hat{\mu}=\bar{x}$去估计真值μ时，其绝对误差$|\bar{x}-\mu|$小于50元.

329 答案 $(-8.058,-0.342)$.

解析 >> 两个总体的方差都已知，选择的枢轴变量为

$$U=\frac{\bar{X}-\bar{Y}-(\mu_1-\mu_2)}{\sqrt{\frac{\sigma_1^2}{n_1}+\frac{\sigma_2^2}{n_2}}}\sim N(0,1),$$

由置信度为90%及$P\left\{|U|<u_{\frac{\alpha}{2}}\right\}=1-\alpha=0.9$得

$$2\Phi(u_{\frac{\alpha}{2}})-1=0.9\Rightarrow\Phi(u_{\frac{\alpha}{2}})=0.95,$$

查标准正态分布函数表，得$u_{\frac{\alpha}{2}}=u_{\frac{0.1}{2}}=1.645$，则

$$P\left\{\left|\frac{\overline{X}-\overline{Y}-(\mu_1-\mu_2)}{\sqrt{\frac{\sigma_1^2}{n_1}+\frac{\sigma_2^2}{n_2}}}\right|<1.645\right\}=0.9,$$

代入$\sqrt{\frac{\sigma_1^2}{n_1}+\frac{\sigma_2^2}{n_2}}=\sqrt{\frac{25}{10}+\frac{36}{12}}\approx 2.345, 1.645\times 2.345\approx 3.858$得

$$P\{\overline{X}-\overline{Y}-3.858<\mu_1-\mu_2<\overline{X}-\overline{Y}+3.858\}=0.9.$$

将$\overline{x}=19.8,\overline{y}=24$代入，得$\mu_1-\mu_2$的置信度为90%的置信区间为

$$(19.8-24-3.858, 19.8-24+3.858)=(-8.058,-0.342).$$

本题可以直接代入$\left(\overline{X}-\overline{Y}-u_{\frac{\alpha}{2}}\sqrt{\frac{\sigma_1^2}{n_1}+\frac{\sigma_2^2}{n_2}}, \overline{X}-\overline{Y}+u_{\frac{\alpha}{2}}\sqrt{\frac{\sigma_1^2}{n_1}+\frac{\sigma_2^2}{n_2}}\right)$中求解.

330 答案 (0.01576,0.20024).

解析>> 设男生和女生的身高分别记为X,Y，由题意知$X\sim N(\mu_1,\sigma^2),Y\sim N(\mu_2,\sigma^2)$. 由于$X$与$Y$相互独立，总体方差未知但相等，因此$\mu_1-\mu_2$的置信区间为

$$\left(\overline{X}-\overline{Y}-t_{\frac{\alpha}{2}}(n_1+n_2-2)S_w\sqrt{\frac{1}{n_1}+\frac{1}{n_2}}, \overline{X}-\overline{Y}+t_{\frac{\alpha}{2}}(n_1+n_2-2)S_w\sqrt{\frac{1}{n_1}+\frac{1}{n_2}}\right),$$

其中，$S_w=\sqrt{\frac{(n_1-1)S_1^2+(n_2-1)S_2^2}{n_1+n_2-2}}$. 这里$n_1=n_2=5,\alpha=0.05$，查$t$分布表得分位点$t_{\frac{\alpha}{2}}(n_1+n_2-2)=t_{0.025}(8)=2.306$，计算得

$$\overline{x}=1.718,\overline{y}=1.61,$$

$$(n_1-1)s_1^2=\sum_{i=1}^{5}(x_i-\overline{x})^2=0.01728,$$

$$(n_2-1)s_2^2=\sum_{j=1}^{5}(y_j-\overline{y})^2=0.016,$$

$$s_w=\sqrt{\frac{(n_1-1)s_1^2+(n_2-1)s_2^2}{n_1+n_2-2}}=\sqrt{\frac{0.01728+0.016}{8}}\approx\sqrt{0.004},$$

$$\overline{x}-\overline{y}-t_{0.025}(8)s_w\sqrt{\frac{1}{5}+\frac{1}{5}}=1.718-1.61-2.306\times\sqrt{0.004\times\frac{2}{5}}=0.01576,$$

$$\overline{x}-\overline{y}+t_{0.025}(8)s_w\sqrt{\frac{1}{5}+\frac{1}{5}}=1.718-1.61+2.306\times\sqrt{0.004\times\frac{2}{5}}=0.20024,$$

所以男生和女生平均身高之差的置信度为95%的置信区间为(0.01576,0.20024).

331 答案 (0.213,1.065).

解析>> 由题意得

$$\overline{x}=\frac{1}{25}\sum_{i=1}^{25}x_i=4,\overline{y}=\frac{1}{15}\sum_{j=1}^{15}y_j=7,$$

样本方差分别为

$$s_1^2=\frac{1}{25-1}\left(\sum_{i=1}^{25}x_i^2-25\overline{x}^2\right)=5,s_2^2=\frac{1}{15-1}\left(\sum_{j=1}^{15}y_j^2-15\overline{y}^2\right)=10.$$

置信度为0.9，即$\alpha=0.1$，查F分布表得

$$F_{\frac{\alpha}{2}}(n_1-1,n_2-1)=F_{0.05}(24,14)=2.35,F_{\frac{\alpha}{2}}(n_2-1,n_1-1)=F_{0.05}(14,24)=2.13.$$

代入$\dfrac{\sigma_1^2}{\sigma_2^2}$的置信区间$\left(\dfrac{S_1^2}{S_2^2}\dfrac{1}{F_{\frac{\alpha}{2}}(n_1-1,n_2-1)},\dfrac{S_1^2}{S_2^2}\dfrac{1}{F_{1-\frac{\alpha}{2}}(n_1-1,n_2-1)}\right)$中，得

$$\left(\frac{5}{10}\times\frac{1}{F_{0.05}(24,14)},\frac{5}{10}\times\frac{1}{F_{0.95}(24,14)}\right),$$

由F分布的性质知$\dfrac{1}{F_{0.95}(24,14)}=F_{0.05}(14,24)=2.13$，代入上式，得$\dfrac{\sigma_1^2}{\sigma_2^2}$的置信度为0.9的置信区间为$\left(\dfrac{5}{10}\times\dfrac{1}{2.35},\dfrac{5}{10}\times2.13\right)\approx(0.213,1.065)$.

第 8 章　假设检验

332 答案　(B).

解析 >> 一般来说，在样本容量给定后，减小犯一类错误的概率，就会增大犯另一类错误的概率．通常的做法是先控制犯第一类错误的概率 α，再设法使犯第二类错误的概率减小．若要犯两类错误的概率都减小，只有增大样本容量．故选 (B).

333 答案　0.0328，0.6331.

解析 >> 拒绝 H_0 的条件：$\bar{x} \geqslant 0.5$，即 $\sum_{i=1}^{10} x_i \geqslant 5$．因为总体 X 服从参数为 p 的 0－1 分布，所以 $\sum_{i=1}^{10} X_i \sim B(10,p)$．犯第一类错误的概率为 $P\{拒绝H_0 \mid H_0为真\}=\alpha$．当 H_0 为真，即 $p=0.2$ 时，拒绝 H_0 的概率为

$$\alpha = P\left\{\sum_{i=1}^{10} X_i \geqslant 5\right\}=\sum_{k=5}^{10} \mathrm{C}_{10}^{k} p^{k}(1-p)^{10-k}=\sum_{k=5}^{10} \mathrm{C}_{10}^{k}(0.2)^{k}(0.8)^{10-k} \approx 0.0328.$$

犯第二类错误的概率为 $P\{接受H_0 \mid H_0不真\}=\beta$．当 H_0 不真，即 $p=0.4$ 时，接受 H_0 的概率为

$$\beta = P\left\{\sum_{i=1}^{10} X_i < 5\right\}=\sum_{k=0}^{4} \mathrm{C}_{10}^{k} p^{k}(1-p)^{10-k}=\sum_{k=0}^{4} \mathrm{C}_{10}^{k}(0.4)^{k}(0.6)^{10-k} \approx 0.6331.$$

334 答案　$\frac{1}{4}$，$\frac{9}{16}$.

解析 >> $\alpha = P\{拒绝H_0 \mid H_0为真\}=P\left\{X_1 \geqslant \frac{3}{2} \middle| H_0为真\right\}=\int_{\frac{3}{2}}^{2} \frac{1}{2}\mathrm{d}x=\frac{1}{4}$,

$$\beta = P\{接受H_0 \mid H_0不真\}=P\left\{X_1 < \frac{3}{2} \middle| H_1为真\right\}=\int_{0}^{\frac{3}{2}} \frac{x}{2}\mathrm{d}x=\frac{9}{16}.$$

335 答案　(B).

解析 >> 由拒绝域 $W=\{(x_1,x_2,\cdots,x_{16}) \mid \bar{x} \geqslant 11\}$ 得接受域

$$\bar{W}=\{(x_1,x_2,\cdots,x_{16}) \mid \bar{x}<11\}.$$

犯第二类错误的概率 $\beta=P\{接受H_0 \mid H_0不真\}$．已知总体 $X \sim N(\mu,4), \mu=11.5>10$，即 H_0 不真，这时有 $X \sim N(11.5,4)$．因为 $\bar{X} \sim N\left(\mu,\frac{\sigma^2}{n}\right)$，即 $\bar{X} \sim N\left(11.5,\frac{1}{4}\right)$，所以

$$\beta = P\{\bar{X}<11 \mid H_0不真\}=P\left\{\frac{\bar{X}-11.5}{\sqrt{\frac{1}{4}}}<\frac{11-11.5}{\sqrt{\frac{1}{4}}}\right\}$$

$$=P\left\{\frac{\bar{X}-11.5}{\frac{1}{2}}<-1\right\}=\Phi(-1)=1-\Phi(1).$$

故选 (B).

336 答案 拒绝 H_0，认为驾车人士平均加油量并非 12 加仑.

解析 >> 这是一个正态总体下，方差 $\sigma^2=3.2^2$ 已知，均值 μ 的双侧检验问题.

依题意，建立假设 $H_0:\mu=12,H_1:\mu\neq 12$.

这时，选取检验统计量 $U=\dfrac{\bar{X}-\mu_0}{\sigma_0/\sqrt{n}}=\dfrac{\bar{X}-12}{3.2/\sqrt{n}}$，$H_0$ 为真时，$U\sim N(0,1)$.

显著性水平 $\alpha=0.05$，查表得 $u_{\frac{\alpha}{2}}=u_{0.025}=1.96$，故拒绝域

$$W=\{(x_1,x_2,\cdots,x_n)\,\|\,u\,|\geqslant u_{\frac{\alpha}{2}}\}=\{(x_1,x_2,\cdots,x_{100})\,\|\,u\,|\geqslant 1.96\}.$$

已知 $\bar{x}=13.5,n=100$，计算得检验统计量的观测值

$$u=\frac{13.5-12}{3.2/\sqrt{100}}=4.6875.$$

因为 $|u|=4.6875>1.96$，所以拒绝 H_0，认为驾车人士平均加油量并非 12 加仑.

337 答案 接受 H_0，认为该乳品公司该品牌甜奶粉的蔗糖含量不超标.

解析 >> 这是一个正态总体下，方差 $\sigma^2=20$ 已知，均值 μ 的右侧检验问题.

依题意，建立假设 $H_0:\mu\leqslant 100,H_1:\mu>100$.

这时，选取检验统计量 $U=\dfrac{\bar{X}-\mu_0}{\sigma_0/\sqrt{n}}=\dfrac{\bar{X}-100}{\sqrt{20}/\sqrt{n}}$，$H_0$ 为真时，$U\sim N(0,1)$.

显著性水平 $\alpha=0.05$，查表得 $u_\alpha=u_{0.05}=1.645$，故拒绝域

$$W=\{(x_1,x_2,\cdots,x_5)\,|\,u\geqslant 1.645\}.$$

由已知得 $\bar{x}=103.2,n=5$，计算得检验统计量的观测值

$$u=\frac{103.2-100}{\sqrt{20}/\sqrt{5}}=1.6.$$

因为 $u=1.6<1.645$，所以接受 H_0，认为该乳品公司该品牌甜奶粉的蔗糖含量不超标.

338 答案 拒绝 H_0，认为封装机的运行不正常.

解析 >> 这是一个正态总体下，方差 σ^2 未知，均值 μ 的双侧检验问题.

依题意，建立假设 $H_0:\mu=10,H_1:\mu\neq 10$.

这时，选取检验统计量 $T=\dfrac{\bar{X}-\mu_0}{S/\sqrt{n}}=\dfrac{\bar{X}-10}{S/\sqrt{n}}$，$H_0$ 为真时，$T\sim t(n-1)$.

显著性水平 $\alpha=0.05$，已知 $n=8$，查表得 $t_{\frac{\alpha}{2}}(n-1)=t_{0.025}(7)=2.365$，故拒绝域

$$W=\{(x_1,x_2,\cdots,x_n)\,|\,|t|\geqslant t_{\frac{\alpha}{2}}(n-1)\}=\{(x_1,x_2,\cdots,x_8)\,|\,|t|\geqslant 2.365\}.$$

由题意得 $\bar{x}\approx 9.91, s\approx 0.08$，于是检验统计量的观测值

$$t=\frac{\bar{x}-\mu_0}{s/\sqrt{n}}=\frac{9.91-10}{0.08/\sqrt{8}}\approx -3.18.$$

因为 $|t|=3.18>2.365$，所以拒绝 H_0，认为封装机的运行不正常.

【计算器操作】以卡西欧 fx-999CN CW 为例，使用计算器的统计功能计算平均值与标准差. 按开机打开主屏幕，选择统计应用，按进入.

选择单变量统计：按打开单变量统计数据输入界面，如图 8-1 所示.

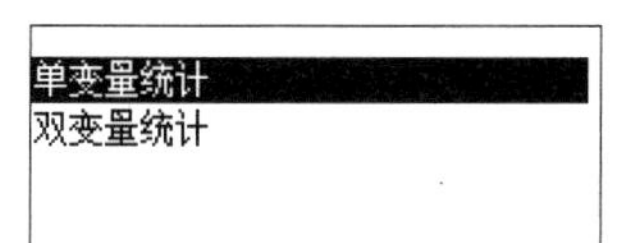

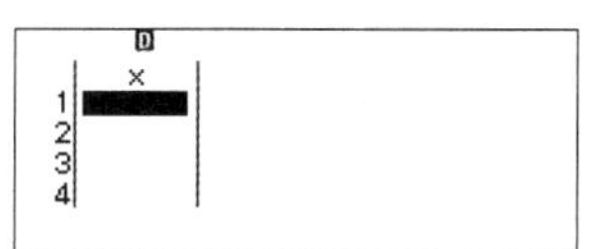

图 8-1

输入数据进行统计计算：将麦芯粉的重量输入到计算器中的 x 列，每输入一个数据按确认，输完后按得到结果，如图 8-2 所示.

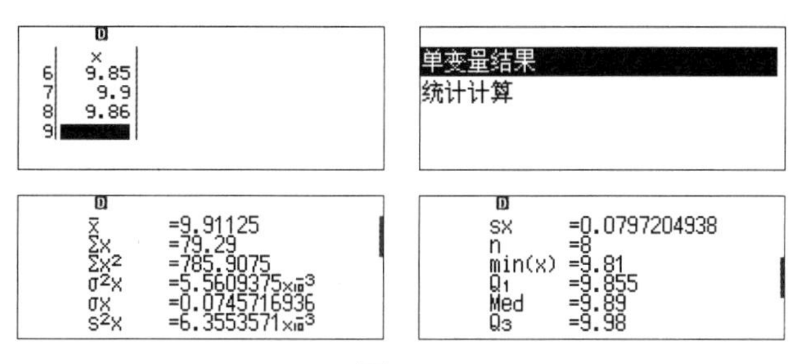

图 8-2

339 答案 拒绝 H_0，认为出厂的产品存在质量问题.

解析 >> 这是一个正态总体下，方差 σ^2 未知，均值 μ 的左侧检验问题.

依题意，建立假设 $H_0: \mu\geqslant 18, H_1: \mu<18$.

这时，选取检验统计量 $T=\dfrac{\bar{X}-\mu_0}{S/\sqrt{n}}=\dfrac{\bar{X}-18}{S/\sqrt{n}}$，$H_0$ 为真时，$T\sim t(n-1)$.

显著性水平 $\alpha=0.05$，已知 $n=9$，查表得 $t_\alpha(n-1)=t_{0.05}(8)=1.86$，故拒绝域

$$W=\{(x_1,x_2,\cdots,x_n)\,|\,t\leqslant -t_\alpha(n-1)\}=\{(x_1,x_2,\cdots,x_9)\,|\,t\leqslant -1.86\}.$$

已知 $\bar{x}=17.5, s=0.7416$，于是检验统计量的观测值

$$t=\frac{\bar{x}-\mu_0}{s/\sqrt{n}}=\frac{17.5-18}{0.7416/\sqrt{9}}\approx -2.023.$$

因为 $t=-2.023<-1.86$，所以拒绝 H_0，认为出厂的产品存在质量问题.

340 答案 $\dfrac{\bar{X}\sqrt{n(n-1)}}{Q}$.

解析 >> 这是一个正态总体下，方差 σ^2 未知，均值 μ 的检验问题.

选取检验统计量 $T=\dfrac{\bar{X}-\mu_0}{S/\sqrt{n}}=\dfrac{\bar{X}-0}{S/\sqrt{n}}$，其中

$$S=\sqrt{\frac{1}{n-1}\sum_{i=1}^{n}(X_i-\bar{X})^2}=\sqrt{\frac{Q^2}{n-1}}.$$

所以 $T=\dfrac{\bar{X}}{S/\sqrt{n}}=\dfrac{\bar{X}}{\sqrt{\dfrac{Q^2}{n-1}}\Big/\sqrt{n}}=\dfrac{\bar{X}\sqrt{n(n-1)}}{Q}$.

341 答案 25.

解析 >> 这是一个正态总体下，方差 $\sigma^2=25$ 已知，均值 μ 的双侧检验问题.

H_0 为真时，选取检验统计量 $U=\dfrac{\bar{X}-\mu_0}{\sigma/\sqrt{n}}=\dfrac{\bar{X}-\mu_0}{5/\sqrt{n}}$，则 $U\sim N(0,1)$.

由已知的拒绝域知 $P\{|\bar{X}-\mu_0|\geqslant 1.96\}=0.05$，则 $P\{|\bar{X}-\mu_0|<1.96\}=0.95$，即

$P\left\{\left|\dfrac{\bar{X}-\mu_0}{5/\sqrt{n}}\right|<\dfrac{1.96}{5/\sqrt{n}}\right\}=2\Phi\left(\dfrac{1.96}{5/\sqrt{n}}\right)-1=0.95$，得 $\Phi\left(\dfrac{1.96}{5/\sqrt{n}}\right)=0.975$.

查表知 $\Phi(1.96)=0.975$，所以 $\dfrac{1.96}{5/\sqrt{n}}=1.96$，解得 $n=25$.

342 答案 (D).

解析 >> **方法一：** 检验水平 α 为假设检验犯第一类错误的概率，即在 H_0 为真的条件下，拒绝 H_0 而犯错误的概率. 显然当 α 变小时，拒绝 H_0 的范围应变小，接受 H_0 的范围应变大，所以在 $\alpha=0.05$ 的条件下接受 H_0，那么在 $\alpha=0.01$ 的条件下必接受 H_0. 故选 (D). 选项 (A)、选项 (B)、选项 (C) 均不成立.

方法二： 不妨设为"σ^2 已知，均值的双侧检验问题". 在检验水平 $\alpha=0.05$ 下，对于检验统计量的观测值 u，当 $|u|\geqslant u_{0.025}$ 时，拒绝 H_0. 在检验水平 $\alpha=0.01$ 下，当 $|u|\geqslant u_{0.005}$ 时，拒绝 H_0. 因为 $u_{0.025}<u_{0.005}$，故 $\{|u|<u_{0.025}\}\subset\{|u|<u_{0.005}\}$，所以若 $u\in\{|u|<u_{0.025}\}$，即接受 H_0，必有 $u\in\{|u|<u_{0.005}\}$，即接受 H_0. 因此，如果在检验水平 $\alpha=0.05$ 下接受 H_0，那么在检验水平 $\alpha=0.01$ 下必接受 H_0. σ^2 未知时的检验类似. 故选 (D). 选项 (A)、选项 (B)、选项 (C) 均不成立.

343 答案 接受 H_0，认为这批电池的寿命波动性没有变化.

解析 >> 这是一个正态总体下，均值 μ 未知，方差 σ^2 的双侧检验问题.

依题意，建立假设 $H_0:\sigma^2=5000, H_1:\sigma^2\neq 5000$.

H_0 为真时，选取检验统计量 $\chi^2=\dfrac{(n-1)S^2}{\sigma_0^2}=\dfrac{(n-1)S^2}{5000}$，则 $\chi^2\sim\chi^2(n-1)$，其中 $n=26$.

显著性水平 $\alpha=0.01$，查表得临界值

$$\chi^2_{1-\frac{\alpha}{2}}(n-1)=\chi^2_{0.995}(25)=10.5,\chi^2_{\frac{\alpha}{2}}(n-1)=\chi^2_{0.005}(25)=46.9.$$

所以，拒绝域

$$W=\{(x_1,x_2,\cdots,x_{26})\mid\chi^2\leqslant 10.5 \text{ 或 } \chi^2\geqslant 46.9\}.$$

由 $s^2=9200$ 得检验统计量的观测值

$$\chi^2=\frac{(n-1)s^2}{\sigma_0^2}=\frac{(26-1)\times 9200}{5000}=46.$$

因为 $10.5<\chi^2=46<46.9$，所以接受 H_0，认为这批电池的寿命波动性没有变化.

344 答案 (D).

解析 >> 这是一个正态总体下，均值 μ 未知，方差 σ^2 的左侧检验问题.

选取检验统计量 $\chi^2=\dfrac{(n-1)S^2}{\sigma_0^2}$，$H_0$ 为真时，$\chi^2\sim\chi^2(n-1)$，其中 $n=10$.

显著性水平 $\alpha=0.05$，查表得临界值 $\chi^2_{1-\alpha}(n-1)=\chi^2_{0.95}(9)=3.33$，所以拒绝域

$$W=\{(x_1,x_2,\cdots,x_{10})\mid\chi^2\leqslant 3.33\}.$$

故选 (D).

345 答案 $\chi^2=\dfrac{9S^2}{64}$，$\chi^2(9)$，$W=\{(x_1,x_2,\cdots,x_{10})\mid\chi^2\geqslant 16.9\}$.

解析 >> 这是一个正态总体下，均值 μ 未知，方差 σ^2 的右侧检验问题.

已知 $n=10$，选取检验统计量 $\chi^2=\dfrac{(n-1)S^2}{\sigma_0^2}=\dfrac{9S^2}{64}$，$H_0$ 为真时，$\chi^2\sim\chi^2(n-1)=\chi^2(9)$.

显著性水平 $\alpha=0.05$，查表得临界值 $\chi^2_{\alpha}(n-1)=\chi^2_{0.05}(9)=16.9$，所以拒绝域

$$W=\{(x_1,x_2,\cdots,x_{10})\mid\chi^2\geqslant 16.9\}.$$

346 答案 拒绝 H_0，认为这两所学校的考生的平均成绩有显著差异.

解析 >> 这是两个正态总体下，方差 σ_1^2,σ_2^2 已知，均值差异的双侧检验问题.

依题意，建立假设 $H_0:\mu_1=\mu_2,H_1:\mu_1\neq\mu_2$.

H_0 为真时，选取检验统计量 $U=\dfrac{\overline{X}-\overline{Y}}{\sqrt{\dfrac{\sigma_1^2}{n_1}+\dfrac{\sigma_2^2}{n_2}}}=\dfrac{\overline{X}-\overline{Y}}{\sqrt{\dfrac{12^2}{n_1}+\dfrac{14^2}{n_2}}}$，则 $U\sim N(0,1)$.

显著性水平 $\alpha=0.05$，查表得 $u_{\frac{\alpha}{2}}=u_{0.025}=1.96$，故拒绝域

$$\begin{aligned}W&=\{(x_1,x_2,\cdots,x_{n_1};y_1,y_2,\cdots,y_{n_2})\mid |u|\geqslant u_{\frac{\alpha}{2}}\}\\&=\{(x_1,x_2,\cdots,x_{36};y_1,y_2,\cdots,y_{49})\mid |u|\geqslant 1.96\}.\end{aligned}$$

已知 $\overline{x}=72,\overline{y}=78,n_1=36,n_2=49$，计算得检验统计量的观测值

$$u=\frac{\bar{x}-\bar{y}}{\sqrt{\frac{12^2}{n_1}+\frac{14^2}{n_2}}}=\frac{72-78}{\sqrt{\frac{12^2}{36}+\frac{14^2}{49}}}\approx -2.12.$$

因为$|u|=2.12>1.96$，所以拒绝H_0，认为这两所学校的考生的平均成绩有显著差异.

347 答案 接受H_0，认为甲和乙两个城市前五年的房价月环比上涨百分比的平均值可以看作一样.

解析>> 设X,Y分别表示甲和乙两个城市前五年的房价月环比上涨百分比，则$X\sim N(\mu_1,\sigma_1^2),Y\sim N(\mu_2,\sigma_2^2)$. 这是两个正态总体下，方差$\sigma_1^2,\sigma_2^2$未知但相等，均值差异的双侧检验问题.

依题意，建立假设$H_0:\mu_1=\mu_2,H_1:\mu_1\neq\mu_2$.

H_0为真时，选取检验统计量$T=\dfrac{\bar{X}-\bar{Y}}{\sqrt{\frac{(n_1-1)S_1^2+(n_2-1)S_2^2}{n_1+n_2-2}}\sqrt{\frac{1}{n_1}+\frac{1}{n_2}}}$，则$T\sim t(n_1+n_2-2)$，

其中$n_1=9,n_2=8$.

显著性水平$\alpha=0.05$，查表得$t_{\frac{\alpha}{2}}(n_1+n_2-2)=t_{0.025}(15)=2.131$，故拒绝域

$$\begin{aligned}W&=\{(x_1,x_2,\cdots,x_{n_1};y_1,y_2,\cdots,y_{n_2})\,\|\,t|\geqslant t_{\frac{\alpha}{2}}(n_1+n_2-2)\}\\&=\{(x_1,x_2,\cdots,x_9;y_1,y_2,\cdots,y_8)\,\|\,t|\geqslant 2.131\}.\end{aligned}$$

由题意知$\bar{x}=0.23,s_1^2=0.1337,\bar{y}=0.269,s_2^2=0.1736$，于是检验统计量的观测值

$$\begin{aligned}t&=\frac{\bar{x}-\bar{y}}{\sqrt{\frac{(n_1-1)s_1^2+(n_2-1)s_2^2}{n_1+n_2-2}}\sqrt{\frac{1}{n_1}+\frac{1}{n_2}}}\\&=\frac{0.23-0.269}{\sqrt{\frac{(9-1)\times0.1337+(8-1)\times0.1736}{9+8-2}}\sqrt{\frac{1}{9}+\frac{1}{8}}}\approx -0.206.\end{aligned}$$

因为$|t|=0.206<2.131$，所以接受H_0，认为甲和乙两个城市前五年的房价月环比上涨百分比的平均值可以看作一样.

348 答案 接受H_0，认为μ_1不比μ_2大.

解析>> 这是两个正态总体下，方差σ_1^2,σ_2^2未知，均值差异的右侧检验问题.

依题意，建立假设$H_0:\mu_1\leqslant\mu_2,H_1:\mu_1>\mu_2$.

H_0为真时，选取检验统计量

$$T=\frac{\bar{X}-\bar{Y}}{\sqrt{\frac{(n_1-1)S_1^2+(n_2-1)S_2^2}{n_1+n_2-2}}\sqrt{\frac{1}{n_1}+\frac{1}{n_2}}}\sim t(n_1+n_2-2),$$

其中 $n_1=6,n_2=6$．显著性水平 $\alpha=0.05$，查表得 $t_\alpha(n_1+n_2-2)=t_{0.05}(10)=1.812$，故拒绝域

$$W=\{(x_1,x_2,\cdots,x_{n_1};y_1,y_2,\cdots,y_{n_2})\mid t\geqslant t_\alpha(n_1+n_2-2)\}$$
$$=\{(x_1,x_2,\cdots,x_6;y_1,y_2,\cdots,y_6)\mid t\geqslant 1.812\}.$$

由题意知 $\overline{x}=174,s_1^2=1575,\overline{y}=144,s_2^2=1923$，于是检验统计量的观测值

$$t=\frac{\overline{x}-\overline{y}}{\sqrt{\frac{(n_1-1)s_1^2+(n_2-1)s_2^2}{n_1+n_2-2}}\sqrt{\frac{1}{n_1}+\frac{1}{n_2}}}$$
$$=\frac{174-144}{\sqrt{\frac{(6-1)\times1575+(6-1)\times1923}{6+6-2}}\sqrt{\frac{1}{6}+\frac{1}{6}}}\approx1.24.$$

因为 $t=1.24<1.812$，所以接受 H_0，认为 μ_1 不比 μ_2 大．

349 答案　接受 H_0，认为两家银行储户年存款余额的方差相等．

解析 >> 设 X,Y 分别表示两家银行储户年存款余额，则 $X\sim N(\mu_1,\sigma_1^2),Y\sim N(\mu_2,\sigma_2^2)$．这是两个正态总体下，均值 μ_1,μ_2 未知，方差差异的双侧检验问题．

依题意，建立假设 $H_0\colon\sigma_1^2=\sigma_2^2,H_1\colon\sigma_1^2\neq\sigma_2^2$.

H_0 为真时，选取检验统计量 $F=\frac{S_1^2}{S_2^2}$，则 $F\sim F(n_1-1,n_2-1)$，其中 $n_1=21,n_2=16$.

显著性水平 $\alpha=0.1$，查表得临界值

$$F_{1-\frac{\alpha}{2}}(n_1-1,n_2-1)=F_{0.95}(20,15)=\frac{1}{F_{0.05}(15,20)}=\frac{1}{2.2}\approx0.45,$$
$$F_{\frac{\alpha}{2}}(n_1-1,n_2-1)=F_{0.05}(20,15)=2.33,$$

故拒绝域

$$W=\{(x_1,x_2,\cdots,x_{21};y_1,y_2,\cdots,y_{16})\mid F\leqslant0.45\text{ 或 }F\geqslant2.33\}.$$

由题意 $s_1^2=50^2,s_2^2=70^2$ 得检验统计量的观测值

$$F=\frac{S_1^2}{S_2^2}=\frac{50^2}{70^2}\approx0.510.$$

因为 $0.45<F<2.33$，所以接受 H_0，认为两家银行储户年存款余额的方差相等．

350 答案　(B)．

解析 >> 这是两个正态总体下，均值 μ_1,μ_2 未知，方差差异的双侧假设检验问题，故对假设 $H_0:\sigma_1^2=\sigma_2^2,H_1:\sigma_1^2\neq\sigma_2^2$，用 F 检验法．

当 H_0 成立时，选取检验统计量 $F=\frac{S_1^2}{S_2^2}$，则 $F\sim F(n_1-1,n_2-1)=F(10,8)$，其中

$$n_1=11,n_2=9.$$

显著性水平 $\alpha = 0.05$，查表得临界值

$$F_{1-\frac{\alpha}{2}}(10,8) = F_{0.975}(10,8) = \frac{1}{F_{0.025}(8,10)} = 0.26,$$

$$F_{\frac{\alpha}{2}}(10,8) = F_{0.025}(10,8) = 4.3,$$

故拒绝域

$$W = \{(x_1, x_2, \cdots, x_{11}; y_1, y_2, \cdots, y_9) \mid F \leqslant 0.26 \text{ 或 } F \geqslant 4.3\}.$$

由题设 $s_1^2 = 0.064, s_2^2 = 0.03$ 得检验统计量的观测值

$$F = \frac{s_1^2}{s_2^2} = \frac{0.064}{0.03} \approx 2.13.$$

因为 $0.26 < F < 4.30$，所以接受 H_0，故选 (B).